中国轻工业"十四五"规划立项教材
"互联网+"新形态立体化教学资源特色教材

特殊儿童心理与教育

主　编◎刘晓燕　周红云
副主编◎赵　欣　王宁浚

中国轻工业出版社

图书在版编目（CIP）数据

特殊儿童心理与教育 / 刘晓燕，周红云主编. 北京 ： 中国轻工业出版社，2025. 8. -- ISBN 978-7-5184-5563-8

Ⅰ. B844. 1；G76

中国国家版本馆CIP数据核字第2025KZ4348号

责任编辑：李宣寅　　责任终审：李建华　　设计制作：锋尚设计
策划编辑：崔丽娜　　责任校对：刘小透　晋　洁　　责任监印：张　可

出版发行：中国轻工业出版社（北京鲁谷东街5号，邮编：100040）
印　　刷：三河市国英印务有限公司
经　　销：各地新华书店
版　　次：2025年8月第1版第1次印刷
开　　本：787 × 1092　1/16　印张：13.75
字　　数：330千字
书　　号：ISBN 978-7-5184-5563-8　定价：49.80元
邮购电话：010-85119873
发行电话：010-85119832　010-85119912
网　　址：http://www.chlip.com.cn
Email：club@chlip.com.cn

241335J1X101ZBW

前　言

特殊儿童教育是高质量教育体系不可或缺的重要内容，对教育的整体改革发展和教育现代化的全面推进至关重要，党的二十大提出“强化学前教育、特殊教育普惠发展”，这是建设教育强国的强基之策。近年来，我国特殊儿童教育事业不断发展，融合教育尤其受到人们的关注和重视。《“十四五”特殊教育发展提升行动计划》（2021）提出，“切实保障残疾儿童青少年平等接受教育的权利，做到有教无类，促进他们共享发展成果，让每一名残疾儿童青少年都有人生出彩机会。”“推动师范类专业开设特殊教育课程内容，列为必修课并提高比例，纳入师范专业认证指标体系。”《特殊教育办学质量评价指南》（2022）指出，“加大力度配备特殊教育专业教师，健全教师专业发展机制，切实提高教师特殊教育专业素质”，推进特殊教育高质量发展。《教育强国建设规划纲要（2024—2035年）》强调，“支持人口20万以上县（市、区、旗）办好一所达到标准的特殊教育学校，鼓励有条件的地区建设十五年一贯制特殊教育学校。”在此背景下，潍坊学院教师教育学院刘晓燕教师团队结合以往教学经验和研究成果，编写了《特殊儿童心理与教育》一书。

本教材秉持“普惠优质”“适宜融合”的理念，内容编排上兼具理论性和实践性，具有三大特点：

一是时代性。本教材紧跟时代步伐，不仅涵盖了传统特殊教育的基本理论和方法，还融入了近年来新的研究成果和实践经验。书中详细介绍了各类特殊儿童的心理特点、教育需求及干预策略，且特别讲解了现代科技在特殊教育中的应用。此外，本教材还强调了融合教育的重要性，提倡在普通教育环境中为特殊儿童提供支持和适应。

二是理论性。本教材在编写上高度重视理论性，旨在为学习者构建一个坚实而系统的知识框架，不仅深入剖析了特殊儿童心理发展的理论基础，从认知、情感、社会性等多个维度展开，为读者提供了全面的理论支撑；还详细介绍了特殊教育的核心理念、基本原则及教育模式，让读者能够深入理解特殊儿童教育的本质和目的。

三是实践性。本教材特别强调实践性，致力于培养师范生的实际操作能力。教材内容中不仅包含了丰富的理论知识，还设计了大量的实践案例和教学活动，让师范生能够在实践中深化理解，提升技能。此外，本教材还鼓励师范生参与特殊儿童教育机构的参观、见习、实习和志愿服务，通过亲身体验了解特殊儿童的实际需求，学会如何运用所学知识解决实际问题。

本教材具体分工如下：刘晓燕负责书稿整体提纲规划以及第一章至第四章、第六章、第七章、第十一章的编写；周红云负责第五章、第九章的编写；赵欣负责第八章、第十章的编写；王宁浚负责第十二章、第十三章的编写。本教材适合高等院校特殊教育、学前教育、小学教育等专业师范生作为教材使用，同时也适用于在岗教师、相关教育工作者以及家长自行阅读。

本教材在编写过程中参阅了大量的文献资料，在此对相关作者表示诚挚的感谢。由于编者水平有限，书中难免存在疏漏与欠妥之处，恳请广大读者不吝赐教。

编者

2025 年 2 月

目 录

微视频

微视频

微视频

第一章 特殊儿童教育概述

学习目标

❶ 知识目标：明确特殊儿童的概念、分类，了解特殊儿童教育的发展历程，掌握特殊儿童教育的理念。

❷ 技能目标：学会辨别不同类型的特殊儿童，准确判断其特点；能够依据特殊儿童教育理念，分析实际案例并提出有效的教育干预思路。

❸ 情感目标：树立“以人为本”的教育观，增强对特殊儿童的理解与尊重，培养对特殊儿童教育的责任感与使命感，认同融合教育的价值。

知识框架

- 特殊儿童教育概述
  - 特殊儿童教育概念
    - 特殊儿童
    - 特殊儿童教育
  - 特殊儿童教育发展历程
    - 西方特殊儿童教育发展历程
    - 中国特殊儿童教育发展历程
  - 特殊儿童教育理念
    - 以人为本
    - 个别化教育
    - 早期干预
    - 缺陷补偿与潜能开发
    - 融合教育
    - 无障碍环境

案例导入

阳阳是一个6岁的男孩，对数字很敏感，喜欢背日历，无论问他哪年哪月哪日，他都能准确说出对应的是星期几，家长认为他是个小天才。但是最近，阳阳却被学校老师劝退，因为他在学校总是状况不断：上课时，随意离开座位，乱跑乱叫；在教室不穿鞋袜，光着脚走来走去，老师让其穿鞋，也不理睬；课间休息时，他经常去捉弄另一个孩子，追来跑去打闹不休，严重影响了学校的正常教学秩序。

问题与思考：案例中的阳阳可能属于哪种特殊儿童？作为一名教师，你该怎么做才能帮助阳阳呢？

第一节　特殊儿童教育概念

一般而言，特殊教育的对象是特殊儿童。特殊儿童是一个内涵丰富的术语，不同的国家和地区、不同的教育发展时期对于特殊儿童范围的理解和界定各有不同。“特殊儿童教育”也是一个复杂的概念，涉及教育学、医学、心理学、社会学等多个学科。

一、特殊儿童

特殊儿童教育以各类特殊儿童的特殊教育活动、现象为研究对象，探寻其教育规律，并以此寻求更有效的教育方法。特殊儿童具体包括哪些？特殊儿童教育的内涵是什么？厘清上述两个核心问题，有助于我们更好地把握特殊儿童教育的定义与本质。

世界各国普遍认为特殊儿童是在儿童这个群体中，其身心发展的状态与大多数的儿童存在较大的差异。了解儿童在身心特质上存在个别差异的现象，为其提供个别化的支持，是教育服务的必然要求。但由于教育资源的限制，学校教育内容的设计往往是以大多数具有相近特质的儿童为对象，直到最近一二百年，特殊儿童才逐渐受到应有的关注。对特殊儿童概念的理解也经历了从传统的“特殊儿童”到当代的“特殊需要儿童”的转变。

（一）传统的“特殊儿童”的理解

对特殊儿童传统的理解有广义和狭义之分。广义的特殊儿童，是指与普通儿童在各方面有显著差异的各类儿童，这些差异可表现在智力、感官、情绪、肢体、行为或言语等方面，既包括发展上低于普通的儿童，也包括高于正常发展的儿童以及有轻微违法犯罪的儿童，在《美国特殊教育百科全书》中分为天才、智力落后、身体和感官有缺陷（视觉障碍、听觉障碍）、肢体残疾及其他健康损害、言语障碍、行为异常、学习障碍等类型。狭义的特殊儿童，专指生理或心理发展有缺陷的障碍儿童，包括智力、视觉、听觉、肢体、沟通、情绪等方面发展障碍，以及身体病弱、多种残疾等儿童，故又称“缺陷儿童”或“障碍儿童”，而不包括天才儿童、品行障碍儿童及精神障碍儿童。狭义上的特殊儿童可以在发现残疾后即进行教育和训练，使其达到最佳的康复水平、减少残疾的不良后果，从而得到全面发展，能够适应社会，成为社会平等的成员。

（二）当代“特殊教育需要儿童”的理解

以前我们通常将特殊儿童称为障碍儿童、缺陷儿童、异常儿童、残疾儿童等。现在，为了去标签化，我们将其称为特殊教育需要儿童，越来越关注他们的需要，而不是他们本身的障碍或残疾。1978年，英国《沃诺克报告》中首次使用“特殊教育需要儿童”这个概念。1981年，英国的教育法废止了关于障碍儿童的11种分类，将那些有学习困难的儿童统称为“特殊教育需要儿童”。该法案认为，如果一个儿童有学习困难，而该困难需给予特殊教育服务才能克服，则该儿童就具有特殊教育需要。英国《2014年儿童与家庭法》，对有“特殊教育需要”的儿童或青年的定义是：有学习困难，或因残疾需要提供特殊教育的儿童和青年。他们与同龄人相比，在学习上困难显著，因为某种残疾阻止或妨碍其使用在普通学校或机构中为同龄人提供的一般设施。

（三）分类

对障碍进行分类有助于更好地应对不同儿童的特殊教育需求。本书以儿童所表现的主要差异为标准，将特殊儿童划分为如下类型。

（1）视觉障碍儿童：是指视觉受损，即便采取矫正措施，仍对其学习产生不利影响的儿童，包括低视力儿童和盲童。

（2）听觉障碍儿童：是指听觉功能存在永久性的损伤，对其学习产生不利影响的儿童。

（3）智力障碍儿童：是指在发育期间表现出一般智力功能显著障碍，同时伴有适应性行为障碍的儿童。

（4）广泛性发育障碍儿童：广泛性发育障碍又称为孤独症症候群、孤独症谱系障碍或者是广义孤独症，包括典型孤独症、阿斯伯格综合征、童年瓦解性障碍等。

（5）学习障碍儿童：是指在理解或使用语言，说话或写作的基本心理过程中存在一种或多种障碍的儿童，其表现为听、说、读、写、拼写，或数学运算能力的受损。

（6）肢体障碍儿童：即肢体损伤儿童，包括由先天疾病引起的障碍如脊髓灰质炎，或其他原因导致的障碍如脑瘫、截肢、骨折或烧伤引起的痉挛等。

（7）病弱儿童：是指因慢性和急性健康问题，对学习成绩有不利影响的儿童，如哮喘、糖尿病、癫痫、心脏疾病等。

（8）沟通障碍儿童：包括言语障碍儿童和语言障碍儿童，如存在口吃、构音障碍、声音障碍等，对学习有不利影响。

（9）情绪与行为障碍儿童：是指在情绪或行为表现上，与一般同龄儿童应有的情绪或行为有明显偏离的儿童。

（10）多重障碍儿童：是指生理、心理或感官上存在两种或两种以上障碍合并出现的儿童。多重障碍致使服务于某种单一障碍的教育计划无法满足其教育需求。

（11）超常儿童：又称“天才儿童”“资优儿童”或“神童”，泛指有突出的聪明智慧和智能高度发展的儿童。

二、特殊儿童教育

特殊儿童教育是使用一般的或经过特别设计的课程、教材、教法和教学组织形式及教学设备，对有特殊需要的儿童进行旨在达到一般或特殊培养目标的教育。特殊儿童教育的内涵包括以下四个方面的内容。

（一）教育对象

从理论上说，特殊儿童教育的对象就是有特殊教育需要的儿童。事实上，由于各个国家和地区的教育、经济发展水平不同，特殊儿童教育的起步和进程也不尽相同，因此，各地对特殊儿童的界定也存在差异。目前我国特殊儿童的教育对象，已由传统的七类残疾儿童（视力残疾、听力残疾、言语残疾、肢体残疾、智力残疾、精神残疾和多重残疾）扩展到情绪与行为障碍儿童、学习障碍儿童、脑瘫儿童、病弱儿童以及超常儿童等。

（二）教育内容

不同障碍类别、不同障碍程度的特殊儿童教育对象所适合的教育内容是有所区别的。对教育内容的调整，通常有以下几种做法。

（1）采用替代性课程。例如，对于程度比较严重的智力障碍儿童，在教育内容的选择上要非常注重功能性；对于全盲的儿童而言，特别的课程（如盲文、定向与行走）是必不可少的。

（2）调整原有的内容。针对障碍儿童的特点，对课程内容进行相应的调整，调整方式主要有：改变呈现方式，即将原有的内容以障碍儿童适合接受的方式呈现，如将视觉信息转化为听觉信息；将内容简化，即缩小范围或减少数量，删除部分不符合儿童需求或超出儿童学习能力的内容。

（3）补充必要的内容。例如，根据障碍儿童发展的需要，应当补充职业教育的内容。

（三）教育方法

教育方法的选择应以儿童的个别化需求为依据，通常的做法如下。

（1）调整教学目标。按照儿童的基础设定不同的教学目标。

（2）调整教学方式。例如，可加入更多的辅助教学、个别指导及举例说明。

（3）调整教学过程。例如，对儿童参与程度与参与方式设定不同的要求。

（4）调整教学时间。增加、改变或延缓教学进度，配合儿童的学习速度。

（5）调整评价方法。提供不同的评价方式，以充分发掘儿童的潜能。

（四）教育目标

教育目标包括一般目标和特殊目标。一般目标是指特殊教育和普通教育共同追求的目标，是特殊教育与普通教育的共同诉求。特殊目标根源在于其教育对象的特殊性。正是这一对象的特殊性，决定了特殊儿童教育的目标不是培养社会所需的出类拔萃人才，而是尽可能养成特殊儿童的健全人格。它不是一种精英教育，而是一种普及教育。

第二节　特殊儿童教育发展历程

特殊教育的产生和发展是一个漫长、渐进的过程。伴随着社会生产力的不断发展，社会对残疾人的观念逐步改变。从人们对待残疾人的态度出发，西方特殊教育可被划分为四个主要发展阶段，即初期的歧视或摒弃，基督教布道时期的救济与教养，18世纪到19世纪的隔离式教养，以及20世纪后开启的融合改革运动。我国自古以来就有尊养残疾人的优秀传统，如传统文化中“大同社会”的理想、“仁者爱人”的伦理观以及“强不执弱、富不辱贫”的道德观等，表明我国古代对残疾人持同情的态度，但仅仅停留在“养”的层次，尚未出现系统的特殊教育。直到近代，尤其是中华人民共和国成立以后，我国特殊教育才有了长足的发展。可见，特殊教育的产生、发展是人类社会文明进步的重要标志之一，是人类社会告别愚昧、战胜落后，并不断迈向公平的生动体现。

一、西方特殊儿童教育发展历程

（一）西方特殊教育的萌生阶段

原始社会的生产水平低、文化不发达，其孕育、生产及养育条件较为恶劣，不可避免地存在身心异常者。教育因人的存在而产生，原始社会中那些尚未达到被抛弃程度的残疾儿童，可以在氏族部落接受公养公育，在日常的生产、生活中接受相关的知识与技能教育。

随着人类从原始社会进入文明社会，生产力进一步发展，家庭及国家产生，文字发明、文化发展，以及学校产生，残疾儿童的教育出现了部分的家庭教育、学校教育形式。但是，早期西方的绝大多数残疾人生活在黑暗与痛苦之中。柏拉图在其对话中，常用盲人、聋人来做消极的比喻，并主张优生优育，抛弃残疾婴孩。亚里士多德提出感觉理论，把“感觉缺失与推理无能”作为聋人的特征，认为“他们是不可教育的”，对残疾人尤其是聋人教育产生了极为消极的影响，并延续长达千年之久。

中世纪时期，残疾儿童被禁止参加社会生活。尽管残疾儿童有了一定的生存权，但他们的社会地位极其低下，也没有专门为其提供教育的机构。欧洲个别国家的教堂和修道院虽然开办了盲人收容所、孤儿院等机构，但主要是慈善性质，救济对象也仅限于肢体残疾儿童。这些关于特殊教育的零星探索仅仅是对残疾人进行某一技能的培养，不能算作真正意义上的特殊教育。

（二）西方特殊儿童教育的产生

1. 西方特殊儿童教育产生的基础

自14世纪以来，文艺复兴运动推动欧洲社会各个领域的深刻变革。其所倡导的人文主义精神，极大地推动了自然科学特别是医学的发展，使得人们能够正确地解释与理解儿童出现缺陷的原因，并科学地认识缺陷与儿童发展之间的关系。残疾人的生存状况得到改善，残疾人及其教育的社会背景发生了巨大转变，为特殊教育的产生奠定了社会基础。

人类对残疾人展开系统的教育始于启蒙时代的欧洲，欧洲基于人道主义开启了最早的特殊教育实践。1578年，西班牙修道士庞塞（Ponce）用自己设计的方法为西班牙贵族家庭聋童进行教育，成为世界上第一个成功的特殊教育者。他肯定了残疾人具有学习更多知识的能力，开启了人类真正意义上的特殊教育。随后，越来越多的人踏足特殊教育领域，法国的孔狄亚克（Condillac）认为所有知识都来源于感觉，英国的约翰·布韦（John Bouvet）以及西班牙的范西蒙（Van Simon）等哲学家和语言学家对盲人和聋人教育开展了研究。当时这些做法尚处于试验阶段，残疾人教育仍旧是零散的个人行为，创办者也多为医生和神职人员，却为特殊教育正式登场做好了准备工作。

2. 西方系统学校教育的形成

进入18世纪后，特殊教育走向系统的学校教育形式，现代意义上的特殊教育由此开启。最早的系统特殊教育实践以聋人教育为代表，法国成为18世纪世界聋人教育的中心。1760年，莱佩（L’Epée）在巴黎建立全球范围内第一所正式的特殊教育学校——法国国立聋童学校，采用手语教学的方法。同时期，英国人托马斯·布雷伍德（Thomas Braidwood）在爱丁堡创立了英国第一所聋人学校。1784年，霍维（Haüy）在巴黎建立第一所盲人学校。1778年，海尼克（Heinicke）在德国建立第一所聋童学校，他提倡聋人口语教学法。1799年，医生伊塔德（Itard）对狼孩维克多（Victor）进行了长达5年的训练，开创了人类有目的、有计划教育和训练智力落后儿童的先河，成为“特殊教育之父”。随后，法国医生塞甘（Seguin）于1837年创办了世界上最早的智力落后儿童学校，成为智力障碍儿童教育的奠基者之一。可见，社会对残疾人接受教育的认识是不断发展的，聋人首先获得受教育的权利，其次是盲人，然后是严重的发育迟滞和智力障碍者，并逐步扩展到肢体残疾、情绪行为问题等其他类型残疾儿童的教育上。

（三）西方特殊教育的发展

1. 西方隔离式特殊教育体系的形成与发展

从19世纪早期到20世纪20年代，大量的隔离式特殊教育学校或养护机构在美国建立。特殊教育发展的中心也随之从欧洲转移到了美洲，以美国为主要代表。1817年，加劳德特（Thomas Hopkins Gallaudet）建立了康涅狄格聋哑人教育收容所，这是美国第一所为聋哑人提供教育的学校。1822年，美国第一所州立聋哑人教育机构成立，标志着政府正式介入特殊教育。发展到1880年，美国共有聋人教育机构55所。1832年，美国医生豪威（Samuel Gridley Howe）建立了美国第一所盲人教育机构，到1890年，全美共有37所盲人教育机构。1848年，豪威在帕金斯盲人院里开设了一个智力落后儿童实验学校，开创了美国智力落后教育的先河。到1890年，美国有14个州拥有智力落后教育学校或机构。1864年，美国国会同意在哥伦比亚盲聋哑学院内设立有学位授予权的大学部，美国第一所高等特殊教育机构得以确立。发展至19世纪末，以美国为主要代表，视觉障碍、听觉障碍和智力障碍的学校均已建立，特殊教育学校的教育内容体系也确立起来，这标志着系统的特殊教育体系在全球范围内得以初步建立。

第二次世界大战以来，各国都注重以立法来推动特殊教育发展，特殊教育政策法规被作为衡量一个国家特殊教育发展水平、残疾人生活质量的重要指标。早在1817年，丹麦就为感官残疾儿童的义务教育立法。英国则于1893年立法规定教育部承担残疾儿童的义务教育所需的经费，1944年教育法对特殊儿童教育起到了重要的指导作用。1909年，美国第一部盲、聋儿童强制入学法得以颁布施行。到1930年，美国有16个州颁布了与特殊教育相关的法律。特殊教育随着义务教育推进而转变，从以慈善-医疗模式为基础的传统特殊教育机构逐步走向公立的特殊教育学校（班）体系，越来越多的有特殊教育需要的儿童进入公立学校就读。发展至20世纪五六十年代，特殊班成为大多数西方残疾儿童的教育安置形式。传统寄宿制的特殊教育机构和特殊教育公立走读学校则主要负责盲、聋以及肢体残疾儿童的教育，因为社会主流观念仍然认为这三类儿童因为功能限制无法在普通学校学习。与传统的、寄宿制特殊教育机构或学校相比，特殊班成为真正意义上的特殊教育模式，教学效果也有所改善。隔离式特殊教育学校或机构以及公立的特殊教育走读学校与特殊班，在美国以及欧洲一直呈增长态势。值得注意的是，特殊班仍然属于隔离式特殊教育体系，虽然形式改变了，但其隔离的本质并没变。

2. 西方融合教育思想的发展

自20世纪70年代以来，随着教育民主化的蓬勃发展，世界特殊教育发生了巨大变化。人们对特殊教育有了全新的认识，特殊教育发展从隔离走向融合。1975年，美国颁布的《所有残疾儿童教育法》，确定了特殊教育的两个基本原则：一是“免费、适当的、公立的教育”；二是最少受限制环境的原则，对西方乃至世界的残疾人教育影响深远。英国1978年出台的《沃诺克报告》主张用“特殊教育需要”（SEN）取代传统的分类，扩大了特殊教育的范围，强化支持特殊儿童一步步融入普通教室的程序性过渡，有力地促进了特殊教育朝一体化发展，成为世界教育史上的重要里程碑。1994年的世界特殊教育大会发表了《萨拉曼卡宣言》，明确提出了融合教育思想，倡导任何儿童都有权利进入普通教育系统接受与普通儿童一样的教育，融合教育思想迅速发展为当代教育的最新思潮。

二、中国特殊儿童教育发展历程

（一）古代中国特殊儿童教育的萌芽

1. 中国古代的残疾人状况

原始社会生活条件艰苦、自然环境恶劣，残疾人的存在是必然的。据记载，舜的父亲为盲人，而盲人之子成为圣人，侧面反映了原始社会中残疾人所处的环境相对友好。我国古代文献中，对各类残疾人均有比较明确的分类与记载，主要分为七类：第一，视力残疾，多用“矇”“瞍”等表示。第二，听力残疾，用“聋”“聩”等指称。第三，语言和言语类残疾，多用“喑”“哑”等表示。第四，肢体残疾，又分为上肢与下肢残疾，如“瘸”“跛”。第五，躯干残疾，称为“驼”“偻”等。第六，智力残疾，一般称为“痴”“呆”“愚”等。第七，精神类残疾，称为“颠”“疯”等。由此可见，我国古代对残疾人的分类不尽科学，却为残疾人的生存状态改观以及特殊教育后续发展奠定了基础，具有积极意义。

2. 中国古代的特殊教育状况

中国的特殊教育有着悠久的历史和文化渊源。奴隶社会的中国特殊教育是相当发达的，特别是周代，最具有代表性。周代出现了公有性质的残疾人教育，由周天子针对盲人所设立的“瞽宗”，可能是世界上最早的特殊教育机构。发展至先秦时期，各类残疾人均受到一定教育，通过接受教育可以自食其力，并出现了对各类残疾人因材施教的思想。长期以儒家文化为主体的中华民族，形成了一种以孔子所提倡的以“积善成德、仁者爱人”为核心的道德伦理观。中国古代对待残疾人的态度主要是“养”，部分残疾人可以在家接受教育，但也只是普通教育的翻版；其中，也不乏残疾人教育成功的案例，但只是个例。这些实践并不能称作真正意义上的特殊教育。

（二）近代中国特殊教育的起步

漫长的封建社会，残疾人教育发展异常缓慢。直至1874年，苏格兰教会人士威廉·穆瑞（William Murray）在北京建立“瞽叟通文馆”（今北京市盲人学校），这是中国第一所近代特殊教育机构，标志着中国残疾儿童学校教育的创立。1887年，美国传教士梅理士（Charles Rogers Mills）

夫妇在山东登州（今蓬莱）建立了“启喑学馆”（今烟台市聋哑中心学校），这是中国第一所聋哑学校。20世纪初，中国人开始尝试开办自己的特殊教育学校，探索特殊教育的自主办学道路。1916年，实业家张謇创办了南通盲哑学校，并亲任校长。陈鹤琴在1935年所撰写的《对于儿童年实施后的宏愿》中提出：“愿全国盲哑及其他残废儿童，都能享受到特殊教育，尽量地发展他们天赋的才能，成为社会上有用的分子，同时使他们本身能够享受到人类应有的幸福。”这标志着早期的特殊教育先行者们开启了对特殊儿童的研究与教育实践，教育民主化在中国不断推进。中国现代意义的特殊教育学校正是在这一特定的文化氛围、低水平的经济条件和动荡的社会环境中艰难发展的。

1922年的《学校系统改革案》（俗称“壬戌学制”）的“附则”中提出“应注意特殊教育”，“盲哑学校”可以仿照小学的办学法，即可由县、城镇、乡举办，负责经费，也可以由私人举办并负责经费。1935年7月，北京市立聋哑学校正式建立。截至1949年，全国有盲聋学校42所，在校生仅2380人，且绝大多数学校由宗教与慈善机构主办。这一阶段的特殊教育学校有两个突出特点：一是多为私立学校，公立学校很少，全国42所学校中，公办的只有8所；二是当时的特殊教育学校的教育极为有限，仅开设盲、聋两类儿童的教育。

（三）中国现代特殊教育体系的形成与发展

1. 特殊教育体系的基本形成与发展

中华人民共和国成立后，政府以立法行为来确立和加强特殊教育。周恩来总理于1951年签署了《中央人民政府政务院关于改革学制的决定》，指出“各级人民政府应设立聋哑、盲目等特种学校，对生理上有缺陷的儿童、青年和成人，施以教育”。1953年，教育部设立盲聋哑教育处，将特殊教育事业纳入国民教育体系。这标志着特殊教育成为新中国国民教育体系的一个重要组成部分，特殊教育的发展由此进入了新阶段。发展到1955年，我国特殊教育学校数量从1949年的42所增加到1960年的479所，在校学生也从2350人增加至2.67万人。

改革开放为我国特殊教育发展注入了生机，特殊教育事业迎来发展的重要时期。中国共产党注重残疾人相关政策法规的建设，稳步推进特殊教育法治化。1982年《中华人民共和国宪法》、1986年《中华人民共和国义务教育法》、1990年《中华人民共和国残疾人保障法》、1994年《残疾人教育条例》、1995年《中华人民共和国教育法》、1996年《中华人民共和国职业教育法》、1998年《中华人民共和国高等教育法》，均对特殊儿童的受教育权进行了明确规定这极大地促进了残疾儿童义务教育的发展。截至1999年，我国有各类特殊教育学校共1535所，接受特殊教育的在校生为358327人，加上大量未进入统计的各类随班就读学生，可以估算出各类残疾儿童少年义务教育入学率分别达到80%左右。

2. 特殊教育发展新格局确立与发展

伴随着融合教育在世界范围内的大力推进，我国于20世纪80年代开启了本土化的融合教育实践探索，随班就读的安置形式得到大力推广与发展。1988年，第一次全国特殊教育工作会议提出了适合中国具体情况的发展特殊教育的路径，即逐步形成以一定数量的特殊教育学校为骨干，以大量设置在普通学校的特殊班和吸收能够跟班学习的残疾儿童随班就读为主体的残疾儿童少年教育的格局，这在我国特殊教育发展史上具有里程碑意义。1994年，《关于开展残疾儿童少年随班就读工作的试行办法》颁布，标志着随班就读成为我国特殊教育发展的基本举措。随后，两期特殊教育提升计划、《教育部关于加强残疾儿童少年义务教育阶段随班就读工作的指导意见》等文件相继出台，进一步强化了这一基本模式。这意味着我国基本建构出“以特殊教育学校为骨干，以普通学校特殊班、随班就读为主体，以远程教育、送教上门为补充”的、具有中国特色的残疾儿童少年教育安置形式。

3. 我国特殊教育事业的快速发展

自21世纪以来，我国加快推进特殊教育的探索与实践，特殊教育事业蓬勃发展。2007年党的十七大报告提出“关心特殊教育”，加大对特殊教育的支持和投入。2012年党的十八大报告明确提出“支持特殊教育”，开启了特殊教育事业发展的历史新起点。党的十八大以来，习近平总书记对残疾人格外关心、格外关注。教育部等七部门分别于2014年和2017年发布两期特殊教育提升计划，围绕完善特殊教育体系、增强特殊教育保障能力等方面进行总体部署。2015年颁布的《特殊教育教师专业标准（试行）》，为特殊教育教师培养、准入、培训及考核等提供了重要依据。2016年，随着盲、聋、培智三类学校义务教育课程标准的出台，各层级教育部门与基层学校的学科教学实践与研究有章可循。2017年，党的十九大报告提出“办好学前教育、特殊教育和网络教育”，对特殊教育内涵式发展提出了战略要求。2022年，党的二十大报告提出“强化学前教育、特殊教育普惠发展”，这是对特殊教育发展提出的新目标、新要求。

（四）新时代构建高质量特殊教育体系的目标重点

“十四五”时期是开启我国全面建设社会主义现代化国家新征程的重要历史时期。《中华人民共和国国民经济和社会发展第十四个五年规划和2035年远景目标纲要》明确提出“建设高质量教育体系”的目标要求。2021年，国务院办公厅转发教育部、民政部等部门《“十四五”特殊教育发展提升行动计划》，强调在2025年初步建立高质量特殊教育体系，其中提到的“适宜融合”目标，意味着高质量特殊教育与融合教育成为新时代我国特殊教育发展的主旋律。2022年，教育部印发《特殊教育办学质量评价指南》，发布特殊教育办学质量评价指标。2025年中共中央、国务院印发《教育强国建设规划纲要（2024—2035年）》，强调支持人口20万以上县（市、区、旗）办好一所达到标准的特殊教育学校，鼓励有条件的地区建设十五年一贯制特殊教育学校。

第三节　特殊儿童教育理念

特殊儿童教育理念即对特殊儿童进行教育的过程中所应遵循的思想和原则。这里主要介绍六大理念。

一、以人为本

著名学者叶澜说过：“教育是直面人的生命、提高人的生命、为了人的生命质量而进行的社会活动，是以人为本的社会中最体现生命关怀的一种事业。”特殊儿童教育尊重特殊儿童的独特性，保护每一个儿童接受平等教育的机会，关注每一个儿童的成长，满足每一个儿童发展的需求，是以人为本思想在教育领域里的真正体现。该理念有以下特征：①尊重特殊儿童的独特性；②强调每一个儿童都具有学习的能力；③关注特殊儿童的全面发展。

二、个别化教育

由于致残时间早晚、障碍程度、每个儿童的家庭教育背景不同，特殊儿童之间存在较大的个别差异，其差异程度要高于普通儿童之间的个别差异。例如，视觉障碍儿童擅长接收听觉、触觉信息，听觉障碍儿童擅长接收视觉、振动觉信息，智力障碍儿童擅长接收具体化、形象化信息，孤独症儿童擅长接收结构化信息。面对学生之间存在的巨大差异，特殊儿童教育应特别重视对学生进行个别化的教育，无论是教学内容、教学进度，还是教学方法、教学手段，甚至学校教育的管理，都应强调针对性，针对学生的实际需要进行教育教学活动，以保证学生能受到适合其发展水平的教育。该理念有以下特征：①制订个别化教育计划，确保每一个特殊儿童都能受到适当的教育；②采取个别化的教育教学手段，促进特殊儿童的发展。

三、早期干预

早期干预是指对学龄前（0～6岁）有发展缺陷或有发展缺陷可能的儿童及其家庭提供教育、保健、医疗、营养、心理咨询、社会服务及家长育儿指导等一系列服务的措施，其目的在于增进家长照顾障碍儿童的知识和技能，增进障碍儿童生理、认知、语言以及社会能力等的发展，减轻障碍程度，减少社会依赖，同时减少障碍儿童就学后对特殊教育与相关服务的需求，降低教育成本。早期干预于20世纪60年代在美国提出。早期干预是由社会福利、卫生、教育等专业人员以团队合作方式，按照障碍儿童的个别需求，提供有组织、有目的、有针对性的服务，以促进身心障碍儿童的发展。贯彻早期干预原则，首先要做到早期诊断，及早地查明残疾儿童的缺陷所在。其次，在诊断的基础上，尽一切办法来抢救和保存残疾儿童的残存能力（如残余视力和残余听力等），防止其功能的继续恶化。最后，针对残疾儿童的缺陷，及早地进行训练和矫正，增强他们的适应能力。例如，对聋童进行口语训练和佩戴助听器的训练等。

四、缺陷补偿与潜能开发

在特殊儿童教育过程中，针对特殊儿童不同的身心特点，尽量用健全器官来代替受损器官的功能，使他们不因部分生理或心理缺陷而功能尽失，而无法适应社会生活。在教育教学活动中，根据障碍学生的身心特点，综合地利用一切有利的因素，通过各种途径替代、改善、促进或恢复因障碍造成的功能性损伤，进而促进学生充分的发展。教育学中的缺陷补偿已远远超越了机体生物学的代偿特征，综合地运用了生理学、心理学、医学、社会学理论中的补偿原理。它反映的是生物现象和社会现象的综合，是在代偿的基础上进行的，是自觉的，它包括人的主观努力和社会的帮助。人类在代偿的基础上可以用工具或现代科学技术并借助于社会政策的保护对障碍进行积极的补偿，使障碍带来的不利因素减小到最低。因此，就教育学的角度而言，生理代偿是教育补偿的生理基础，心理补偿是教育补偿的重要内容，医疗补偿是教育补偿的重要手段，而社会补偿则是教育补偿的重要政策支持。我们不能把缺陷补偿狭义地理解为生理的或医学的补偿，而要全面地理解特殊儿童教育活动中缺陷补偿的含义。潜能开发也可以称为人力开发，一般包括智力、心力和体力。对特殊儿童来说，开发潜能必须结合其自身的身心特点，而个别化教育则为达成这一目标提供了针对性的解决方案。个别化教育要满足特殊儿童的潜能发展。一方面，它要求我们深入评估、分析特殊儿童个体自身各种能力的发展水平，确定他们的教育训练目标和方法；另一方面，充分考虑到他们之间的种种差异，根据他们不同的接受能力、知识水平因材施教。

五、融合教育

融合教育是20世纪90年代初期国际特殊儿童教育领域出现的一种教育思想。它是1994年“西班牙萨拉曼卡世界特殊教育大会”向全世界的特殊教育界及各国政府发出的一项倡议。这次大会向全世界郑重申明：“每一个儿童都有受教育的权利，也必须给予机会使其达到并保持一个可接受的学习水平；每一个儿童都有独特的个性、兴趣、能力和学习的需要。”各国政府及教育机构对“教育方法的设计和执行应考虑这些特性和需要的广泛差异性；有特殊需要的人应当进入能接纳他们并能使用适合他们需要、以儿童为中心的教育方法帮助他们学习的学校；以融合为方向的普通学校，是反对歧视态度，创造宽松气氛的社区，建立全纳性社会，达到全民教育的有效手段。”显然，“融合性特殊教育与服务的原则”面向包括“严重不利条件儿童在内的所有儿童”，是制订与实施特殊教育与服务的计划、法规的指导思想。依据这一思想和原则，国家应设立“融合学校”，实施广泛的特殊教育并制定相应的教育法规，确保“融合教育”与服务的顺利开展。

六、无障碍环境

无障碍环境也称为最少受限制环境，这是融合教育所提倡的目标。它主要针对将特殊儿童隔离于正常社会生活和教育环境的传统做法而提出的，在实践上注重给残障人士提供无障碍设施和无障碍服务，即提供无微不至的支持性服务。所谓“最少受限制环境”是指加强教育的适当性，保证残疾儿童接受正常教育的权利和义务，尽可能地减少对残疾儿童的限制，创造适合其回归主流的环境。“最少受限制”和“环境”两个概念分别有其丰富的内涵。“最少受限制”包括：最少限制儿童身心发展的自由；允许残疾儿童做普通同龄儿童所能做的活动；承认残疾儿童（除智力障碍儿童外）能进行与正常的同龄人一样的智力活动；保护残疾儿童的人身安全；禁止将残疾儿童置于危险境地；鼓励并帮助残疾儿童，给予他们最大的接纳和尊重；外部环境应尽可能地与残疾儿童的生活和学习活动相适应；尽量使残疾儿童和普通儿童一起生活和学习。“环境”是指影响特殊儿童教育活动的物理环境和人文环境。

本章小结

我国特殊儿童的数量较多且类型多样，每一个特殊儿童的背后都是一个家庭，社会在不断地进步与发展，需要给予他们更多的关注和教育支持。因此，本章详细介绍了特殊儿童的概念，如何对特殊儿童进行教育，国内外特殊儿童教育发展历程及教育理念。对于师范生来说，掌握以上理论知识，能够对特殊儿童产生更加深刻的理解并对其进行有效的教育，将对特殊儿童未来发展具有重大意义。

思考与练习

1. 什么是特殊儿童，特殊儿童的种类有哪些？
2. 与西方相比，我国特殊儿童教育发展历程有什么不同？
3. 特殊儿童教育的理念有哪些，它对特殊儿童教育会产生什么影响？

拓展视频

融合教育概念
辨析

第二章 特殊儿童教育理论基础

学习目标

1. 知识目标：了解特殊儿童教育生物学、心理学、教育学、发展生态学的基本观点，理解其对特殊儿童教育干预的重要意义。
2. 技能目标：掌握活动本位模式和互动干预模式的要素、原则和教学策略，能够在教学中正确地应用以促进特殊儿童的全面健康发展。
3. 情感目标：意识到特殊儿童教育涉及多学科多理论的事实，培养主动从多角度思考特殊儿童教育问题的思维习惯。

知识框架

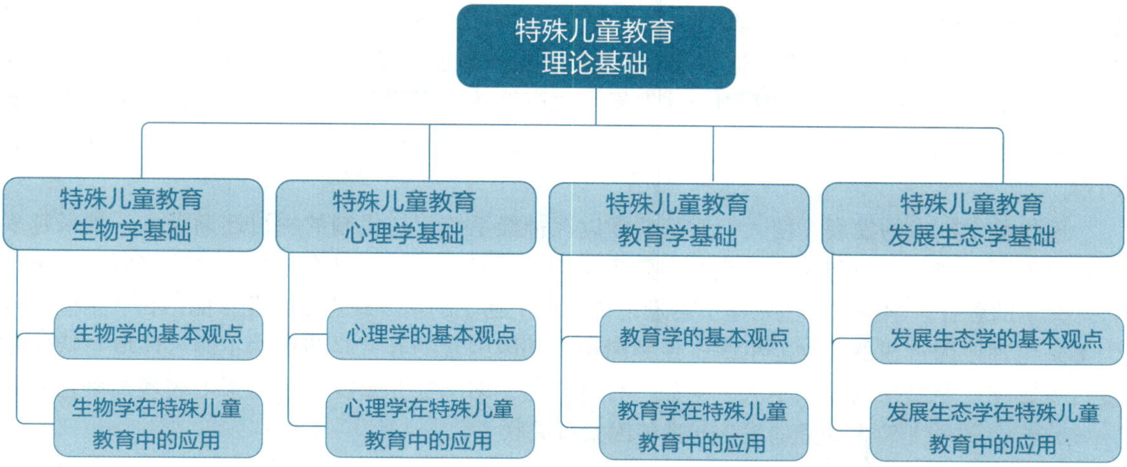

案例导入

清洗洋娃娃

一位某特殊教育学校的老师，针对特殊儿童的特点开展了清洗洋娃娃的亲子活动——“玩具脏了我来洗”。活动中，孩子听从老师的口令给洋娃娃洗脸，洗完脸后用毛巾擦拭。活动后，老师要求孩子利用不同的方法清洗洋娃娃。

问题与思考：这位老师的做法体现出特殊儿童教育理论中的哪一种观点呢？

第一节　特殊儿童教育生物学基础

遗传、神经发育及脑可塑性是影响特殊儿童发展的重要生物因素。现代医学模式从单一生物治疗转向医教结合，整合临床路径与循证方法，兼顾生理康复与教育支持，推动特殊儿童教育发展。

一、生物学的基本观点

生物学是研究生物有机体并揭示其发育规律的科学。就生物学的观点而言，儿童的学习活动与个体大脑及神经系统发育水平以及健康状况密切相关，身心发展在很大程度上受生物力量的影响。英国生物学家达尔文（Charles Robert Darwin）指出，物种生存受自然选择法则制约，人类的生存与发展是自然选择的结果。此外，人种的发展与遗传及基因密切相连。基因不但影响个体的生物构造，而且影响个体的智力、人格与行为。基因的不同组合形成了不同的生物个体，因此世界上没有基因完全相同的两个人。特殊儿童是异质性较高的群体，其早期干预方案的成效如何，要看神经系统的能量有多少被经验改变了。

1929年，美国著名儿童心理学家格塞尔（Arnold Lucius Gesell）选择同卵双生子T和C作为实验对象进行爬梯训练的实验结果表明，遗传素质（特别是大脑神经系统）的成熟程度，是人的身心发展中起关键性作用的因素，遗传素质未成熟，企图通过“超前”的训练达到身心发展的某种水平，是徒劳无益的。比如，人的身体发展大致遵循从头部到下肢、从中心部位向全身边缘方向、从骨骼到肌肉的发展顺序，而儿童思维的发展总是遵循从具体形象思维到抽象思维的发展历程。

现代科学技术的发展，使人们对脑功能以及神经系统工作机制的探讨逐渐深入，越来越多的研究发现，特殊儿童与普通儿童的大脑皮层机制既具有共性又具有差异性。这些研究成果为特殊儿童的教育教学提供了生物学上的理论依据。生物学的基本观点是，儿童的语言、情感、行为都是生理原因造成的，神经组织、生物因素或基因因素的异常是残疾的主因，环境与特殊儿童自身影响发展结果的作用不大。例如，有研究指出多动症儿童在遗传因素上表现显著性差异（$p<0.05$），说明儿童多动症的发生与遗传因素有关联[①]。

二、生物学在特殊儿童教育中的应用

生物学观点强调生物因素对儿童发展的决定作用，因此更多着力于医疗模式。对多数特殊儿童来说，医疗介入往往是最早使用的，其特色是有医师、职能治疗师、物理治疗师、护士等相关专业人员的参与。医学模式在发展过程中经历了从生物医学模式发展到社会心理医学模式，再到循证医学模式。学者郭虎等结合循证医学、循证护理、临床路径提出了循证路径医学模式（图2-1），并在临床中取得了较好的效果。循证医学是遵循证据进行医学实践的医学模式，目的在于根据科学研究、临床经验和病人个体的特殊性等相关证据进行临床决策。循证护理是以有价值的、可靠的研究为证据，提出护理问题，寻找包括适宜的研究证据、护士个人技能、病人的实际情况等方面的实证材料，对特殊儿童实施最佳护理。临床路径是由小组成员根据某种诊断、疾病或手术制定的一种医疗护理模式，按照临床路径表的标准化流程进行医疗护理。该模式具有流程标准化、人员专业化、服务人性化、效益最大化等特点。

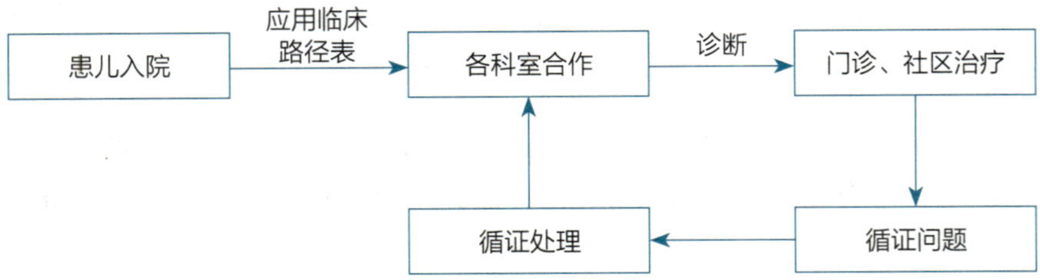

图2-1 循证路径医学模式的框架及流程[②]

① 张立胜，陈垣，张莎莎，等．儿童多动症的病因调查及干预分析［J］．国际精神病学杂志，2015，42（6）：81-83.

② 郭虎，郑帼，段跃云，等．循证路径医学模式在儿童慢性疾病中的应用［J］．医学与哲学（临床决策论坛版），2006（6）：53-54.

以生物学为基础的医学模式主要在医院实施，重点对特殊儿童的身体状况以及发展历程进行监控，有利于特殊儿童疾病、障碍的减轻。但纯粹的医学模式并不太适用于教育取向的早期干预计划，因此，医教结合应运而生。医教结合的提法源于现实，见于文件，论于刊物，言于论坛①。医教结合将人的生涯发展作为其本质，强调生理发展是人的生涯发展的物质载体，医教结合表现为“医主教辅”②；现阶段我国已有许多地区开展了医教结合的实践并探索出了行之有效的教学（工作）模式③；随着医教结合的持续推进，理论研究不断深入，相关政策不断完善，各地逐渐形成了独具特色的实践模式，各校也切实开展医教结合实践，并取得了良好的成效，从而推动了特殊儿童的发展、教师团队的建设、家长角色的转变和学校职能的完善④。

第二节　特殊儿童教育心理学基础

特殊儿童教育与心理学，尤其是儿童发展心理学、教育心理学和变态心理学的关系十分密切。从心理学的角度出发，采用心理学的方法来探讨特殊儿童的身心特征，根据特殊儿童的身心特点与发展水平来制订儿童的个别化教育计划，是特殊儿童教育必须贯彻的重要原则。

一、心理学的基本观点

心理学通过长期的研究具有很多分支学科，如发展心理学、认知心理学、生理心理学、教育心理学、人格心理学等。心理学同时提出了很多理论，如行为学习理论、认知发展理论、人本理论、多元智能理论等。

（一）行为学习理论

行为学习理论将学习过程解释为条件作用，认为学习是个体处于某些条件限制（刺激环境）之下所产生的反应，因此个体学习到的行为可以解释为刺激与反应之间关系的联结，学习的过程是一种累积归纳（由特殊到一般）的过程。行为学习理论中具有代表性的理论有经典条件作用理论、操作条件作用理论、社会观察学习理论等。根据行为学习理论的观点，特殊儿童的障碍通常表现出问题行为（行为不足、行为过度、行为不当），教育工作者可以通过对前因后果的控制，树立榜样行为，强化合适行为，削弱问题行为。因此，在特殊儿童的教学之初，行为分析是基础；教学过程中行为观察与记录是重点；教学结果以特殊儿童的行为改善程度作为衡量的尺度。

（二）认知发展理论

认知发展理论强调学习就是对事物的认识、辨别与理解，学习的重点在于形成认知结构，并在具体的学习情境中运用已有的认知结构去认识、辨别以及理解各个刺激之间的关系，增加自己的经验，从而改变自己的认知结构。因此，学习是内发的演绎（由一般到特殊）的过程。认知发展理论中具有代表性的理论包括认知发展阶段理论、文化历史发展理论、认知结构学习理论、有

① 雷江华．“医教结合”：从理论到实践［J］．现代特殊教育，2017（10）：68.
② 丁艳丽．试论“医教结合”的本质：人的生涯发展［J］．现代特殊教育，2017（10）：70-71.
③ 刘金霞．“医教结合”的实践经验［J］．现代特殊教育，2017（10）：78-79.
④ 肖冉．“医教结合”的实施效果［J］．现代特殊教育，2017（10）：79-80.

意义学习理论、信息加工理论。根据认知发展理论的观点，特殊儿童的障碍出现在认知加工能力（特别是语言、思维等高级认知能力）缺陷上，而不是行为反应上。因此，教学的重点应增强特殊儿童的信息处理加工能力，改进其认知过程，完善其认知结构，从而增强教学训练的效果。

（三）人本理论

人本理论强调学习就是学习者以自我为中心，学习自己喜欢且觉得有意义的知识的过程。因此，学习不再是教师设计的教学表演，而是学习者个人经验的积累；学习不是对某个内容的片面曲解，而是学习者自己人生成长的历程。人本理论中具有代表性的理论包括需要层次理论、学习者中心理论等。根据人本理论的观点，特殊儿童的障碍是因为迷失了自我，不能依赖个人的经验来积累知识，发展技能，形成人格。因此，特殊儿童教育教学的重点在于培养特殊儿童自主学习探索的能力。

（四）多元智能理论

世界著名教育心理学家加德纳（Howard Gardner）于1983年提出多元智能理论。他认为每个人都具有逻辑数理智能、言语语言智能、音乐节奏智能、身体动觉智能、视觉空间智能、交往交流智能、自知自省智能与自然观察智能这八种智能。每个人的智能是其中多种智能的组合，但每个人在多种智能的拥有上不尽相同，因此需要利用自身的智能优势，因势利导，扬长避短或扬长补短，发展成各具个性与特长的人。

二、心理学在特殊儿童教育中的应用

（一）应用行为分析模式

应用行为分析模式（图2-2）根据操作行为主义的原理与方法来改善特殊儿童的行为，按他们的学习与训练的目标，设计情境和选定可影响目标行为的增强物，并以他们自发的反应行为，建立新的适应行为，消减或改善因某种症状导致的不良行为。

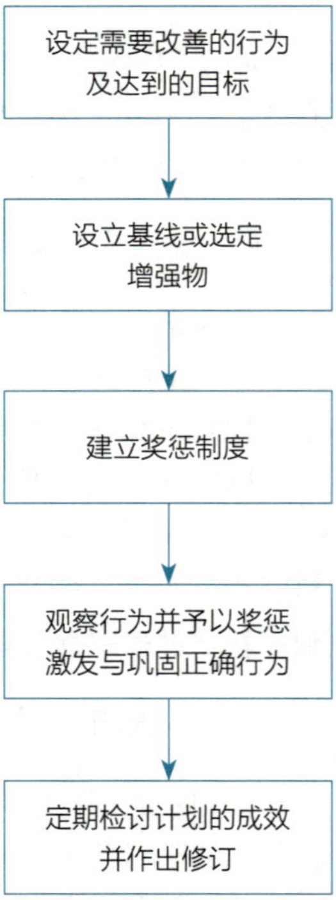

图2-2 应用行为分析模式流程图

（二）认知行为矫正模式

随着认知心理学的兴起，认知行为矫正技术得到了广泛的发展，并逐渐将视角从外部行为的矫正转向内部思想的改变。可见，认知行为矫正技术是根据认知过程影响情感和行为的理论假设，通过认知和行为技术来改变儿童的不良认知，强调纠正儿童的认知曲解，从而改变他们的行为，使他们保持良好的身心状态。例如，已有研究表明，认知行为矫正疗法有利于缓解情绪[①]，提高患者睡眠质量[②]。具有代表性的认知行为矫正模式有认知疗法、理性情绪疗法以及自我指导训练法。

1985年美国知名心理咨询师贝克（Aaron Temkin Beck）归纳了五种认知疗法的基本技术和手段：①识别自动化思想，即介于外部事件与

① 高婷叶. 认知行为治疗对冠心病支架植入术后患者焦虑抑郁情绪的影响［J］. 中国继续医学教育，2017，9（15）：102-104.

② 张婷. 认知行为矫正疗法对冠心病支架植入术后患者睡眠质量的影响［J］. 系统医学，2017，2（21）：63-65.

个体对事件的不良情绪反应之间的那些思想。例如，一个儿童由于不能完成某项游戏任务，可能会认为自己很笨，同伴也不愿意与他一起玩耍，于是变得灰心丧气。②识别认知错误，即改变自己头脑中固有的想法、观念、信念。例如，一个口头表达能力不好的儿童通常认为自己语言能力差，无法正常表达。③真实性检验，即教师、家长与儿童一起来设计严格的真实性检验，以驳斥其错误信念。④去中心化，即改变儿童认为自己是别人注意中心的想法。⑤监测紧张或焦虑水平，即鼓励儿童对自己的焦虑水平进行自我监测，认识自己情绪波动的特点。

（三）合作学习模式

合作学习模式强调以学习者为中心，要求特殊儿童在一个由2～6名同伴组成的异质性小组中彼此互助，共同完成学习任务，并以小组总体表现作为奖励依据。合作学习的典型模式（图2-3）包括师生互动模式与生生互动模式，前者包括一对多模式、一对一模式、多对一模式、多对多模式，后者包括星形模式、环形模式、网状模式、层级模式等。采用合作学习模式，应建立合作学习教学目标的过程管理制度，开展绩效考核评估制度，形成教师与学生的长期互动机制，采取课前导学和课后答疑的制度，实施教学质量监控制度，建立起合作学习模式的长效机制，调整合作体系，进一步深入挖掘其潜力，以期合作学习在促进学生素质全面发展的过程中发挥更大的作用。

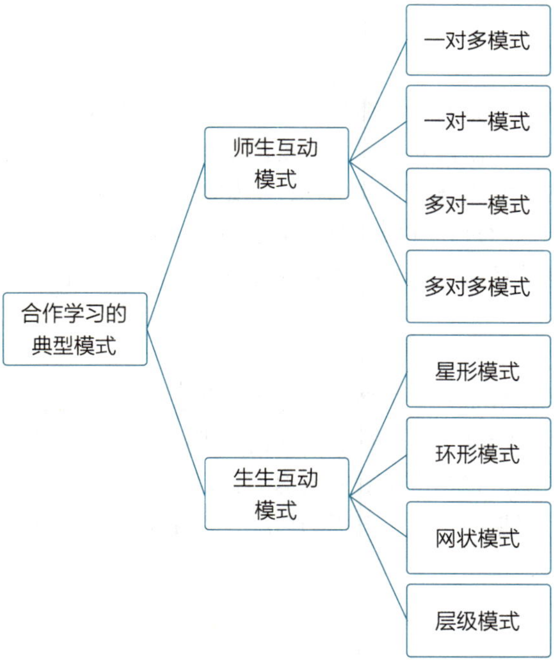

图2-3　合作学习的典型模式

（四）差异教学模式

差异教学模式强调立足于特殊儿童的个体差异与个性差异，满足他们各自的学习需要，促进其获得最佳发展。差异教学模式要求教师改变教学的进度、水平或类型以适应学习者的需要、学习风格或兴趣。在差异教学课堂中，教师会根据学生的准备水平、学习兴趣和学习需要来主动设计和实施教学过程。实施个别化教学是差异教学模式的基本要求。实施差异教学是融合教育的必然要求，并且，差异教学的过程是真正实现教育公平的过程，值得大力提倡。

第三节　特殊儿童教育教育学基础

特殊儿童教育要达成培养儿童的目的，必须遵循并服务于教育学中提出的两大规律：人的身心发展规律、社会的发展规律。只有这样，特殊儿童教育工作才能更好地为特殊儿童的发展服务。

一、教育学的基本观点

教育学在长期的研究与发展过程中提出了很多具有代表性的观点，如全面发展观、全程发展观、动态发展观、潜能发展观、主动发展观等。

（一）全面发展观

全面发展观强调人的发展具有整体、协调和统一的性质，包括生理和心理的发展。根据全面发展观的要求，特殊儿童的发展不能顾此失彼，特别是在有针对性地对特殊儿童进行训练时，不能采取单一的干预内容与策略，而应该整合相关的干预项目，兼顾特殊儿童身体、认知、人格、情感等方面的整体发展。

（二）全程发展观

全程发展观提出人的发展是整个生命里程持续不断的变化过程，这个过程是由多个发展阶段所组成，特别重视人生的开始阶段对人身心发展的基础性作用。根据全程发展观的要求，特殊儿童的全程发展不能被特殊儿童教育人员所忽视，比如语言、智力等发展的关键期处于学前这一阶段，如果错过了关键期以后再进行补救，要么事倍功半，要么徒劳无功。因此，特殊儿童教育要重视特殊儿童发展关键期的针对性训练，做到训练得法，使儿童健康成长。

（三）动态发展观

动态发展观提出人的发展是一个主体与客体不断相互作用的过程，是一个从量变到质变的过程，在发展的过程中可能会出现很多波动与不平衡。根据动态发展观的要求，特殊儿童的发展可能出现很多不可预期的情况，包括进步后的倒退、长期停滞不前等，这就要求特殊儿童训练人员要有耐心、恒心和信心。根据特殊儿童发展的情况，抓住重要的突破点，争取从某点突破来带动其他方面的发展。

（四）潜能发展观

潜能发展观强调人的发展是不断发掘自身内在的未开发出来的综合能量的过程。世界上不存在没有潜能的人，只有潜能没有充分发展和发挥的人。根据潜能发展观的基本思想，特殊儿童也是具有潜能的人，只是他们的潜能没有被发掘和展现出来，特殊儿童教育的作用在于通过有效的训练措施与手段，发掘他们的潜能。

（五）主动发展观

主动发展观强调人的发展受到遗传、环境、教育、人的主观能动性等多种因素的影响，在这些因素中，遗传是不可控的内因，环境是不可控的外因，教育是可控的外因，人的主观能动性是可控的内因。人要获得全面的发展，必须抓住可控的内因来促进自身的发展。因此，特殊儿童教育要有效地培养和发掘人的主体性，并在训练与日常生活中使自己的主体性能得到有效的发挥。

二、教育学在特殊儿童教育中的应用

教育学的五种发展观强调通过发挥人的主观能动性来发掘人的潜能，克服发展中的不平衡性，重视人的全程发展，促进人的全面发展。因此，在针对特殊儿童进行训练时要重视发挥他们的主观能动性，可以通过改变特殊儿童在教育训练过程中的被动地位来达到早期干预的目的，活动本位模式正是在这种思想的主导下应运而生的。活动本位模式通过生态评量过程选取生活中的重要活动作为教学训练主题，横跨认知、情感、行为等不同的领域，实施综合教学，达到多层目标，如动作、沟通、社会、认知、自理等。例如，教育人员可以运用“清洗洋娃娃”的亲子活动来提高特殊儿童的沟通能力（如儿童说“我需要肥皂”）、社会能力（如不同的特殊儿童轮流使用毛巾）、自理能力（清洗自己的双手）、动作能力（拿到与抓住洋娃娃、肥皂等）、解决问题的能力（发现毛巾，利用不同的方法来清洗洋娃娃）。

活动本位模式强调三个基本命题：①直接环境与宏观的社会文化环境两者的影响和互动；②由特殊儿童自主参与活动的需要；③借助儿童从事功能性及有意义的活动，以增进其学习。这种干预模式强调儿童个人的目标与学习结果和自然发生的活动相结合。

活动本位模式包含四个基本要素：①教学训练由儿童主导，并重视儿童的互动；②将教学训练融入例行性、计划性或儿童自发性活动中；③习得的是功能性和类化性的技能；④系统化地运用自然合理的前事与后果。

活动本位模式中活动的设计需要遵循五项原则：①符合特殊儿童教学训练的目标；②适合特定年龄的特殊儿童身心发展；③活动设计多样化；④以社区为活动之取材；⑤寓教于乐。

活动本位模式采用的教学策略有八种①：

（1）遗漏法（Forgetfulness）。它是指教师有意遗漏某项学习材料或用具，或者教师过度强调活动中儿童熟悉或重要的部分，而遗漏其他部分。这种方法既可以促进儿童的行动力和问题解决能力，也可以用于了解儿童所知与所能做的。例如，绘画课没有准备画笔、分享阅读课缺乏相应书籍，儿童会发现被遗漏的部分，并且提出询问、找寻缺少的物件或试着以可能的方法来解决问题等。

（2）新奇法（Novelty）。儿童通常会被新的玩具或活动所吸引，利用这一特性可以引发儿童出现教师期望的行为反应。对于重度障碍的儿童，很适合在例行或日常活动中使用新奇法来教学。例如，可以在儿童熟悉的儿歌或游戏中加入新的动作。对于年龄较大、能力较好或障碍程度较轻的儿童，变换进出体能活动室的路线或方式，或在玩具角增加不同的新玩具，都是可行的策略。运用新奇法时，必须注意新事物的出现不宜过度而超乎儿童的预期，否则可能导致效果不佳甚至适得其反。例如，在有关春节的教学活动中，安排一只恐怖的怪兽，虽然新奇却可能造成儿童的惊恐，甚至使活动在儿童的哭闹声中提前结束。

（3）看得见却拿不到法（Visible but Unreachable）。将物品摆放在儿童看得见但拿不到的位置，可以刺激儿童社会性、沟通能力和问题解决能力的发展，尤其适合于沟通能力的训练。儿童喜爱的食物或玩具都是适合的刺激物，运用时，除非目的在于训练儿童独立解决问题的能力，否则应将物品置于该儿童看得到而教师或另一名儿童可以拿到的地方。

（4）违反期望法（Violation of Expectation）。它是指将活动或例行作息中的某一个熟悉的部

---

① Pretti-Frontczak K，Bricker D. An activity-based approach to early intervention [M]. 3rd edition. USA：Paul H. Brookes，2004.

分或步骤予以省略或改变，使其与儿童所期望的不符合。有许多违反惯例的方式会让儿童感觉有趣或奇妙，例如，教师拿铅笔另一端的橡皮擦来画画或书写。违反期望法的目的在于：一是从中可以了解儿童的辨别力和记忆力，二是可以引导儿童进行各种沟通反应和问题解决行为。重度障碍儿童通常也能够注意到这种意料之外的改变，例如，把袜子穿在手上或把手套戴在脚上等。

（5）片段分次法（Piece by Piece）。对于需要组合片段物件或使用到多项或多次物件的活动，教师可以逐次限量分配提供，所以儿童便必须逐次地要求给予所需的片段。例如教师需要用到积木、颜料、蜡笔、胶水等小物件的活动，或者点心时间的葡萄干、小饼干等，都适合运用此原理分次提供。但是，教师必须注意，过度的分段也可能成为不当的干扰，甚至破坏活动的连续性和学习的主体性。

（6）寻求帮助法（Assistance）。提供需要教师或同伴协助使用的器材或安排需要师生共同参与的活动，这样儿童只有在教师或其他儿童的协助下，活动才能进行。这种教学法可用于训练儿童的语言沟通、粗大动作、精细动作和生活自理能力。例如，把食物放在儿童打不开的盒子里，这样儿童就需要寻求教师的帮助才能打开盒盖（训练沟通能力），教师可以将盒盖松开，再让儿童练习撑开手指、抓握与旋转等技能来开启盖子并拿出食物（训练精细动作能力）。

（7）干扰妨碍法（Sabotage）。教师刻意且隐秘地进行干扰活动，可以刺激儿童的问题解决技巧和沟通行为。例如，教师先趁儿童不注意时把门锁住，然后借机鼓励儿童离开教室。但是，干扰妨碍法不宜经常使用，且使用时要慎重，否则会影响效果。

（8）中断或延迟法（Interruption or Delay）。中断是指教师将儿童的某一连锁行为予以中止，使其无法继续该行为；延迟是指暂停活动或稍加延伸，以引起儿童的反应。例如，刷牙是儿童的日常习惯之一，教师可以中断儿童使用牙膏，并且问他“你要什么”，于是儿童就必须设法表示他需要牙膏来完成刷牙的行为。

第四节　特殊儿童教育发展生态学基础

发展生态学从宏观角度出发，探讨儿童身心发展的问题，明晰造成他们发展迟缓或障碍的相关因素，提出比较全面的早期干预思路。它强调在儿童发展的过程中，发展的环境与儿童的特质对发展的结果具有同样重要的作用。

一、发展生态学的基本观点

对于儿童发展问题的研究，不同的学科有不同的视角。社会学者认为社区与家庭结构问题是引发行为异常的原因，经济学者认为贫穷是儿童社会适应不良的根源，教育学者认为教育体制是导致儿童行为问题发生的原因，心理学者认为家庭成员的互动在左右儿童的发展。而发展生态学者认为儿童处在多元的生态环境中，影响其身心发展的因素必然是多方面的，而不是单一的，因此必须考虑多种因素对儿童身心发展的影响。

（一）发展的复杂性

没有任何单一因素会伤害或促进儿童的发展，儿童的发展是多种因素作用的结果。有学者探讨了家庭过程、父母特质、家庭结构、家庭对社区事务的处理、同伴、社区六个因素与青少年心理适应、自我能力、问题行为、活动参与、学业成就五项发展结果的关系，发现青少年发展的趋势随着危险因素的增加而下降，其中危险因素的增加对心理适应和学业成就影响最大。

（二）发展的关联性

儿童所处的环境危险因素越多，其发展的结果越差；反之，所处的环境越好，则其发展的结果越好。一项对美国罗切斯特地区4岁儿童的研究发现，十项环境因素（母亲心理疾病的长久性，母亲的焦虑水平，反映父母态度的刻板或弹性、信仰及母亲对其孩子的发展所持价值观的综合评量分数，在婴儿期母亲与孩子自发性积极的互动，家长的职业，母亲的受教育程度，弱势少数族群的身份，家人的支持程度，生活压力事件，家庭规模）与社会情绪、认知能力分数相关。例如，没有环境因素问题的儿童比具有八项或九项危险环境因素的儿童，智力分数高出30分以上。同样地，这些儿童在社会与情绪能力的发展上也显示出同样的趋势。

（三）发展的互动性

儿童身心发展是儿童与家庭、学校、社会环境持续相互作用的必然结果。从儿童与外界互动过程导致发展问题的示例（图2-4）可以发现，儿童发展的结果，既不是他们的初始状态，也不是环境初始状态的作用，而是他们与环境经历交互作用的复杂结果。在该案例中，儿童出生的并发症可能使原本镇定的母亲变得有些焦虑。母亲在儿童出生头几个月的焦虑，可能导致她与孩子的互动过程中充满了不确定性和不适当性。儿童对这种不调和现象的反应，可能在喂食与睡眠方面会发展出某些异样的形态，令人觉得性情异常。这可能淡化母爱，因而母亲逐渐倾向于花费较少的时间和孩子相处。如果母亲不积极主动与孩子互动，特别是对孩子说话，那么儿童的语言可能无法正常发展，进而出现语言发展迟缓的现象。因此，了解儿童与环境之间的互动过程，有利于我们发现问题的发展进程，从而采取有针对性的早期干预措施与教育训练方案。

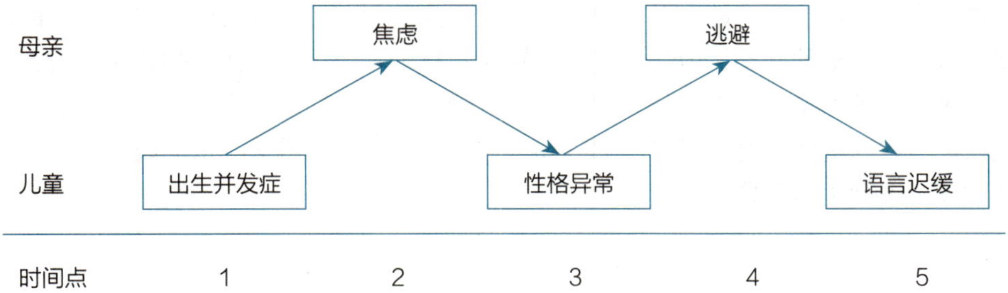

图2-4 互动过程导致发展问题示例[①]

（四）发展的规约性

在生物学中，基因型是指一个生物体的遗传组成，通常指有关的一个或少数几个基因，而表现型则是指一个生物体的可观测性。发展生态学者借用生物学基因型的概念，用“环境型”来指称一种构造，这种社会构造在规约人类适应其社会的方式，正如基因型在规约每一个体的身体发展结果一样。这种环境型通过家庭与文化的社会化形态而运作，每一个体的环境型也正是规约其发展的根源。因此，了解影响儿童发展的规约体系，明确基因型、表现型、环境型三者之间的互

① 何华国．特殊儿童早期教育［M］．台北：五南图书出版公司，2006.

动关系，对于早期干预具有重要的意义。其中，儿童发展的规约包括大规约、小规约、微规约三类。大规约是会长期持续，对儿童的经验会产生深远影响，如断乳、入学等，存在于文化法则中的典型规约形式。小规约是每天发生的重要照顾活动，包括衣食住行、常规训练等，存在于家庭法则中的典型规约形式。微规约几乎是瞬间自发的互动形态，如息事宁人、强制他人等的反应，存在于个人行为活动中。

二、发展生态学在特殊儿童教育中的应用

发展生态学强调特殊儿童教育需要关注儿童全部的发展环境，采取综合干预的策略，从根本上解决影响儿童身心发展的所有问题，而不是采取单一的干预措施。多位心理学家从发展生态学的角度提出的互动干预模式，可应用于特殊儿童教育实践。

互动干预模式包括治疗（Remediation）、再界定（Redefinition）与再教育（Reeducation）三项干预策略。

（一）治疗

治疗重在改变儿童对父母的行为方式，即治疗的重点在于改变儿童，而很少改变文化或家庭法则。例如，如果某儿童被认定具有某种疾病，那么干预主要是针对疾病的矫治，通过改善儿童的身体状况，儿童将更有能力得到父母的照顾，并成为更具有互动特质的家庭成员。治疗工作通常由特殊儿童教育专业人员在家庭系统外实施，目标在于改变儿童身上所鉴定出来的状况。一旦儿童的情况得到改善，干预工作就算完成。

（二）再界定

再界定重在改变父母诠释儿童的行为方式。父母与孩子的关系阻碍了孩子正常的成长与发展，需要对家庭法则（特别是典型的家庭法则）做出改变时可运用再界定，找出孩子正常发展的领域，以对应他们所注意到的把孩子视为异常的部分。例如，父母可能会因为孩子的问题或任性而不愿与孩子有积极的互动，但如果将视角转换到孩子其他更多可接受的特质，就会有助于促进亲子间积极的互动关系。再界定强调父母改变自身的信念与期望，来促进良好的亲子互动。因此，专业人员可以通过父母对家庭事件的陈述以掌握其对孩子的看法，从而改变其期望与看法，促进父母对孩子进行优质照顾。

（三）再教育

再教育重在改变父母对儿童行为的方式，即引导父母如何养育子女。例如，教导身体障碍儿童的父母的定位技巧有助于增强父母对孩子的照顾能力。该策略对缺乏运用文化法则的知识，难以有效引导子女发展的父母尤其有效。再教育不但可运用于家庭法则，特别适用在儿童不可改变的情况下改善的家庭法则，而且可适用于身处某些危险状况的家庭或个人，如环境不利、父母的特质（如未成年父母、酗酒父母）等。

总之，治疗、再界定、再教育三个干预策略的选择与运用，可通过互动诊断过程，找出儿童与环境互动过程中所出现的问题及其外界环境法则的制约情况，从而对症下药，提高干预的质量与效果。

拓展阅读

应用行为分析法

应用行为分析（Applied Behavior Analysis，ABA）是一种科学的方法，用于改变与改善社会意义上的重要行为。它基于行为心理学的原则，特别是斯金纳（Burrhus Frederic Skinner）的操作条件反射理论。ABA在特殊儿童教育中被广泛用于帮助有发展障碍的儿童，如孤独症谱系障碍儿童，以提高他们的学习、社交和沟通技能。以下是ABA在特殊儿童教育中的一些应用。

1. 离散试验训练（Discrete Trial Training，DTT）。

（1）DTT是ABA中的一种教学方法，通过一系列简短、结构化的试验来教授新技能。

（2）DTT通常用于教授基本技能，如模仿、语言、认知和精细运动技能。

2. 关键反应训练（Pivotal Response Training，PRT）。

（1）PRT强调在自然情境中教学，以儿童的兴趣和动机为基础。

（2）PRT侧重于“关键领域”的技能，如动机、自我管理和社交互动，这些领域的改善可以带动其他技能的发展。

3. 自然情境教学（Naturalistic Teaching Strategies）。

（1）这种方法将教学融入儿童的日常生活中，利用自然发生的情境作为教学机会。

（2）例如，当儿童在游乐场时，教育者可以教授轮流、分享和等待等社交技能。

4. 任务分析和分解（Task Analysis and Discrete Trial Training）。

（1）将复杂任务分解成小步骤，然后逐步教授每个步骤。

（2）这种方法有助于儿童掌握更复杂的技能，如穿衣、进食和个人卫生。

5. 强化（Reinforcement）。

（1）强化是ABA中的核心概念，用于增加特定行为发生的频率。

（2）强化可以是正面的（如表扬、奖励）或负面的（如移除不愉快的刺激）。

6. 消退（Extinction）。

（1）消退是一种减少不必要行为的方法，即停止对这种行为的强化。

（2）例如，如果儿童通过哭泣来获得注意，成人可以学会忽略这种哭泣，直到它自然停止。

7. 功能评估（Functional Assessment）。

（1）功能评估用于确定行为问题的原因，了解行为背后的功能。

（2）一旦确定了功能，就可以设计干预措施来替代不当行为，满足相同的需求。

8. 社会故事（Social Stories）。

（1）社会故事是一种简短的故事，用来描述特定的社交情境，并教授适当的行为。

（2）这种方法有助于提高儿童的社交理解和技能。

ABA的应用需要由经过认证的行为分析师或在他们监督下的行为治疗师来实施。ABA计划通常是个性化的，根据儿童的具体需要和目标来设计。重要的是，ABA方法应该是数据驱动的，即通过收集和分析行为数据来指导教学决策和评估干预的有效性。

本章小结

本章深入探讨了特殊儿童教育的理论基础，涵盖了生物学、心理学、教育学以及发展生态学等多个学科的视角。在生物学方面，强调了生物因素对儿童发展的重要性，包括大脑和神经系统的发育、遗传和基因对个体差异的影响；介绍了医学模式的演变，从生物医学模式到社会心理医学模式，再到循证医学模式，并探讨了“医教结合”在特殊儿童教育中的应用。在心理学方面，讨论了心理学在特殊儿童教育中的应用，包括行为学习理论、认知发展理论、人本理论和多元智能理论，描述了心理学理论指导下的教育实践，如应用行为分析模式、认知行为矫正模式、合作学习模式和差异教学模式。在教育学方面，强调了教育学在特殊儿童教育中的重要性，提出了全面发展观、全程发展观、动态发展观、潜能发展观和主动发展观，探讨了教育学理论在特殊儿童教育中的应用，特别是活动本位模式，包括其基本命题、要素、原则和教学策略。在发展生态学方面，从宏观角度分析了影响儿童发展的多种因素，包括发展的复杂性、关联性、互动性和规约性，介绍了互动干预模式，包括治疗、再界定和再教育三项策略，以及它们在特殊儿童教育中的应用。本章通过跨学科的视角，为特殊儿童教育提供了坚实的理论支撑，并强调了在实践中综合运用这些理论以促进特殊儿童的全面发展。通过理解这些理论基础，教育工作者可以更有效地设计和实施教育计划，以满足特殊儿童的个性化需求。

思考与练习

1. 根据认知发展理论，特殊儿童的障碍通常出现在哪些方面？教育工作者应如何根据这一理论来设计教学计划？
2. 根据教育学的全面发展观，特殊儿童的教育应如何平衡特殊儿童在身体、认知、人格和情感等方面的发展？
3. 发展生态学在特殊儿童教育中如何应用？讨论互动干预模式中的治疗、再界定和再教育三项策略在实际教学中的应用。

拓展视频

差异教学

第三章 特殊儿童教育政策法规

学习目标

1. 知识目标：了解国内外相关政策法规，理解《萨拉曼卡宣言——关于特殊需要教育的原则、方针和实践》《特殊需要教育行动纲领》和《残疾人权利公约》对特殊儿童教育的影响。
2. 技能目标：掌握检索特殊儿童教育相关的国内外政策法规与国际文献的方法，能够分析不同国家特殊儿童教育政策法规的异同。
3. 情感目标：尊重、包容特殊儿童，认识到他们的需求和权利，能够意识到作为教育工作者或社会成员在促进特殊儿童教育公平方面的责任。

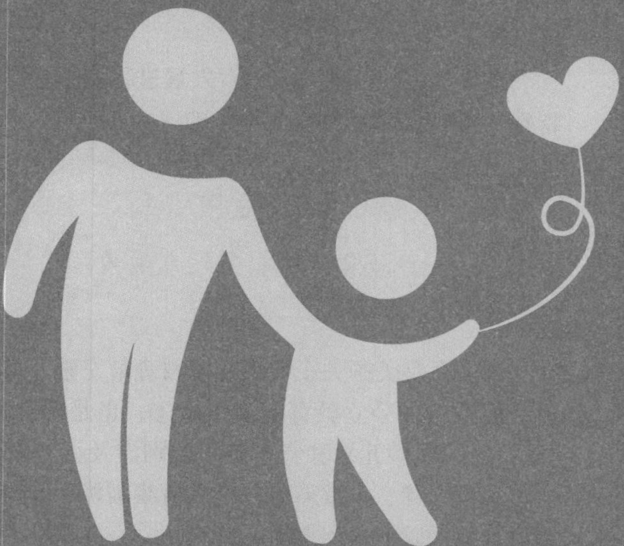

知识框架

- 特殊儿童教育政策法规
  - 国外特殊儿童教育政策法规
    - 美国特殊儿童教育政策法规
    - 英国特殊儿童教育政策法规
  - 国内特殊儿童教育政策法规
    - 宪法、基本法关于特殊儿童教育的规定
    - 关于特殊儿童教育的重要政策
  - 特殊儿童教育相关国际文献
    - 《萨拉曼卡宣言——关于特殊需要教育的原则、方针和实践》
    - 《特殊需要教育行动纲领》
    - 《残疾人权利公约》

案例导入

《人民日报》曾发表了一篇题为《四问特殊教育：“如何呵护折翼的天使”》的报道，文中描述了如下场景：四川成都一小学门前，43名家长联名“上书”校长“请学校劝退5年级2班的学生强强”。原来，强强患有轻度智力障碍和混合型多动症，经常影响其他同学学习。报道指出特殊孩子在普通学校上好学，并不容易。此外，现实中还存在着很多残疾孩子根本没机会进入学校的情况。

问题与思考：作为一名教师，你会如何根据学到的政策法规帮助强强？

第一节　国外特殊儿童教育政策法规

世界各国的特殊儿童教育发展进程各不相同，但从其发展的历史来看，特殊儿童教育立法是特殊儿童教育发展的强大助推剂。

一、美国特殊儿童教育政策法规

（一）1975年《所有残疾儿童教育法》（*Education for All Handicapped Children Act*，简称为PL94-142）

该法案是美国关于残疾儿童教育最完整、最重要的立法。它是美国保障身心障碍儿童能接受免费而适当的公立教育起步的标志，也是特殊儿童教育的重大改革。该法案确定的服务对象为3～21岁的残疾儿童和青少年，类别涉及智力障碍、重听、全聋、言语或语言障碍、视觉障碍、全盲、盲一聋、多重障碍、严重情绪困扰、肢体障碍、身体病弱以及学习障碍儿童。该法案的主要内容包括以下六个方面。

1. 免费、适当的公立教育

（1）免费：只要符合资格的特殊儿童，即可享有免费的特殊教育及相关服务。

（2）适当并没有固定的标准，完全看教育实施能否满足学生的需求；而保障儿童能接受适当教育，是每个儿童学生的个别化教育计划。

（3）公立教育：保障每个特殊儿童有权与其他孩子一样进入公立学校学习。

2. 适当的评估

保障学生可以接受公平的评估，不会因其语言、种族而对评估结果有不良影响，进而造成错误的鉴定、分类以及接受不适当的教育。适当评估的原则如下。

（1）在接受特殊教育安置前应对儿童的需求进行全面的、个别化的评估。

（2）测验必须以儿童的母语或儿童的沟通模式来施测。

（3）测验必须对特定的目的有效度。

（4）测验必须由受过训练的人员遵循一定的程序来施测。

（5）测验或其他评估材料必须与特定的教育需求有关，而非只是为得到一个IQ分数而已。

（6）对感官或表达能力有障碍的儿童，测验的结果必须能反映其成就而非其缺陷。

（7）特殊教育的安置不能由单一的程序决定，需要使用两种以上的测验。

（8）安置的评估必须由小组（团队）来实施，小组中至少有一名教师或其他相关障碍领域的专家。

（9）评估必须涵盖所有相关的领域，包括健康、视觉、听觉、行为、智力、行动能力、学业表现及语言。

3. 最少受限制环境

政府应确保身心障碍儿童尽可能与普通儿童一起接受教育，特殊儿童以就读普通班为原则，唯有当儿童的障碍程度严重到连使用辅助器材与服务也无法使其适应普通班的学习时，才能将其安置于普通班以外的场所来接受教育。

4. 个别化教育计划

该法案规定，应为每一个特殊儿童拟订个别化教育计划（IEP），其内容包括：学业能力（或发展技能）；目前的健康状况和障碍程度；当前适应行为；当前基本的职业技能；年度教学目标和短期教学目标；可提供的特殊教育及相关服务；所需要的时间，包括预计在每处特殊教育场所接受教育所需的时间以及开始和结束的时间；短期目标的评价日期和评价标准；IEP委员会及其成员同意的签名；学生怀孕期间的计划及服务；住宿学生每天适当的教学时间。

“特殊教育”是指为满足特殊儿童需求而特别设计的、无需父母或监护人付费的教学，包括课堂内教学、体育课教学、到家教学，以及在医院和教养院的教学。“相关服务”是指使特殊儿童能从特殊教育中受益的必要服务，其项目包括交通、语言治疗、听力检查、物理治疗、职业治疗、休闲服务、早期筛查与鉴定、心理评估咨询、学校保健服务、家长咨询等。

5. 家长参与

该法案中有关家长的权利包括：家长有权参与IEP的制定、认可及评定；所有给家长的通知都要以其使用的语言为主；家长可参与子女的进步评估、安置决定、方案的评定；家长有权查阅子女的记录；家长可以用“法律保障程序”解决与学校不一致的意见；相关服务项目包括家长所应获得的咨询与训练。

6. 法律保障程序

这是指家长享有被告知的权利、同意权、要求独立的教育评估权、参与IEP及同意权、查阅子女资料权、申诉权，以保障儿童教育决定的公平性。

（二）1986年《残疾人教育法修正案》（*Education of the Handicapped Act Amendments*，简称为PL99-457）

PL99-457的主要内容是：①将服务对象向下延伸至出生起；②提供经费鼓励各州对0～3岁幼儿实施早期干预；③在0～3岁儿童早期干预计划中，要为障碍儿童家庭拟订个别化家庭服务计划（Individualized Family Service Plan，IFSP）。

（三）1990年《残疾人教育法》（*Individuals with Disabilities Education Act*，简称为IDEA或PL101-476）

IDEA是PL94-142的修正案。其主要的变化有：①改变了服务对象的称谓，将法定的特殊教育对象称为"children with disabilities"。②增加两个类型。除了已有的类别以外，IDEA 增加了孤独症和外伤性脑损伤（Traumatic Brain Injury），同时也承诺为注意缺陷多动障碍学生提供服务。③增加转衔服务。IDEA特别强调，IEP要为所有16岁的学生提供转衔服务。规定学校最晚要在学生16岁以前为其拟订个别化过渡计划（Individualized Transition Plan，ITP）；同时，要为所有的学龄前儿童提供适当的方案。④增加相关服务项目。除了已有的立法规定的服务之外，IDEA将相关服务延展至社会工作服务和康复咨询服务。⑤服务范围拓展到所有教学安排。不仅包括特殊教育班级，还包括工作场所和训练中心。提供障碍儿童辅助科技的设备与相关的训练服务。

（四）1997年《残疾人教育法》（*Individuals with Disabilities Education Act*，简称为PL105-17）

PL105-17以改进特殊儿童的学习成就为重点。其主要变化有：①将发展迟缓儿童适用年龄确定为3～9岁；②将在成人监狱服刑的身心障碍者加入服务对象；③评估时应注重发展性与功能性资料，强调如何参与普通课程；④定期重新评估，至少每三年一次，评估时以已有的资料为主，减少不必要的评估；⑤强调以学生学习需求为主的最少受限制环境安置原则；⑥在个别化教育计划中强调与普通教育的结合，具体包括普通教育教师的参与、障碍学生参与普通教育的途径、重视学生的优点、语言及沟通的需求、至少和普通教育一样定期向家长报告学生学习表现；⑦转衔服务的年龄由16岁降至14岁，并重视婴幼儿与学前的转衔；⑧重视学生参与全州和学区的成就评估，并提供特殊评估；⑨重视学校安全维护，对非因障碍因素而产生的公共危险行为，可在IEP小组决定下按一般学生的处理原则进行处理；⑩建立学生成就目标与指标；⑪强调以学校为本的改革，通过全体人员参与计划、执行与评鉴，确保特殊儿童教育与相关服务的落实，并使一般学生获益；⑫强调落实惠及一般学生的相关服务，将定向与行走服务纳入相关服务项目；⑬在法律保障程序中，特别强调调解程序的建立；⑭加强服务部门间的跨部门合作，发挥资源整合的功能；⑮建立家长资源中心；⑯加强专业人员的培训与进修，重视研究发展；⑰重视民间参与，成立公有民营的特许学校；⑱重视各方面信息的收集，将人口数、学生的表现、辍学率、师资需求作为决策的参考。

（五）2002年《不让一个孩子掉队法案》（*No Child Left Behind Act*，简称为NCLB）

2002年1月8日，美国总统布什（George Walker Bush）签署了《不让一个孩子掉队法案》。其核心内容主要体现为以下几个方面。

1. 州政府承担绩效责任

该法案要求州政府在全州范围实施涉及所有公立学校和学生的绩效责任制度。其内容主要要求各州制定并实施州级阅读和数学标准，所有三至八年级学生必须参加阅读和数学的年度考试，确保所有群体的学生在2014年中达到熟练的州级年度目标。

2. 给家长和学生更多的选择

对于就读于那些被确认需要整改和重组学校的学生而言，地方教育当局应当允许家长将他们转送到更好的公立学校，包括公立特许学校就读。对于就读于连续三年未达州级标准的学校的学生，地方教育当局应允许低收入家庭的学生运用资助经费，从公立或私立的机构获得补充的教育服务，包括辅导、课外服务和暑期学校等。

3. 州、学区和学校拥有更多的灵活性

州和学区在运用联邦教育经费方面，可以获得前所未有的灵活性，以换取对学生学业结果更强的绩效责任。

（六）《2004年残疾人教育促进法》（*Individuals with Disabilities Education Improvement Act of 2004*，简称为PL108-446）

PL108-446保留了PL105-17的主要原则和组成部分，同时也作了相应的变动，其目的是通过家长参与、提高绩效责任、减少文本工作等做法促进特殊儿童教育。其主要内容包括：①关于IEP，绝大多数特殊儿童的IEP中不再需要短期目标。只有参加替代性评估的特殊儿童，仍然需要短期目标。这些特殊儿童占全体特殊儿童的比例不到1%。批准15个州试行多年有效的IEP，其有效期可以达到3年。这种IEP 是针对不需要基准线以及短期目标的特殊儿童制定的，不包括严重智力障碍的儿童。②缩减文本工作和用于非教学活动的时间。③建立高素质的师资队伍。④对学习障碍儿童鉴定提出新要求。

（七）《每一个学生成功法案》（*Every Student Succeeds Act*，*ESSA*）

2015年美国颁布了《每一个学生成功法案》，为有特殊需要的学生提供了多样且具体的支持方案，以期帮助有特殊教育需要的学生在享受教育公平的基础上追求更高质量的教育。该法案强调保障残疾学生平等的升学权和就业权；强调各州制定教育评价体系和残疾学生教育问责制，对残疾学生辍学率高、学业水平差距较大的学校进行问责，要求各州和各地方机构设立教育联络员以保障残疾学生的教育权益；提出政府以拨款或合同的形式为各州和地方教育机构缩小残疾学生与普通学生学业差距提供支持，获得资助的各州必须每年上报普通学校为残疾学生开展的活动及成效，同时，要求特许学校向所有学生（包括残疾学生）开放。

这一阶段，包括有特殊需要学生在内的所有儿童的教育水平受到关注，注重残疾儿童在享受教育公平的基础上追求高质量的教育。与此同时，残疾儿童和青少年的鉴定有了明确的规范和要求。

二、英国特殊儿童教育政策法规

（一）1978年《沃诺克报告》（*The Warnock Report*）

《沃诺克报告》是英国第一次全面地讨论特殊儿童教育的相关议题。该报告中所提出的建议主要包括：①约有20%的学龄儿童具有特殊需求，其中2%的儿童正在特殊教育学校就读。建议将有特殊教育需求的学生人数基准设为学生总人数的1/6。②在对象界定上，使用“有特殊教育需要儿童”（Children with Special Education Needs，SEN）取代“障碍儿童”（Handicapped Children）。用“学习困难”（Learning Difficulties）界定各种学习异常或需要特别医疗干预的儿童。③改变传统固定的安置方式，让特殊儿童可以在某些特定时间内接受所需的特殊教育。④在特殊儿童的安置上，主张融合的教育安置，同时也可以选择设立特殊教育学校，以满足某些学生的需要，普通学校应设立资源中心。⑤特殊教育向学前教育和高等教育延伸。⑥由专门人员负责特殊儿童的评估，以确保特殊儿童能够获得足够且适当的服务，评估者必须受过专业训练。⑦为实施融合教育，师范教育中应设置特殊教育课程，端正师范学生对特殊儿童的态度。

（二）《1981年教育法》（*Education Act 1981*）

《1981年教育法》的重要内容有：①采纳《沃诺克报告》的提议，以“特殊教育需要儿童”取代“障碍儿童”。②要求提供细致严谨的评估以鉴定儿童的需求，并向程度较严重的学生提供一份确认书。确认书被视为学生接受特殊教育服务的资格保证。确认书必须包含学生的特殊教育需求；满足学生需求的特殊教育服务；学生适合就读的学校；如果在学校以外的地方接受教育，其所需要的特别服务；其他非教育性的服务；教育官员的签名。③强调家长参与，规定家长可以参与的内容有评估工作、决定学生应接受的服务项目和安置措施、获得学生的相关信息。④地方教育当局要确保特殊儿童尽可能地在普通学校就读。唯有下列三种情形，才能考虑隔离的安置：除非在特殊教育学校否则无法满足其教育需求；其他同学因此无法获得有效的教育；资源无法有效运用。

（三）《1993年教育法》（*Education Act 1993*）

《1993年教育法》在《1981年教育法》的基础上增加了几方面的内容：①设置特殊教育需要法庭，允许不满确认书内容的家长提出申诉。②增加家长选择学校的权利。③向地方教育当局和学校提供实施原则，该原则对学生的鉴定、评估作了详细的说明。④限制完成评估和确认书的时间。为了让特殊教育需要儿童可以得到及时的特殊教育和相关服务，各地方教育当局要在一定时间内完成评估和确认书。

（四）《1997年特殊教育绿皮书》（*1997 Green Paper — Excellence for All Children*）

《1997年特殊教育绿皮书》被视为继《沃诺克报告》后最重要的政策报告书，提出了8大主题。其主要目标如下：

（1）卓越的政策。要求学校提高标准，特别是在低年级的时候，以减少需要长期特殊教育服务的学生人数；推行全国范围的特殊教育需要的早期鉴定；学校与家长对特殊儿童的成就水准要有高期望；普通学校和特殊教育学校都要担负起提高特殊教育需要学生学习成就的责任；允许未获得一般中学文凭的学生进入高中；无论是普通学校还是特殊教育学校，信息与传输科技都将有效与广泛地使用以支持特殊教育学生的学习。

（2）家长合作。当子女获得特殊教育需要的确认书时，政府将给家长一位指定的人员来提供协助；地方教育当局设立专门负责提供家长协助的单位；通过学校、家长、地方教育当局的合作，减少申诉案件。

（3）实践支持。修订特殊教育需要的实施原则，更加简化和减少文本工作；将需要确认书的学生减少至2%以下；保证绝大部分的评估在规定的时间内完成。

（4）增进融合。要求越来越多的普通学校愿意且有能力来教育特殊教育需要学生；国家与地方应提供各种方案来支持融合；特殊教育学校与普通学校要加强互相合作。

（5）服务计划。推行区域性的计划以协调各种低出现率障碍的专业教师的训练方案；通过明确的指导以支持特殊教育学校在融合政策之下发展；有效激发在私立学校就读的特殊教育需要学生的兴趣。

（6）技能的发展。建立明确的特殊教育教师专业发展框架，包括师资培训以及各类专业人员的晋级训练；建立教学助理的国家训练方案；通过国家指导，培养政府人员担负起对特殊教育需要学生的责任；减少心理学家花在法定评估上的时间。

（7）共同合作。建立更有效的传播特殊教育需要服务相关信息的途径；增进部门之间的合作与协调；教育部将收集学生的相关资料，以协助学校更有效地为学生的成人生活做准备。

（8）情绪与行为障碍的实践原则。协助小学在早期追踪学生的情绪及行为障碍；协助所有人员培养教育情绪与行为障碍儿童的技能；通过国家计划支持情绪与行为障碍的特殊学生处理问题；建立更广泛的支持以重新建立引导情绪与行为障碍儿童的学习动机。

（五）《2004年特殊教育需要者教育法》（*Education for Persons with Special Education Needs Act 2004*）

《2004年特殊教育需要者教育法》强调有特殊教育需要者享有与其他人相同的教育权。为了保证该法案的有效运行，法案要求成立国家特殊教育委员会（National Council for Special Education），并规定了该委员会的功能。该法案对融合教育、学校、校长以及其他相关人员的职责进行了规定，并对特殊教育需要儿童的评估及教育计划进行了详尽的规定。

该法案规定特殊教育需要儿童的评估应当由具备资质的人员承担，包括心理学家、医学工作者、儿童所在学校的校长或校长指派的教师、社会工作者、治疗师。

该法案要求由多方面人员组成的团队完成特殊教育需要儿童的教育计划，该团队必须包括：儿童的家长；儿童所在学校的校长或由校长提名的教师。团队可以包括：儿童本人（如果需要的话）；心理学专家；由家长或组织者提名的其他人员。教育计划必须包括：①儿童当前的能力、技能与才能的类型与表现；②儿童特殊教育需要的类型与表现，以及这些需要对于儿童教育发展的影响；③儿童当前的学业水平；④儿童的特殊教育需要；⑤为使儿童更好地接受教育及参与学校生活所提供的特殊教育和相关支持服务；⑥如果需要，为儿童提供从学前教育向小学教育转接的特殊教育和相关支持服务；⑦如果需要，为儿童提供从小学教育向中学教育转接的特殊教育和相关支持服务；⑧儿童在一个阶段（不超过12个月）所要达到的目标。

（六）《2014年儿童与家庭法》（*Children and Families Act 2014*）

《2014年儿童与家庭法》第三部分的主要内容包括：①明确了地方政府的功能，即充分考虑儿童及其家长的需求，为他们提供支持，并提供充分参与的机会；②对“特殊教育需要”的人群进行了界定，排除因语言使用不当所导致的学习困难；③对特殊教育、健康照料以及社会照料的性质进行了界定；④明确了特殊教育需要及残疾儿童与青年的鉴别职责；⑤明确地方政府对特殊教育需要儿童的职责；⑥提出向儿童提供整合式的教育、保健及社会照料服务，对儿童评估，计划制定、实施与管理，诉讼与调解提供一整套服务；⑦监控教育与照料的服务状况；⑧加强政府与相关部门、学校之间的合作；⑨提供相关信息与咨询服务并对不同教育环境中的各类学生服务进行了规定。

第二节　国内特殊儿童教育政策法规

我国政府一直把儿童教育置于整个教育事业发展的优先地位。一直以来，政府、社会共同努力推进我国特殊儿童教育的法治化进程。一方面，开展与国际儿童保护接轨的国际合作，以促进中国儿童保护的立法。例如：我国政府于1990年签署了世界儿童问题首脑会议通过的《儿童生存、保护和发展世界宣言》及《执行九十年代儿童生存、保护和发展世界宣言行动计划》两个文件，这既是对数千万中国儿童，也是对国际社会的庄严承诺；1992年3月2日，时任我国驻联合国代表李道豫大使向联合国递交了中国关于接受联合国《儿童权利公约》的批准书，并于4月1日在我国生效，这充分体现了我国政府对儿童的关爱和保护，并坚持依法保护儿童权利的决心和行动。另一方面，我国政府从本国国情出发，以《中华人民共和国宪法》为蓝本，参照世界各国有关儿童权益保护的法律和国际文件，制定了包括《中华人民共和国教育法》《中华人民共和国义务教育法》《中华人民共和国学前教育法》《中华人民共和国高等教育法》《中华人民共和国职业教育法》《中华人民共和国残疾人保障法》等一系列有关儿童生存、保护和发展的法律法规以及大量的实施举措，形成了较为完备的儿童权益保护法律体系。

一、宪法、基本法关于特殊儿童教育的规定

（一）《中华人民共和国宪法》中的相关规定

《中华人民共和国宪法》是国家的根本大法，其对特殊儿童教育的有关规定，成为其他各项保护特殊儿童受教育权的法律制定的依据。

第四十五条第三款规定：国家和社会帮助安排盲、聋、哑和其他有残疾的公民的劳动、生活和教育。

第四十六条规定：中华人民共和国公民有受教育的权利和义务。国家培养青年、少年、儿童在品德、智力、体质等方面全面发展。

第四十九条第一款规定：婚姻、家庭、母亲和儿童受国家的保护。

此外，《中华人民共和国宪法》还对保护儿童权益的政府职能、社会参与、工作原则以及相应的法律责任有比较完整的规定。显然，《中华人民共和国宪法》中对保障儿童受教育权的规定，适用于所有儿童，包括特殊儿童。

（二）《中华人民共和国教育法》

《中华人民共和国教育法》是我国第一部教育大法，其中适用于特殊儿童教育的条款如下。

第九条规定：中华人民共和国公民有受教育的权利和义务。公民不分民族、种族、性别、职业、财产状况、宗教信仰等，依法享有平等的受教育机会。

第十条第三款规定：国家扶持和发展残疾人教育事业。

第三十七条第一款规定：受教育者在入学、升学、就业等方面依法享有平等权利。

第三十八条规定：国家、社会、学校及其他教育机构应当根据残疾人身心特性和需要实施教育，并为其提供帮助和便利。

（三）《中华人民共和国义务教育法》

《中华人民共和国义务教育法》适用于特殊儿童教育的条款如下。

第二条规定：国家实行九年义务教育制度。义务教育是国家统一实施的所有适龄儿童、少年必须接受的教育，是国家必须予以保障的公益性事业。实施义务教育，不收学费、杂费。国家建立义务教育经费保障机制，保证义务教育制度实施。

第六条第一款规定：国务院和县级以上地方人民政府应当合理配置教育资源，促进义务教育均衡发展，改善薄弱学校的办学条件，并采取措施，保障农村地区、民族地区实施义务教育，保障家庭经济困难的和残疾的适龄儿童、少年接受义务教育。

第十一条规定：凡年满六周岁的儿童，其父母或者其他法定监护人应当送其入学接受并完成义务教育；条件不具备的地区的儿童，可以推迟到七周岁。适龄儿童、少年因身体状况需要延缓入学或者休学的，其父母或者其他法定监护人应当提出申请，由当地乡镇人民政府或者县级人民政府教育行政部门批准。

第十九条规定：县级以上地方人民政府根据需要设置相应的实施特殊教育的学校（班），对

视力残疾、听力语言残疾和智力残疾的适龄儿童、少年实施义务教育。特殊教育学校（班）应当具备适应残疾儿童、少年学习、康复、生活特点的场所和设施。普通学校应当接收具有接受普通教育能力的残疾适龄儿童、少年随班就读，并为其学习、康复提供帮助。

第三十一条第三款规定：特殊教育教师享有特殊岗位补助津贴。在民族地区和边远贫困地区工作的教师享有艰苦贫困地区补助津贴。

第四十三条规定：学校的学生人均公用经费基本标准由国务院财政部门会同教育行政部门制定，并根据经济和社会发展状况适时调整。制定、调整学生人均公用经费基本标准，应当满足教育教学基本需要。省、自治区、直辖市人民政府可以根据本行政区域的实际情况，制定不低于国家标准的学校学生人均公用经费标准。特殊教育学校（班）学生人均公用经费标准应当高于普通学校学生人均公用经费标准。

第五十七条规定：学校有下列情形之一的，由县级人民政府教育行政部门责令限期改正；情节严重的，对直接负责的主管人员和其他直接责任人员依法给予处分：①拒绝接收具有接受普通教育能力的残疾适龄儿童、少年随班就读的；②分设重点班和非重点班的；③违反本法规定开除学生的；④选用未经审定的教科书的。

（四）《中华人民共和国学前教育法》

《中华人民共和国学前教育法》于2024年11月8日由第十四届全国人民代表大会常务委员会第十二次会议通过，并于2025年6月1日起正式实施。

第二十八条规定：县级以上地方人民政府应当根据本区域内残疾儿童的数量、分布状况和残疾类别，统筹实施多种形式的学前特殊教育，推进融合教育，推动特殊教育学校和有条件的儿童福利机构、残疾儿童康复机构增设学前部或者附设幼儿园。

第五十四条规定：招收残疾儿童的幼儿园应当配备必要的康复设施、设备和专业康复人员，或者与其他具有康复设施、设备和专业康复人员的特殊教育机构、康复机构合作，根据残疾儿童实际情况开展保育教育。

（五）《中华人民共和国高等教育法》

《中华人民共和国高等教育法》第九条第三款规定：高等学校必须招收符合国家规定的录取标准的残疾学生入学，不得因其残疾而拒绝招收。

（六）《中华人民共和国职业教育法》

《中华人民共和国职业教育法》适用于特殊教育的条款如下。

第十条第四、五款规定：国家采取措施，组织各类转岗、再就业、失业人员以及特殊人群等接受各种形式的职业教育，扶持残疾人职业教育的发展。国家保障妇女平等接受职业教育的权利。

第十八条规定：残疾人职业教育除由残疾人教育机构实施外，各级各类职业学校和职业培训机构及其他教育机构应当按照国家有关规定接纳残疾学生，并加强无障碍环境建设，为残疾学生学习、生活提供必要的帮助和便利。国家采取措施，支持残疾人教育机构、职业学校、职业培训机构及其他教育机构开展或者联合开展残疾人职业教育。从事残疾人职业教育的特殊教育教师按照规定享受特殊教育津贴。

（七）《中华人民共和国残疾人保障法》

《中华人民共和国残疾人保障法》第三章为“教育”，包括职责、发展方针、实施要求、办学渠道、普通教育方式、特殊教育方式、成人教育、师资以及辅助手段九个方面的内容。

二、关于特殊儿童教育的重要政策

（一）《特殊教育提升计划（2014—2016年）》

《特殊教育提升计划（2014—2016年）》是2014年1月由教育部等七部门共同制定的一个国家行动计划。它的总体目标是：全面推进全纳教育，使每一个残疾孩子都能接受合适的教育。

（二）《第二期特殊教育提升计划（2017—2020年）》

2017年7月，教育部等七部门印发《第二期特殊教育提升计划（2017—2020年）》，它是巩固第一期成果、进一步提升残疾人受教育水平的必然要求，其中在“加快发展非义务教育阶段特殊教育”中明确规定：“支持普通幼儿园接收残疾儿童。在特殊教育学校和有条件的儿童福利机构、残疾儿童康复机构普遍增加学前部或附设幼儿园。在有条件的地区设置专门招收残疾孩子的特殊幼儿园。鼓励各地整合资源，为残疾儿童提供半日制、小时制、亲子同训等多种形式的早期康复教育服务。为学前教育机构中符合条件的残疾儿童提供功能评估、训练、康复辅助器具等基本康复服务。”

（三）《“十四五”特殊教育发展提升行动计划》

2021年12月，国务院办公厅发布《“十四五”特殊教育发展提升行动计划》，针对特殊教育发展不平衡不充分等问题，提出遵循特殊教育规律，以适宜融合为目标，按照拓展学段服务、推进融合教育、提升支撑能力的基本思路，加快健全特殊教育体系，不断完善特殊教育保障机制，全面提高特殊教育质量，促进残疾儿童青少年自尊、自信、自强、自立，实现最大限度的发展，切实增强残疾儿童青少年家庭福祉，努力使残疾儿童青少年成长为国家有用之才的要求。该文件明确了我国融合教育“适宜融合”的本土内涵，旨在构建完整的特殊教育体系，走向应随尽随的融合教育长效机制，构建系统的专业支持体系，彰显新时代背景下我国融合教育朝向高质量发展的应然选择与美好追求。

（四）《特殊教育办学质量评价指南》

2022年11月，教育部印发《特殊教育办学质量评价指南》，提出加快建立以适宜融合为目标的特殊教育办学质量评价体系，强化评价结果运用，引领深化特殊教育教学改革，全面提升特殊教育办学质量，促进特殊儿童全面健康适宜发展。评价内容主要包括政府履行职责、课程教学实施、教师队伍建设、学校组织管理、学生适宜发展5个方面，共18项关键指标和49个考查要点。

第三节　特殊儿童教育相关国际文献

国际文献传播全球前沿理论，为各国政策制定提供依据，推动立法保障特殊儿童平等受教育权，促进教育公平。这里介绍《萨拉曼卡宣言——关于特殊需要教育的原则、方针和实践》《特殊需要教育行动纲领》《残疾人权利公约》三份国际文件。

一、《萨拉曼卡宣言——关于特殊需要教育的原则、方针和实践》（*The Salamanca Statement on Principle, Policy and Practice in Special Needs Education*）

联合国教科文组织于 1994年6月10日通过《萨拉曼卡宣言——关于特殊需要教育的原则、方针和实践》。该宣言声明：每个儿童都有受教育的基本权利，必须获得可达到的并保持可接受的学习水平的机会；每个儿童都有其独特的特性、兴趣、能力和学习需要；教育制度的设计和教育计划的实施应当考虑到这些特性和需要的广泛差异；有特殊教育需要的儿童必须有机会进入普通学校，而这些学校应以一种能满足特殊需要的儿童为中心的教育学思想接纳他们；以全纳性为导向的普通学校是反对歧视态度、创造受人欢迎的社区、建立全纳性社会以及全民教育的有效途径；此外，普通学校应向绝大多数儿童提供一种有效的教育，提高整个教育系统的效率并最终提高其成本效益。

该宣言呼吁各国政府：在改善教育制度方面给予政策和预算的最优先考虑，以使教育制度能容纳所有儿童而不论其个体差异或个人困难如何；以法律或方针的形式通过融合教育原则，在普通学校招收所有儿童，除非有不这样做的令人信服的理由；建立示范性项目并鼓励同具有全纳性学校经验的国家进行交流；建立分权的参与机制，以规划、监测和评价用于有特殊教育需要儿童和成人的教育设施；鼓励并促进家长、社区和残疾人组织参与有关特殊教育需要设施的规划和决策过程；在早期鉴别和干预的策略乃至职业的全纳性教育方面投入更大的努力；确保在制度变革的情况下，职前和在职师范教育计划都有涉及全纳性学校中特殊需要教育的内容。

二、《特殊需要教育行动纲领》（*Action Plan for Special Needs Education*）

《特殊需要教育行动纲领》于1994年6月10日通过。其目的是向各国政府、国际组织、国家资助机构、非政府组织和其他团体提供实施《萨拉曼卡宣言——关于特殊需要教育的原则、方针和实践》的政策和行动指南。其基本原则是：学校应该接纳所有的儿童，而不考虑其身体的、智力的、社会的、情感的、语言的差异或其他任何条件。

该纲领由三个部分组成：第一部分为“特殊需要教育的新思考”，该部分阐述了融合教育产生的背景、全纳学校的基本原则、全纳性教育的实施以及在不同基础上如何实现融合教育等问题；第二部分为“国家一级行动的指导方针”，包括政策和组织、学校因素（课程的灵活性、学校管理、信息和研究）、教育人员的招聘和培训、外界的支持性活动、优先领域（幼儿教育、女童教育、成人生活的准备、成人和继续教育）、社区方面（家长的合作、社区的参与、志愿者组织的作用、公众意识）、资源要求七个方面的内容；第三部分为“区域和国际两级行动的指导方针”。

该纲领中“特殊教育需要”，是指“其需要来自残疾或学习困难的所有儿童和青年”。全纳性学校就是要“发展出一种能成功地教育所有儿童，包括处境非常不利儿童和严重残疾儿童在内的所有儿童的方法”。

三、《残疾人权利公约》（*Convention on the Rights of Persons with Disabilities*）

2006年12月13日，第61届联合国大会通过了《残疾人权利公约》。这是国际社会在21世纪通过的第一个人权公约。它体现了国际社会尊重和保护残疾人权益，建设更加友爱、文明与和谐的社会的精神。2007年3月30日，中国常驻联合国代表在公约上签字，成为《残疾人权利公约》的缔约国之一。

《残疾人权利公约》旨在促进、保护和确保所有残疾人充分和平等地享有一切人权和基本自由，并促进对残疾人固有尊严的尊重。其核心内容是确保残疾人享有与健全人相同的权利，并能以正式公民的身份生活，从而能在获得同等机会的情况下，为社会作出贡献。公约涵盖了残疾人应享有的各项权利，诸如享有平等、不受歧视和在法律面前获得平等的权利；享有健康、就业、受教育和无障碍环境的权利；享有参与政治和文化生活的权利等。此外，公约还就残疾人事业的国际合作提出了相应的措施。

《残疾人权利公约》由序言和包括宗旨、定义、一般原则等在内的50项条款组成，其中第二十四条为“教育”，内容如下：

（1）缔约国确认残疾人享有受教育的权利。为了在不受歧视和机会均等的情况下实现这一权利，缔约国应当确保在各级教育实行融合教育制度和终身学习，以便：①充分开发人的潜力，培养自尊自重精神，加强对人权、基本自由和人的多样性的尊重；②最充分地发展残疾人的个性、才华和创造力以及智能和体能；③使所有残疾人能切实参与一个自由的社会。

（2）为了实现这一权利，缔约国应当确保：①残疾人不因残疾而被排拒于普通教育系统之外，残疾儿童不因残疾而被排拒于免费和义务初等教育或中等教育之外；②残疾人可以在自己生活的社区内，在与其他人平等的基础上，获得包容性的优质免费初等教育和中等教育；③提供合理便利以满足个人的需要；④残疾人在普通教育系统中获得必要的支助，便于他们切实获得教育；⑤按照有教无类的包容性目标，在最有利于发展学习和社交能力的环境中，提供适合个人情况的有效支助措施。

（3）缔约国应当使残疾人能够获得生活和社交技能，便利他们充分和平等地参与教育和融入社区。为此目的，缔约国应当采取适当措施，包括：①为学习盲文，替代文字，辅助和替代性交流方式、手段和模式，定向和行走技能提供便利，并为残疾人之间的相互支持和指导提供便利；②为学习手语和宣传聋人的语言特性提供便利；③确保以最适合个人情况的语文及交流方式和手段，在最有利于发展学习和社交能力的环境中，向盲、聋或聋盲人，特别是盲、聋或聋盲儿童开展教育。

（4）为了帮助确保实现这项权利，缔约国应当采取适当措施，聘用有资格以手语和（或）盲文教学的教师，包括残疾教师，并对各级教育的专业人员和工作人员进行培训。这种培训应当包括对残疾的了解，以及学习使用适当的辅助和替代性交流方式、手段和模式、教育技巧和材料以协助残疾人接受教育。

（5）缔约国应当确保，残疾人能够在不受歧视和与其他人平等的基础上，获得普通高等教育、职业培训、成人教育和终身学习。为此目的，缔约国应当确保向残疾人提供合理便利。

本章小结

本章聚焦特殊儿童教育政策法规，国外如美国、英国相关政策法规从多方面完善特殊儿童教育法律体系；国内层面，从宪法的战略指引，到各类教育法等专项法规对特殊儿童教育的明确，再到特殊儿童教育政策的推进扶持，构建起系统保障。这些政策法规意义重大，既保障特殊儿童受教育权、推动教育事业进步、提升教育质量，又引导社会观念转变，为特殊儿童教育的发展筑牢根基并指明方向。

思考与练习

1. 我国特殊儿童教育立法与美国和英国在形式与内容上有什么区别？
2. 国际文献中关于融合教育的重要内容是什么？
3. 查阅更多有关特殊儿童教育的文献，说出你对特殊儿童教育事业发展的思考。

拓展视频

融合教育历史发展

第四章

特殊儿童评估

学习目标

❶ 知识目标：掌握特殊儿童评估的类型、过程、内容与方法，明确各类评估的特点、作用及适用情境，把握相关评估要求。

❷ 技能目标：熟知特殊儿童各方面发展评估的要点，能够根据特殊儿童的具体情况和评估目的选择合适的评估工具。

❸ 情感目标：理解特殊儿童评估对其教育康复的重大意义，尊重特殊儿童个体差异，善于使用温和、包容性的评估方式。

知识框架

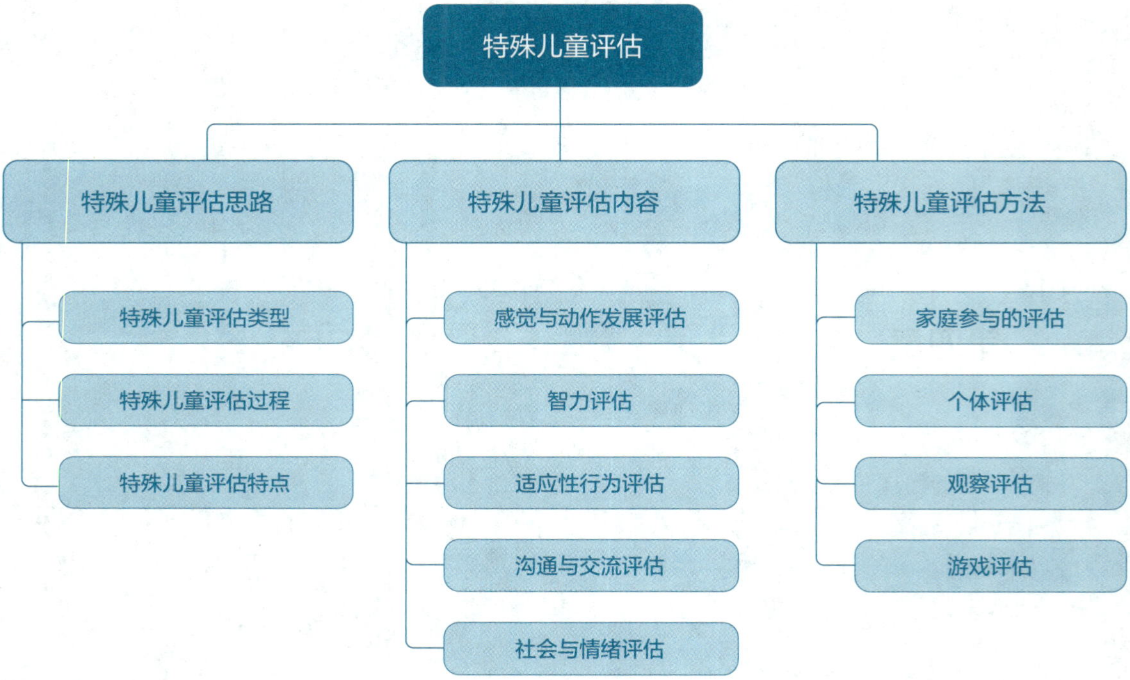

案例导入

小华是一名5岁的小男孩，最近在幼儿园表现出了一些与其他孩子不同的特点。他的老师注意到，小华在集体活动中常常显得焦虑不安，与其他孩子交流时也存在障碍，动作协调性也不如同龄的孩子。老师担心小华可能有特殊教育需求，因此建议小华的父母带他进行专业的教育评估。教育评估能够为特殊儿童的教育、安置做出合理的规划。

问题与思考：如何对小华进行评估，主要评估哪些方面？

第一节　特殊儿童评估思路

教育评估是通过观察、访谈和测验等多种途径来收集有关信息、鉴别教育对象、确定教育目标和检验教育效果的综合过程。特殊儿童的教育评估则是对特殊儿童与普通儿童进行鉴别，以确定早期干预措施并检验其实施效果的综合过程。

一、特殊儿童评估类型

特殊儿童评估类型多样，根据不同的作用、内容及划分标准可以将它们进行区分。了解不同的评估类型有助于评估者根据评估对象的需要制订有效的评估方案，从而准确、真实地鉴定与评估特殊儿童。

（一）筛查性评估、诊断性评估和课程性评估

按照特殊儿童评估的目的和在评估过程中所起的主要作用，可将特殊儿童评估分为筛查性评估、诊断性评估和课程性评估三类。

1．筛查性评估

筛查性评估是以特殊儿童的筛查为目的，一般用于确定某个学校或地区有没有与总体相比存在心理发展显著偏常或迟滞的儿童。如果筛查出“高危儿童”，家长和教师就要对他们进行密切的关注，把他们转介到专家那里做进一步的评估。

2．诊断性评估

诊断性评估是进行教育鉴定与诊断的手段，其目的与功能就是通过收集有关信息来确定特殊教育的对象、培养目标和方案。诊断性评估是为了摸清儿童的特点，结合医学、心理学、教育学甚至包括儿童环境的一种深入的、多层次的评估类型，其目的是要细致地理解儿童在教育上的需要。诊断性评估的有些内容是专业的，需要由有关专家来做，有些内容可以由教师采用现成的评估表、评分表或自己根据评估目的制订核检表。因此，诊断性评估是区分特殊儿童与普通儿童，确定特殊儿童教育需要与类型的重要手段，也是特殊教育的开始。

3．课程性评估

课程性评估是将课程目标作为教学评估的标准，并以此标准评估儿童的能力水平和进步情况。由于课程性评估将测验、教学和儿童进步情况的评估联系在一起，因此该评估方法在儿童早期特殊教育中至关重要。通过课程性评估，教师可以确认特殊儿童在融合课程中完成教学目标的程度，并据此对课程进行调整，使之与特殊儿童的水平和进步程度相适应。具体而言，课程性评估有五个主要目标：①分析特殊儿童的发展性能力；②针对特殊儿童改变学习材料、学习速度、学习方式；③确定个别化教育计划的目标；④监控特殊儿童进步情况，评价课程方案；⑤促进资源教师、班级教师和家长的合作。

（二）常模参照评估与标准参照评估

按照评估时所参照的标准不同，可将特殊儿童评估分为常模参照评估和标准参照评估两类。

1．常模参照评估

常模参照评估就是把被评估者所得的分数与常模进行比较，从而判断被评估者在团体中的相对地位。在这里，常模是指事先选取的具有代表性的被试样本（即常模团体）在某项测验上的分数分布。常模参照评估最关心的是个体之间的差异。实施常模参照评估的目的主要是将个人的表现与其他人的表现进行比较，重点放在个体所处的相对地位上，而不是掌握所学内容的情况。常模参照评估需要比较儿童表现与常模群体的情况，常用于筛选性评估或诊断性评估。筛选性评估提供的信息可确定儿童是否有发展迟滞的可能，进而确定是否需要进行进一步的评估。诊断性评估则常用于确定儿童接受特殊服务的适宜性。

2．标准参照评估

标准参照评估又称效标参照评估，是指将被评估者所得的分数与某个标准进行比较，从而判断其是否通过了这个标准。这里的标准指的是评估前预先设定的某个学习内容的掌握标准。标准参照评估中的标准常常直接来自教学目标，又是比较固定的，所以这类评估的结果不像常模参照评估那样容易变化，常用于诊断个别学生在哪些具体的学习领域里比较强，为制订补救计划提供参考依据。

（三）静态评估和动态评估

按照评估的频次及其标准化程度，可将特殊儿童评估分为静态评估和动态评估两类。

1. 静态评估

传统的静态评估是主试按照标准化的程序和指导语组织测试，在无任何反馈和干预的情况下，被试在规定的时间内对呈现的测试题目进行作答，有一定数目不会作答的题目即停止测验。在历史上，静态评估曾起到巨大的进步作用，但随着其应用领域的不断扩展，静态评估的问题也越发明显。

2. 动态评估

动态评估是近二三十年在国外发展起来的一种智力评估方法。动态评估与传统的静态评估的最大不同点就是它改变了测验的本质、测验与互动的情境，以及对测验结果的解释，并将重视结果导向的评估转变为重视过程导向的评估。动态评估有以下几个特点：看重特殊儿童发展的潜能，评估的是特殊儿童的潜在水平；评估分为三个部分，即前测、教学干预和后测，并且会把前测和后测分数做对比，以得到更真实的评估结果；不存在歧视现象，会考虑到社会文化因素对儿童发展的影响，适用于所有的儿童；在整个评价过程中，教师或者施测者会随时介入，对特殊儿童进行指导，有利于特殊儿童的学习，教师或施测者与特殊儿童之间存在良好的互动；评估会和教学紧密结合，在教学过程中进行评估，有利于教师或施测者根据评估结果及时调整教学，以达到较好的教学效果；有时间上的连续性，即将学习的过去、现在和将来紧密联系在一起；评估与情境紧密融合，具有真实情境性，即让特殊儿童实地解决真实性问题，观察其在解决问题过程中的表现。

此外，按照内容的不同，特殊儿童评估可以分为智力评估、特殊能力评估、言语和语言评估、情绪和行为评估、适应行为评估等。根据评估方法的不同，特殊儿童评估还可以分为观察评估、游戏评估等。

二、特殊儿童评估过程

特殊儿童评估工作大致可分为四个阶段：筛选与鉴别、评估与联系、方案与干预、监控与评价。

（一）筛选与鉴别

筛选的目的是确定是否推介儿童接受进一步评估，以鉴别可能存在的发展迟滞或障碍。通常，筛选是在较短时间内对儿童的整体功能水平进行的粗略检查。它并不能就儿童发展状况的质与量提供全面信息，但筛选结果却能显示是否有必要对儿童进行进一步评估，即它有助于鉴别需要进一步评估的儿童，从而使早期干预得以尽早开展。

筛选通常由护士、儿科医师或其他健康方面的专业人员进行。筛选通常采用涉及多个领域的常模参照的发展性测量工具，由专业人员实施测验，并根据儿童在筛选工具中提供的剖面图中的表现模式，寻找各项发育指标，鉴别出需要详细检查的发展领域。

（二）评估与联系

这一阶段的目的是诊断儿童是否发展迟滞或存在障碍。儿童可能发生迟滞或障碍的领域决定了应采用的测评工具和方法。通常，所用测评工具包括临床诊断中常用的、需由受过专门培训的专业人员操作的标准化测量。

诊断性评估更为敏感，也更留意细节问题。它对儿童各方面的发展能力进行详细的分析，以帮助设定干预目标。在给出分数或结果的同时，更为重要的是，诊断性评估还要收集“儿童取得该分数”的质性资料。它为评估者提供儿童学习的优势与劣势，并指出儿童的最佳学习方式。此外，它还侧重分析筛选过程鉴别出的问题领域的发展情况。

（三）方案与干预

这一阶段是要拟订个别化课程活动计划并设计适应特殊儿童的教学策略。首先必须确定儿童当前的发展水平，这主要由教师或相关治疗者在多个发展领域开展课程性评估。同时，还要对儿童在多种自然情境中的行为进行直接观察、非正规的测试，并对家长和其他照料者进行访谈，以补充课程性评估方法收集到的信息。

课程性评估有助于目标的设定和特殊教学干预策略的选取，还有助于将有关技能分解为若干亚技能，从而便于教学的开展，并指明儿童所需的改变和帮助。直接观察、非正规的测试以及对家长和其他照料者的访谈则有助于确定儿童惯常的反应模式和影响儿童表现的各种环境变量。

除课程性评估方法外，其他如言语和语言等具体领域的评估也有助于确定是否有必要为儿童提供相关服务，如儿童是否需要言语/语言治疗、理疗或其他任何相关领域的特殊服务。这些评估信息决定着所需服务的类型及儿童接受必要服务的场所（如在家里或在服务中心）。

（四）监控与评价

这一阶段的主要任务是对儿童和家庭干预方案进行监控，其目的在于持续追踪儿童的发展进程，确定方案的有效性，并在必要时对方案进行相应的调整。此阶段必须确定儿童在重要技能的学习上是否取得了长足进步，而进步程度的确定则应从整体和局部两方面来考察。评估者可通过在各种自然情境中对儿童进行结构化的和非结构化的观察，以及对儿童表现的阶段性探查来收集资料。其中很重要的一点是，所收集的资料应包括家庭成员对儿童在课堂以外场景中使用技能情况的报告。特殊教育人员或治疗师通过重复评估可取得儿童随时间推移所获进步的信息，进而检查儿童在特定课程领域中的进步情况，确定方案的有效性，并据此对方案进行相应修正。

总而言之，该评估阶段有助于鉴别儿童可能存在的发育问题，并帮助评估者做出准确诊断。该过程可对干预方案促进儿童的发展情况（潜能发展和缺陷补偿）做客观描述，并确定儿童对各种方案的适宜性。发展性评估有利于拟订恰当的干预计划，并为测量儿童的进步和干预效果提供比较的基线。发展性评估是专业人员与儿童的照顾者在不同时间、不同情境中持续合作的过程，研究者不应将其视为孤立的事件。以这种方式收集信息，有助于系统阐述和评价该过程，使该过程更加可行、快速而有效。

应用于四阶段评估中的评估类型较多，有助于对特殊儿童做出全面、客观的评估。特殊儿童评估流程如图4-1所示。

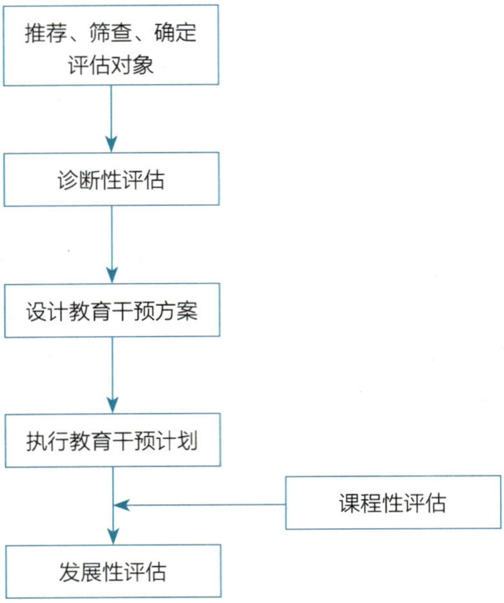

图 4-1 特殊儿童评估流程图

三、特殊儿童评估特点

特殊儿童评估具有以下方面的特点。

（一）特殊儿童评估的多维性

特殊教育过程中，无论是评估、干预方案的制订，还是评价信息的获得，都应包括来自各方面的多种类型的资料。宾夕法尼亚州立大学教授内斯沃斯（John T. Neisworth）和匹兹堡大学医学院教授巴格内托（Stephen J. Bagnato）将多维性评估界定为“一种全面的整合式的方法，该方法采用多种测量手段，从多方面获取资料，对多个领域进行调查，并达成多重目的”。儿童评估应是一个灵活的、家长和专业人员合作决策的过程。在该过程中，决策者可不断修正其所做出的判断，并就改变家庭和儿童的发育、教育、医疗及心理健康状况达成一致意见。在设计儿童发展性评估时，必须对以下标准加以考虑。

1. 多种测量

特殊儿童评估应采用多种测评手段。虽然发展量表能够提供多方面的信息，是一种对儿童发展进行全面评估的工具，但教师最常用的测量手段却是课程性评估，而学校心理学家及相关专业人员（言语/语言病理学家、职业治疗师、理疗师等）则通常采用常模参照量表。许多实际工作者可能只了解常模参照评估或课程性评估，而并未认识到常模参照评估与课程性评估等多种评估的有机结合将会带来更全面的信息。因此，完整的儿童诊断性评估应包括对发展或行为特征的常模参照性的、课程性的及临床诊断量表等多方面的测评。

2. 多种技术

评估工具通常包括观察所用的表格、访谈时常使用的记录表、标准化的成套测验等，这些测量工具都是可供专业人员和家庭利用的评估材料的一部分。评估应采用多种工具和方法，如正规和非正规的测试、观察与访谈等。正规的测试具有标准化的内容和施测程序，非正规的测试包括生态调查、行为核检表和其他评估儿童功能的结构化程度较低的程序。对真实生活的观察是评估者获取最佳信息的渠道，而对熟悉儿童的家庭成员和其他人进行的访谈，也能提供非常有用的信息，从而使评估者的评估更具有针对性。

3. 多种场合

评估应在多种场合中进行。通过在一天的不同时间、一周的不同日子中进行评估，可以确定儿童行为的一致性、疲劳的影响、忍耐性及睡眠对儿童学习能力的影响等方面的情况，这对那些有健康问题和特殊发展需要的儿童尤为重要。通过仔细观察儿童在不同熟悉场景中多个场合的行为表现，评估者可详细描绘出儿童当前的强项和弱项。

4. 多来源或多视角的信息

对儿童的评估应包括来自数位专家和其照料者的信息与发现，因为儿童具有个体特异性和情境特异性。来自家庭和若干专家的信息将使教育干预人员得以观察儿童在不同场景中的行为表现，从而验证常模参照评估和课程性评估的结果，最终对儿童技能做出更准确的评价。能够在多种场合提供相关信息的评估小组应包括如下人员：照料者、心理学家、教师、言语/语言病理学家、职业治疗师或理疗师、护士、医生、社会工作者和其他任何熟悉儿童的辅助人员。

5. 多个领域

多领域评估指的是在多个发展和行为领域中考察儿童的优势和弱势。课程性评估通常考察儿童在认知、语言、社会情绪、粗大动作和精细动作及自理等领域中的发展情况；具体的行为过程包括好胜心、社会能力、游戏能力、气质、注意力、情绪表达和早期应对行为等。评估信息还应包括儿童的学习过程（如何学习）和学习的结果（技能水平的证明）。

6. 多重目的

儿童的评估结果可应用于几种不同类型的决策，因此所有参与者均应明了评估的目的。多重目的的测量使早期干预人员得以筛选、诊断、安置、拟订干预措施，以及预测或评价干预措施。筛选工具可对儿童进行简略的考察，看其是否需要进一步评价；课程性评估则有助于儿童干预方案的拟订。选择测评工具时必须考虑其与评估目的是否相一致。此外，所选测评工具还应与课程目标和内容相匹配。如果课程目标是提高亲子活动的质量，就必须选择能够测量这种互动关系的评估工具。

（二）特殊儿童评估过程中家庭的参与

如前文所述，特殊儿童的特殊性导致特殊儿童的评估应该以家庭为中心，必须将家庭而非儿童作为整个特殊教育干预系统的核心，因此儿童的父母也应在特殊儿童评估中起到不可忽视的作用。

1. 家庭的参与为评估提供了儿童信息的来源

家长或其他照料者是儿童信息来源的最重要也是主要的提供者。有关研究表明，家长能够准确评价自己年幼孩子的发展状况，尤其在要求他们就儿童当前拥有的行为做出判断时更是如此。出生时的情况、病史以及早期发展经历对于理解儿童是相当重要的。家长或其他照料者对行为检核表、调查问卷和调查表的反馈，可以为儿童发展水平技能的掌握情况和行为状况提供全面的信息。适应性的、日常功能水平的测量是儿童发展评估中一个重要的部分，这类评定最好由与儿童共同生活的人来进行。

2. 家庭的参与为评估提供了最少受限制环境

在家庭这一最为重要的自然环境中考察儿童的各项功能状况，将使评估更加丰富、全面，也更具有真实性。对儿童与家庭成员互动情况的直接观察，则有助于评估者更好地理解儿童在人际交往方面的技能水平、人格和气质等特点，以及交流的有效性。在家庭的参与和报告下，可以开展良好的发展性评估、行为评估和社会技能评估。

3. 家庭的参与为评估提供了干预方案中的家庭投入

这种家庭参与的评估过程将使家长、其他照料者和家庭同样获益。作为评估和干预小组中的积极成员与决策者，家长或其他照料者也更多地理解了儿童的功能水平、优势和需要。多学科专家小组中专业人员的看法可对家庭的观察结果加以肯定，对其疑虑加以排除，或提出新的观察。反过来，这一切又将增强家庭的知识基础。此外，参与制订干预计划将会促使家庭更多地投入计划中。由于对评估需要及有关论述的理解和认同，家庭成员将逐渐认可这项自己参与拟订的计划，而计划也能够更准确地反映他们的想法。这样的过程能够提高家庭成员的能力，促使他们更有效地满足孩子和家庭系统的需要。

4. 家庭的参与为需要参加评估的儿童提供了安慰与安全保障

家庭参与评估过程的最大收益就是儿童所获得的支持。儿童的安全知觉通常依赖于父母的反馈与支持及其在陌生环境中的言谈举止。父母无论是在了解和控制孩子的情绪变化，还是在帮助孩子熟悉评估环境并配合评估人员的工作中都能起到重要的作用。

第二节　特殊儿童评估内容

评估与鉴定一个特殊儿童时，评估的内容虽因特殊儿童的特异性有所不同，但在对各类特殊儿童的评估时，需了解儿童在以下几方面的能力及发展情况：感觉与动作发展、智力、适应性行为、沟通与交流以及社会与情绪。

一、感觉与动作发展评估

动作和运动在儿童发展与教育中具有重要地位。从进化基础和个体发生角度来说，动作和运动（包括感觉）在婴幼儿期心理的发展中起着积极的建构作用。从动作技能与智力技能的同源性来看，动作问题一开始就并不单纯是动作问题，动作发展本身是儿童早期心理发展的重要组成部分，同时也是其早期心理发展的主要建构力量。任何动作技能评估均在某种程度上涉及感觉加工或知觉。

要求儿童进行任务操作就意味着要求儿童对一个言语线索或指示进行加工；在没有言语知识的条件下，演示任务则要求儿童对此进行视觉加工，并把加工信息转化为动作活动；甚至通过给儿童设定一个姿势或通过某项任务引导他的动作表现，进而要求儿童使用自己的触觉、本体感觉、运动觉来重复该行动。因此，任何一项评估都必须从任务的感觉和动作要求两个方面出发来开展评估。

二、智力评估

在特殊儿童的评估中，智力评估是应用最广泛的、能够较大程度地反映儿童发展状况的重要评估内容。

目前，较常用于儿童的智力评估方法以智力测验为主。智力测验按施测对象的数目，可分为个别智力测验和团体智力测验。个别智力测验是由一个主试在同一时间内只对一个受测者实施智力测量的测验。这类测验用到的量表很多，如斯坦福-比奈智力量表、韦克斯勒儿童智力量表、考夫曼儿童成套评估测验等均可用于儿童的智力测量。团体智力测验是由主试在同一时间内对多名受测者同时进行智力测量的测验，如瑞文标准推理测验、古迪纳夫-哈里斯画人测验、团体儿童智力量表等。学前儿童年龄较小，理解能力、自控能力、注意力等尚处在发展中，无法独立完成团体智力测验，因此学前儿童的智力评估一般使用个别智力测验。

三、适应性行为评估

适应性行为是指个人保持生活独立并承担一定的社会责任的行为。它包括儿童与其发展水平相适应的、能独立发挥功能的能力，在与环境相互作用时有效满足环境中社会要求和自然要求的能力，以及在社会文化约束下调节和发挥功能的能力。

为了实现对适应性行为的准确评估，研究者编制了许多用以评估适应性行为的量表。对适应性行为的理解不同，研究者编制的适应性行为量表结构也不同。由美国心理学家哈里森（Harrison）和奥克兰（Oakland）编制的适应性行为评定量表（第2版），因其结构与当前对适应性行为的定义一致而且具有最佳的信度和效度，得到较广泛的使用。适应性行为主要是通过融合了诊断性访谈、行为核检表、行为评定量表和直接观察的适应性行为量表来进行评估的。其中，在自然情境下进行的观察和与重要成人进行的访谈是主要的信息来源；而间接方法则包括发展性量表（Developmental Scales）、标准参照的列表（Criterion-Referenced Lists）和生态调查表（Ecological Inventory）等方法。

特殊儿童的适应性行为评估内容较复杂，不仅涉及儿童在发展领域的各种表现，还涉及儿童在亲子交往、社会和环境因素中的角色和表现，另外在评估中还要求根据儿童的个体特异性选择适当的评估方法、测量工具，因此评估人员不仅需要对特殊儿童的各种特点掌握清楚，而且要能用客观、全面的评估方案对这类儿童进行正确评估。

四、沟通与交流评估

沟通与交流是日常生活的基本技能，是实现自我价值和参与社会生活的一项重要能力。有关研究发现，听觉障碍、智力障碍、孤独症等特殊儿童都存在不同程度的交流障碍。对特殊儿童的交流评估主要包括以下两个方面：亲子交往和言语/语言发展评估。

以往的研究认为，亲子交往是双向自动平衡的过程，即在家长与儿童间的交流交往中，每个人都是交往的主动者，都会对他人行为进行调适。随着年龄的增长，儿童分担了交往中更多的责任，并学会以跟父母交流模式相匹配的模式与之发生交往。早期亲子交往是儿童以后语言习得的基础，因此对亲子交往的评估尤为重要。在自然情境中观察儿童与照料者之间的交往，是对儿童自发交流能力取样的主要手段之一。另一主要手段是结构化启发方法，二者的结合能够完整评估儿童的自发交流能力。

对言语/语言发展的评估主要采用的是测验法。目前可用于评估言语/语言发展的量表数量非常多，有用于对构音障碍、发音障碍、口吃、失语症或语言理解等作专项评估的，也有用于对语言发展水平作综合性评估的。

五、社会与情绪评估

社会与情绪发展是指依恋的发展、自我的成长、情绪的出现以及包括自理技能在内的适应行为的发展。儿童个体特征、情绪状态、自我认识和对他人的觉知等不同侧面的测量是社会和情绪发展评估的核心。以往研究表明，父母的情绪反应方式、情绪调节能力、婚姻关系等与儿童的社会情绪能力习得存在较为明显的关系。因此，评估过程还必须考虑到儿童的个别化特性、家长或其他照料者与儿童间的交往和关系，以及社会和环境因素。在对儿童社会和情绪进行评估时，应同时注重质的评估和量的评估，这就需要考虑诸多变量，包括拟观察的数量和长度、观察的地点，以及儿童的气质、可识别性和动机水平等特征。

评估儿童特征时可使用正规的核检表和评定量表。匹兹堡大学医学院教授巴格内托、宾夕法尼亚州立大学教授内斯沃斯、学者塞尔维亚（Serbia）和亨特（Hunter）编制的气质和异常行为量表（Temperament and Atypical Behavior Scale，TABS）是针对11～71个月婴幼儿的较新的常模参照的筛选评估工具。

拓展阅读

社会适应行为量表

1974年美国智力迟滞协会编制了适应行为评定量表（Adaptive Behavior Assessment System，ABAS），适用于3～69岁的智力障碍、情绪障碍和发育障碍者。它包括两个部分：第一部分包括10个方面，用以评估个体在日常生活中的个人自理、独立能力等基本生存技能和习惯；第二部分涉及14个方面，这部分着重评估与人格和行为障碍有关的问题。量表所涉及的具体内容如表4-1所示，通过这些方面的评定，帮助有关人员制订行为矫正与教育指导方案。

表4-1 社会适应行为量表

第一部分	第二部分
1. 独立生活能力：（1）进食；（2）大小便控制；（3）个人卫生；（4）外表；（5）衣着；（6）穿衣脱衣；（7）外出；（8）一般独立能力	1. 暴力和破坏行为
	2. 反社会行为
	3. 叛逆行为
2. 身体发育：（1）感觉发育；（2）运动发育	4. 不可信赖的行为
3. 经济活动：（1）用钱和预算；（2）购物能力	5. 退缩
4. 语言发育：（1）表达；（2）理解；（3）社交语言发展	6. 刻板行为
5. 数学和时间	7. 不恰当的人际态度
6. 家务活动	8. 不当的说话习惯
7. 职业活动	9. 不当或古怪的习惯
8. 自我指导能力：（1）主动性；（2）坚持性；（3）业余时间利用	10. 自伤行为
	11. 多动
9. 责任感	12. 非正当性行为
10. 社会化	13. 心理状态失常
	14. 服用药物情况

第三节 特殊儿童评估方法

特殊儿童评估是通过综合分析有关医学诊断、心理测量、行为评估、家长和教师所提供的各种信息对儿童的发展水平、教育需要、教育实效做出一定的评价与判断。在评估之前，评估小组成员要根据儿童的家长和教师的陈述来选择问题，然后确定这些问题所需评估的领域，并选择适当的评估工具。在评估中所收集的数据一般用来鉴别那些“高危”儿童，由于儿童发展过程中变化很大，因此要精确地诊断出儿童所属的类型是非常困难的。加之标准化评估工具的缺乏，这些因素都使得儿童的评估需要一个渐进的持续过程。至于评估方法的运用，应根据评估需要和儿童的特性来灵活地使用。

特殊儿童的评估首先需要收集有关儿童的全面信息，包括儿童的发育史、病史、日常表现、所遇困难和行为表现等。信息的收集有助于对儿童做出客观、细致的评估，因此是评估中至关重要的一环。要获得全面信息，必须调查多名对象，考察不同环境，并使用不同的方法，包括正式技术（如标准化工具）与非正式技术（观察、个案）。评估者在获得儿童的全面信息后，再对特殊儿童加以分类，就可以灵活地对他们做出评估。下面将对特殊儿童评估中的一般方法进行讨论，包括家庭参与的评估、个体评估、观察评估和游戏评估。

一、家庭参与的评估

特殊儿童评估过程中的一个重要信息来源是家庭中儿童的父母或主要照料者及其他成员，因为他们能够提供儿童纵向发展和现时情况的主要资料。若干项研究均发现家庭成员一般都能可靠而精确地报告儿童的日常表现、所遇困难和行为，因此家庭参与的评估信息收集过程是评估中必不可少的一部分。

家庭参与的信息收集过程可以通过家庭访谈这一主要形式来实现，因为家庭访谈为评估人员提供了儿童在自然情境中表现的信息，这样就提高了对儿童技能水平、发展滞后以及最后分类评估的精确性。因此，可以将通过如观察与非结构访谈等非正式技术以及某些正式测量技术（如结构化的调查表）而获得的信息运用在自然情境中。

这些测量技术在熟悉和自然的环境中，考察儿童不同领域的行为、表现与发展，并以家长或其他照料者以及家庭其他成员所提供的信息为其情境效度（Contextual Validity）来评估测量的结果，从而提高了对儿童技能水平、发展滞后以及最后分类评估的精确性。

此外，评估小组的专业人员还应邀请家庭成员共同分享家庭故事；表露其偏好和强烈的期望，并对儿童的优势和需要加以描述；帮助专业人员进行评估；与专业人员合作开展现实性评估；尤其要就儿童的评价问题提出自己最想解决的问题，分享自身资源，阐述自己所关注的问题。表4-2所示为美国堪萨斯大学教授特穆伯（Ann Turnbull）提出的家庭参与评估调查表。

表 4-2　家庭参与评估调查表

家庭特征	
家庭的特征	侧重于家庭差异、文化特征、教育儿童的侧重点、关注的特殊问题和困难，以及家庭的主要优势等方面的情况
个人特征	了解有关儿童的重要日子、喜恶、在校和在家中表现良好的方面、需要面对的特定的挑战、高效或无效的问题应对方式、特定健康问题以及可提供帮助的人
特殊的挑战	就可能影响到时间、精力和资源的特定困难、问题或环境进行的提问
家庭互动	
婚姻的互动	对当前的婚姻状况、孩子对婚姻关系的影响、儿童教育方案、婚姻关系、夫妻双方的优势和兴趣爱好，以及监护权问题的提问

续表

家庭互动	
家长的互动	探索家长角色的分配、对参与的偏向、其他成人承担和参与家长责任的情况、与儿童最愉快和最不愉快的互动、不同时间家长承担责任的模式，以及干预人员能够提供支持的家长的基本需要
兄弟姐妹的互动	了解儿童互动中最愉快和最不愉快的互动方式、兄弟姐妹能够提供教育支持的方式、对其他孩子构成的挑战、出席有关儿童的会议时在不同孩子身上的时间和注意分配
扩展的家庭互动	探索扩展性家庭包括哪些成员、见到他们的频率如何、这些家庭成员能够提供的支持、他们认为有用的信息是什么以及他们对会议的出席情况

二、个体评估

个体评估是对儿童发展的关键领域进行评估的一种常用方法，包括对儿童的认知、社会性发展、身体、语言和言语发展以及生活自理能力的评估。它通过评定儿童在完成专门设计的、涵盖了各发展领域的测验任务中的表现，来发现儿童现阶段的技能与能力状况。

个体评估最好是在一个特定的时段，在儿童家中、班级或其他指定地点进行，其目的是获得与设计任务有关的技能与能力方面的信息。评估者可通过构建或指导活动，促使儿童操作某些特定任务，或展现其技能行为。当然，在特定的时空条件下，评估者还可利用不同的具体方法进行个别评估。

评估者所选择的测验项目通常会用不同的测量方法，如标准化测验、技能检核表、行为核检表以及观察技术等，其中客观、标准化的工具的使用可使评估者所测得的儿童在特定任务上的表现与标准样本中其他儿童的表现进行比较，这样可以使评估者获悉个体的技能与能力状况在同龄儿童中的相对位置。目前，常用的标准化测量工具有：贝利婴儿发展量表（第2版）、贝特尔发展调查表、斯坦福-比奈智力量表（第4版）。这些测验所提供的标准分与标准离差可被用来作为鉴别特殊儿童的指标。

三、观察评估

观察评估可以对儿童的自发行为、所具备的技能和学习风格等进行观察，还可以提供有关儿童的技能、气质和交往风格的信息。因此，这种方法在了解儿童的技能和能力状况中起到了重要作用。观察中使用的具体方法一般可分为质的观察方法和量的研究方法两种。

1. 质的观察方法

质的观察方法是指以描述性记录技术来收集有关自然行为信息的方法，如轶事性记录（Anecdotal Recoding）和流程式记录（Running Recording）。这两种记录都没有使用量的方法，如记录行为发生的次数，是通过质的观察方法对儿童的行为进行深入的理解和描述。轶事性记录在课堂中已经运用很多年了，教师们通过这种方式来记录儿童的行为。这种记录对记录的长度、时间和结构没有特定的要求，只是间断性地对一名儿童任何有趣的值得记录的事件加以收集和描述。相比轶事记录，流程式记录能够提供更为完整的信息，这种记录方式要求观察者将一段时间中发生的任何事都记录下来或拍摄成录像。在评估过程的任何阶段，如在做出安置决定的时候、在确认儿童的功能领域以及在方案评估阶段，都可以运用流程式记录的方法。

2. 量的研究方法

量的研究方法是指在特定时间中对发生的特定行为进行观察，并使用某一种或几种具体方法来描述行为的发生，其中两种最常用的具体方法是间隔记录（Interval Recording）和事件记录（Event Recording）。在间隔记录中，事先决定整个记录时间的长度，然后将其分成一系列时间间隔相等的时段，观察者记录下在每一时段中目标行为是否出现。这种记录方法适用于那些没有明确的开始与结束标志的行为。事件记录则可显示目标行为发生的频度，观察者记录下在某一段特定的时间里特定行为发生的次数、持续时间、强度及其潜伏期（即要求指令与行为开始之间的时间长度）。这种方法适用于那些具有明显开始与结束标识的行为和那些发生频率较低的行为。

四、游戏评估

研究儿童发展的学者通常将游戏视为儿童认知、身体、社会性和情感发展的重要途径，而这些技能的获得是儿童健康成长和适应未来的基础。由于在游戏情境中，儿童既可以使用相关物体，也可以与他人发生交往，因此可以让评估者深入了解儿童在认知与社会发展这两个关键领域的发展情况。人们一般以儿童在游戏中使用物体的方式，即游戏的形式作为衡量认知发展的指标；而以儿童在游戏活动中与他人交往的情况来评估社会性发展，如儿童以何种方式与何人交往。一般而言，儿童在游戏中展现出的认知与社会发展与其年龄发展相对应，不同年龄的儿童，其游戏形式有所不同。

在儿童游戏中出现的迟滞、缺陷和偏差，可能反映了儿童在认知、交流、社会与情绪，以及运动领域的发展中存在的问题。对没有言语或有多重障碍的儿童，可通过在自由或结构游戏中的观察，得到有关其认知活动的评估信息，评估者可以在儿童组织自己与玩具以及玩伴的互动时对其加以观察。儿童与玩具的互动形式是其认知发展的一个反映。在使用游戏评估时，评估者主要观察儿童的活动，并据此进行计分。评估者也可以观察其游戏行为的复杂性和变化性。

游戏评估有多种形式，可以根据儿童的年龄特点灵活运用不同的游戏评估方法。评估者可以利用自由游戏或半结构游戏进行评估，也可以在自然的或专门设置的环境中进行评估；评估人员可以是跨学科的；评估过程中可采用正式的或非正式的具体技术。非正式的技术通常包括对非结构化的自由游戏的观察，而正式技术则是依据儿童发展理论来评估游戏。正式评估的工具有：游戏评估量表（Play Assessment Scale，1987）、基于游戏的跨学科的评估（Transdisciplinary Play Based Assessment，1993）、发展性游戏评估工具（Developmental Play Assessment Instrument，1988）。这些工具为评估与发展相关的儿童技能提供了正式的、结构化的方法。

拓展阅读

作业评估法

20世纪90年代以来，作业评估法已成为世界各国教育评估方法改革运动中的一项焦点内容。针对学生在教育过程中学到的知识进行评估，是检验教育成效的一大举措。但是，究竟什么样的评估才能真正反映学生学到了什么，其掌握这些知识、技能的程度究竟如何，他们是否能够在合适的时候很好地利用这些知识、技能完成有关任务呢？标准化的成就测验往往重视测试题目编制、实施、计分的一致性，从而限制了测验对学生思维方式和深度的探索，更局限于对要求识记、再认的知识的考查。并且，与非标准化的测验方式一样，它们均重视对学生学习结果的评价，指出学生的成败，却未成功地发掘学生的进步所在。

事实上，实际生活更注重学生对知识技能的应用，而不是单纯地记忆与重述。并且，对于掌握程度不同的学生，教育者也应采取不同的教育干预策略，帮助其取得最佳的进步状况。因此，了解学生解决问题的步骤和过程应是评估中一个更应注意的内容。作业评估法就是这样一种评估方式。它要求评估者选取与现实生活要求相一致的任务，让学生具体操作该特定任务，以确定其是否掌握了完成该任务所必备的技能或能力。例如，要求学生完成一项实验任务并书写实验报告，而不是背诵实验要领和结果等。在评判操作任务结果的同时，作业评估法尤其注重分析学生在任务完成过程中采取的策略、方法和步骤是否合理、有创造性。因此，这种方法正受到教育界越来越广泛的重视和使用。

本章小结

评估对鉴别特殊儿童、确定干预措施及检验效果至关重要。其类型多样，包括筛查性、诊断性、课程性评估等多种类型，各有特点与作用；评估过程分为四个阶段，层层推进且各有侧重；评估具有多维性；家庭参与其中意义重大。评估内容涵盖智力、交流等多个方面，需综合运用多种评估方法，并参考相关量表，以实现对特殊儿童全面、客观的评估。对于从事特殊儿童教育的师范生来说，掌握以上理论知识，能够对特殊儿童进行有效的教育支持，将对每一名特殊儿童的发展与社会融合具有重要意义。

思考与练习

1. 请阐述特殊儿童评估类型中筛查性评估、诊断性评估和课程性评估的主要区别。
2. 结合实例，分析家庭参与特殊儿童教育评估对儿童发展的积极影响。
3. 针对特殊儿童的特点，论述在评估过程中如何确保评估的准确性和有效性。

拓展视频

特殊教育过程

第五章

特殊儿童教育体系、安置与原则

学习目标

❶ 知识目标：了解我国特殊儿童教育体系基本概况，掌握国内外特殊儿童教育安置的各种形式，理解特殊儿童教育的基本原则。

❷ 技能目标：能够根据特殊儿童的评估结果为其选择合适的安置形式，能够根据教育原则对特殊儿童实施科学的教育活动。

❸ 情感目标：形成特殊儿童全过程、终身教育理念，发展正确的特殊儿童教育安置选择的科学观，内化教育原则对特殊儿童教育的指导意义。

知识框架

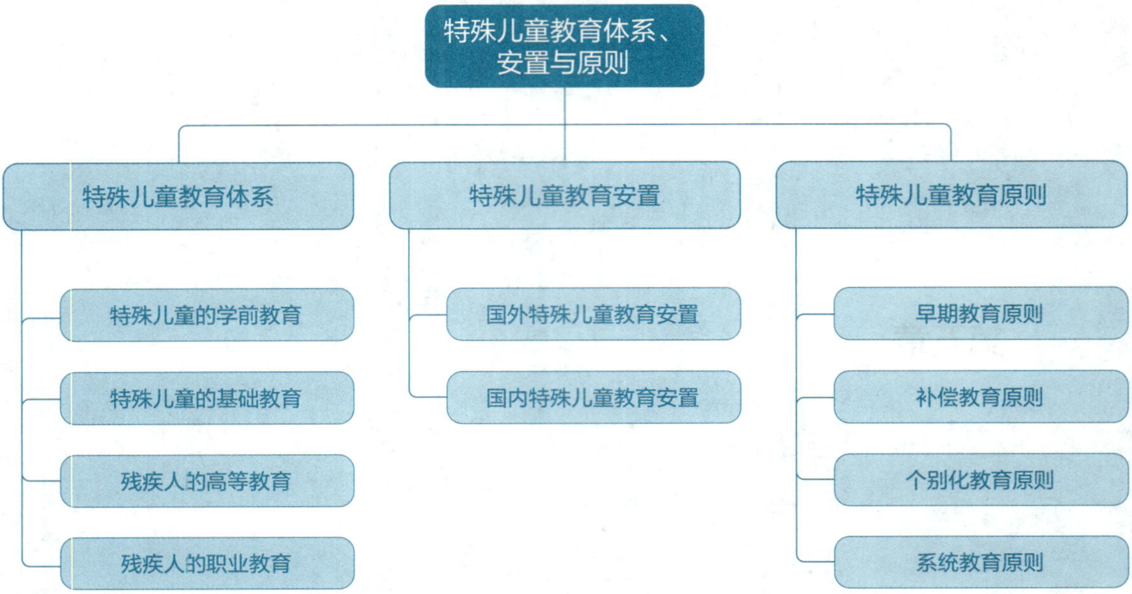

案例导入

小时是一名10岁的孤独症谱系障碍儿童，当他进入一所当地的普通小学后，学校组织多方人员为小时制订了个别化教育计划。在学习数学四年级下册第七单元《图形的运动（二）》时，数学老师——王老师根据小时的个别化教育计划目标，充分了解了他的障碍和现有能力水平，为小时调整教学计划。小时具备了一定的图形知识，但他的抽象思维能力较弱，语言表达困难，手部精细动作不灵活，需要他人辅助才能够完成手工任务。因此，王老师将“探索并描述轴对称图形的特征和性质，并能画出一个图形的对称轴”的学习目标进行调整，简化学习内容，降低难度，并提供教学图片与助学伙伴的支持，让小时在常见图片的辅助下认识并找到对称轴，而无须画出图形。

问题与思考：王老师在教小时轴对称图形的相关知识时，做了哪些教学调整？体现了什么教育原则？

第一节　特殊儿童教育体系

由于世界各国的政治、经济、文化发展很不平衡，特殊教育的体系也不统一。从管理体制来看，既有政府办学，也有私人办学，还有不同的社会团体捐资办学；从教育的水平与层次来看，特殊教育也和普通教育一样，可以划分为学前教育、基础教育、中等教育和高等教育四个层次。对一些经济发达、特殊教育发展较快的国家来讲，发展特殊教育的重点是学前教育和高等教育。而对大多数国家而言，主要是发展基础教育中的初等教育和中等职业技术教育。特殊教育与普通教育在各个教育层次上都有不同程度的交叉、渗透与重合（图5–1）。

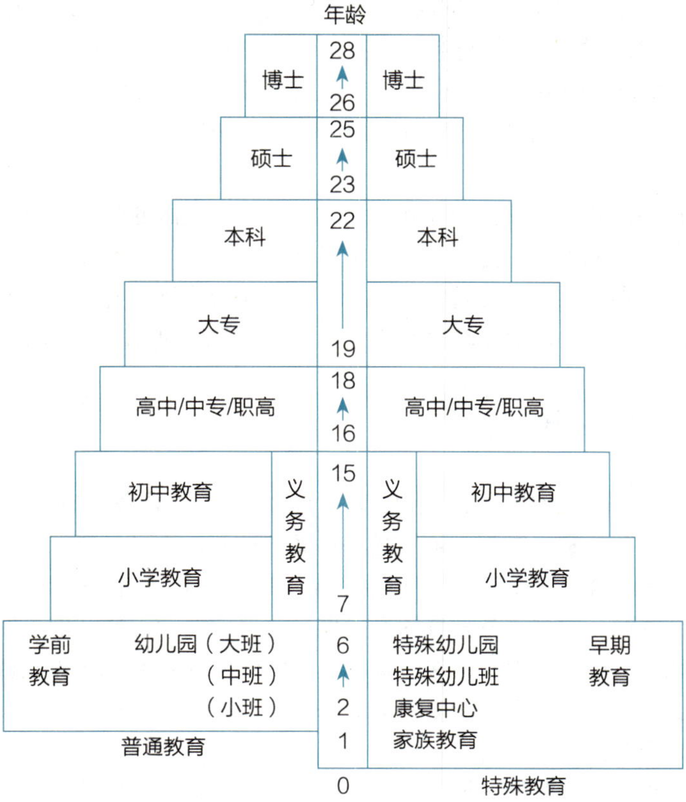

图 5-1　特殊教育与普通教育制度的比较

根据教育事业发展和残疾人工作的整体规划，2021年年底我国教育部等部门颁布的《“十四五”特殊教育发展提升行动计划》中规定：拓展学段服务，加快健全特殊教育体系，大力发展非义务教育阶段特殊教育。积极发展学前特殊教育，着力发展以职业教育为主的高中阶段特殊教育，鼓励有条件的地区建立从幼儿园到高中全学段衔接的十五年一贯制特殊教育学校。稳步发展高等特殊教育，支持普通高校、开放大学、成人高校等面向残疾人开展继续教育，畅通和完善残疾人终身学习通道。

一、特殊儿童的学前教育

特殊儿童的学前教育主要指对学龄前（0～6岁）缺陷儿童提供治疗、补偿性教育和功能康复训练，使特殊儿童在学前教育阶段能与普通儿童一样，得到德、智、体、美的全面发展和对特殊教育需要的满足，它是特殊教育体系的基础。发展特殊儿童的学前教育可以及时治疗、补偿或矫正他们已经存在的缺陷，预防附加缺陷或继发性缺陷，有利于他们最大限度地发挥个人潜能，帮助其在社会里可以像普通儿童一样生活和学习。特殊儿童学前教育的对象主要包括视觉障碍儿童、听觉障碍儿童、智力障碍儿童、孤独症儿童、脑瘫儿童、肢体障碍儿童、语言发展障碍儿童等各类特殊儿童。

起初，特殊儿童的学前教育并没有受到人们足够的重视，一直到20世纪中后期，随着世界经济的飞速发展，以美国为首的西方国家才逐渐认识到应及早地发现特殊儿童的特殊性，对可能产生的不良影响及时进行预防、教育、治疗和康复等，并开始在特殊教育学校开设学前班，在普通幼儿园增设特殊班或创设融合班。同时，普通学前教育的发展，也为特殊儿童学前教育的多元化办学形式打下了良好的基础。《残疾人教育条例》（2017年修订版）第三十一条第二款规定："县级人民政府及其教育行政部门、民政部门等有关部门应当支持普通幼儿园创造条件招收残疾幼儿；支持特殊教育学校和具备办学条件的残疾儿童福利机构、残疾儿童康复机构等实施学前教育。"

国外的学前教育多由政府、社会团体和私人共同兴办，我国的学前教育除政府主办外，也充分发挥单位、社会办学的积极性。近年来，还不断地出现了私人集资办幼儿园的现象。民政部门和残疾人联合会也积极参与到特殊儿童的学前教育中来。为了培养特殊教育的幼儿教师师资，有些幼儿师范学校和高等师范学校学前教育专业也都开设了相应的特殊教育课程。

二、特殊儿童的基础教育

1986年4月我国颁布了《中华人民共和国义务教育法》，这是我国首次把义务教育用法律的形式固定下来，适龄的儿童和少年都必须接受九年义务教育，该法的制定标志着我国基础教育发展到了一个新阶段。其中第六条第一款（2018年修订版）规定："国务院和县级以上地方人民政府应当合理配置教育资源，促进义务教育均衡发展，改善薄弱学校的办学条件，并采取措施，保障农村地区、民族地区实施义务教育，保障家庭经济困难的和残疾的适龄儿童、少年接受义务教育。"之后，特殊儿童的基础教育就纳入我国义务教育的范畴，完成特殊儿童的义务教育是发展我国特殊教育的中心任务。

目前我国特殊儿童义务教育的发展格局是：以大量随班就读和特教班为主体，以特教学校为骨干，使我国特殊教育从过去举办特殊教育学校单一的办学形式，转变为多种办学形式，为特殊儿童入学提供更多的机会，加快特殊儿童义务教育的发展步伐。截至2023年，全国共有特殊教育学校2345所，义务教育普通学校附设特殊幼儿班680个，在普通学校随班就读的残疾儿童、少年达45.7万人，在校学生总数为91.2万人。

目前，我国特殊儿童高中教育的安置形式主要有盲校高中、聋校高中和各类特殊儿童在普通高中班级里随班就读。由表5-1可以看出，在校聋生数量逐年增加，但盲校高中的发展则相对缓慢，近年来盲校高中数量呈减少态势，数量较少，这可能与听力残疾人的数量远多于视力残疾人的数量有关。

表5-1　2019—2023年盲普高和聋普高学校数目及在校人数

年份	盲普通高中/所	盲校在校生人数/人	聋普通高中/所	聋校在校生人数/人
2019	11	1629	53	6083
2020	11	1491	43	6034
2021	11	1761	41	7274
2022	11	1736	39	6506
2023	11	1816	41	6857

三、残疾人的高等教育

随着社会的进步和特殊教育的发展，高等特殊教育的产生、发展已成为必然，它体现了社会的文明程度和整个教育体系的发达程度。我国残疾人的高等教育自20世纪80年代起步以来，在国家一系列政策、法律法规的指导下，至今已初步形成雏形。

1989年5月，国务院办公厅转发国家教委等部门《关于发展特殊教育的若干意见》中指出："在当前和今后一个时期，发展特殊教育的基本方针是：着重抓好初等教育和职业技术教育，积极开展学前教育，逐步发展中等教育和高等教育。"在后来颁布的《中华人民共和国教师法》《残疾人教育条例》《中华人民共和国教育法》《中华人民共和国职业教育法》《中华人民共和国高等教育法》等法律中都明确保障了残疾人接受高等教育的权利，而在《中华人民共和国残疾人保障法》（2008年修订版）也规定："逐步发展高级中等以上教育""普通高级中等学校、中等职业学校和高等学校，必须招收符合国家规定的录取要求的残疾考生入学，不得因其残疾而拒绝招收；拒绝招收的，当事人或者其亲属、监护人可以要求有关部门处理，有关部门应当责令该学校招收"。这一系列法律法规的颁布说明了国家重视残疾人的高等教育，保障其受教育的权利。现在，我国残疾人的高等教育已初步形成了以特殊教育学校为骨干，以随班就读为主体的发展格局。截至2024年，全国已有23所院校有资格对视觉障碍、听觉障碍等残疾人进行单考单招。与此同时，各类普通高校也逐步向残疾学生敞开大门。近年来，全国每年有3万余名残疾人被各级高等院校和特殊教育学院录取。

但从总体上看，我国残疾人高等教育的安置方式主要有四种：①普通高等学校招收残疾青年（其中大部分是肢体残疾和轻度的盲、聋青年）和普通学生一起学习。②普通高等学校建立特殊教育学院（如长春大学特殊教育学院）或开设特殊教育系或专业，主要招收盲、聋残疾青年学习各种专业。③一些独立设置的残疾人中等职业学校采取与高校合作成人教育的方式，举办一些专业的大专班，招收残疾青年。④成人高等教育的形式。残疾人通过职工大学、自学考试、函授等渠道接受高等教育。安置方式的多样性，也为更多的残疾人接受高等教育提供了机会，有利于我国整体国民素质的提高。

此外，还有更高层次的硕士、博士教育，在经济发达国家已屡见不鲜，在我国残疾人高等教育也在逐步发展。据中国残疾人联合会2024年4月17日发布的《2023年残疾人事业发展统计公报》显示，2023年高等教育阶段，我国招收的残疾硕士研究生为1588人（含非全日制150人）、博士研究生169人。我们相信，随着我国经济的发展、社会的进步，残疾人对教育的需求会逐步增大，残疾人的高等教育也会越来越受到国家的重视，在教育层次、模式和质量上都会进步。

四、残疾人的职业教育

我国残疾人的职业教育主要有准备式（或庇护式）模式和支持式模式两种。准备式职业教育是在学校教育阶段就开设专门的职业教育课程，在文化教育中逐步渗透职业教育的理念和培养他们的职业劳动技能，使学生掌握初级的职业教育技能，为将来接受更高级的职业教育和就业打下良好基础，这是目前我国残疾人职业教育采取的主要方式。支持式职业教育则根据市场需求和残疾人的自身特点，为他们提供相关训练，并提供现场辅导和跟踪支持，其最核心的观念就是在竞争性的条件下，通过各种支持帮助他们就业。在这种模式下，开展残疾人职业教育与培训的机构主要有四类：教育、劳动、民政、卫生等部门举办的普通职业教育与培训机构；部分特殊教育学校在完成九年义务教育后开设的中等职业教育课程；各级残联建立的残疾人职业教育与培训机构；社会力量开办的机构。

第二节 特殊儿童教育安置

教育安置，是指依据特殊儿童的障碍类型、程度与个别需要而做出教育上的不同对待，或进入特殊教育学校，或进入特殊班级，或在普通班级同时提供补救的教学[①]。其目的在于为特殊儿童提供个别化的教学，使其获得恰当的教育，促进其语言、社会、认知等各方面的发展。教育安置不仅是连接教育评估和教育服务的桥梁，还是教育评估的最终目的。所提供的教育安置环境将直接影响特殊儿童所接受的教育是否恰当，从而影响特殊儿童的最终发展。

一、国外特殊儿童教育安置

早期世界各国的教育安置模式主要都是采用隔离式的特殊教育学校或机构。直至第二次世界大战后“去机构化运动”的发展，特殊学生才有机会进入普通班级进行学习生活。1970年，德诺（Evelyn Deno）提出了“瀑布式”特殊儿童教育安置体系。经过多年的发展和改进，目前国外传统意义上的特殊教育安置体系如图5–2所示。

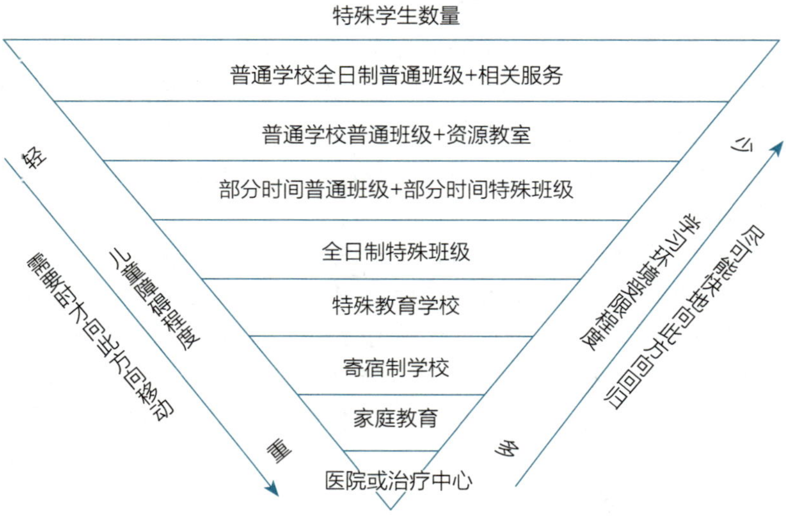

图5–2 国外“瀑布式”特殊儿童教育安置体系

在这个“瀑布式”特殊儿童教育安置体系中，特殊教育安置环境所处的层级越高、环境受限制的程度越小，特殊儿童的数量也越多。全日制普通班级位于顶层，是最为普遍的教育安置类型，也是最少受限制的环境，因此有大部分特殊儿童被安置于普通班级中。只有当特殊儿童有需要或者其家长提出请求时，才考虑将他们安置于其他的安置环境中。医院或治疗中心位于“倒金字塔”的最底层，是限制程度最深的安置环境，因此只有少量特殊儿童被安置于此，但是这并不意味着这种安置模式没有意义。相反，对于部分特殊儿童特别是障碍程度较深的儿童来说这种安置环境更为适合。所以，对于每一个特殊儿童而言，在选择教育安置环境时，可以从普通班级开始沿着“倒金字塔结构”往下寻找适合自己的教育安置环境，既可以是普通班级，也可以是特殊教育学校，还可以是治疗中心，关键是要能够满足自身的特殊教育需求。

① 车文博．心理咨询大百科全书［M］．杭州：浙江科学技术出版社，2001：324.

二、国内特殊儿童教育安置

我国特殊儿童教育安置模式深受国外“瀑布式”特殊儿童教育安置模式的影响。自1994年，我国推广随班就读开展融合教育以来，便逐渐探索出了以一定数量的特殊教育学校为骨干，以大量的在普通学校附设的特殊教育班和随班就读为主体、送教上门为补充的特殊教育安置模式。我国的特殊教育安置体系如图5-3所示。

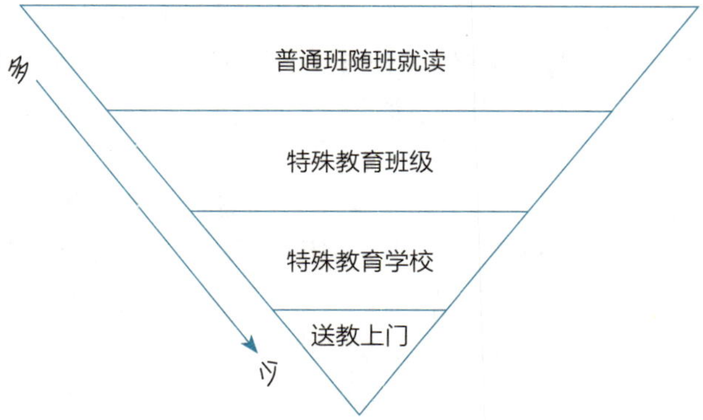

图5-3　我国的特殊儿童教育安置体系

从理论上讲，与国外“瀑布式”特殊儿童教育安置模式类似，随班就读为最少受限制的环境，大部分的特殊儿童应该被安置在此类环境中进行教育。而送教上门为最大受限制的环境，是在学生无法进入学校中接受教育时采取的一种上门服务的教育安置类型，所以接受此安置的大多数为重度障碍类型的学生。以下将对我国四种教育安置类型进行详细阐述。

（一）普通班随班就读

随班就读是我国开展融合教育的主要形式，其目的是提高特殊教育学生的入学率，具有实用主义的性质。20世纪80年代初期，我国有800多万学龄特殊儿童，但是我国的特殊教育学校数量和规模有限，无法接纳如此数量巨大的特殊儿童入学；同时，我国政府又不具备相应的人力、财力、物力以大量扩建或新建特殊教育学校。在此情况下，1987年由政府在全国15个县市开展随班就读试验工作，要求普通教育机构必须招收特殊学生就近入学。可以说，随班就读是我国普及特殊教育的不得已举措[①]。因此，在随班就读开展之初，各种相关的服务和硬件设施都没有跟上，并没有建立起“最少受限制”的教育环境，在某些地区还出现了“随班混读”的现象。随着我国特殊教育的深入开展以及政府的日益重视，近年来随班就读工作开始从“量”向“质”转变。

1. 我国随班就读的主要形式

目前，我国随班就读主要存在两种形式：巡回教师模式和资源教室模式。巡回教师模式主要在欠发达地区特别是边远农村地区开展，而资源教室模式主要为发达地区所采用。

（1）巡回教师模式。巡回教师模式中，一般由一位巡回辅导教师指导多个学校的随班就读工作。这个地区或学区的教育资源也多集中于巡回指导教师手中，以便于向多个特殊教育学校同时提供相应的服务。因此，巡回教师模式适合我国不发达地区采用。

巡回教师的工作任务巨大，主要工作包括培训一线普通教师和特殊教育教师、为一线普通教师和特殊教育教师提供各类课程和教材、提供咨询服务、对随班就读工作进行监督、对随班就读

① 肖非．中国的随班就读：历史·现状·展望［J］．中国特殊教育，2005，57（3）：3-7.

工作质量进行评估等，但巡回教师并不直接参与特殊儿童的教学。从工作内容可以看出，巡回教师的工作兼顾了协调员、咨询员、行政人员等角色，对巡回教师的素质要求较高，往往是由各地方教育局的特殊教育专员或特殊教育学校中的骨干教师来充当。

（2）资源教室模式。资源教室是指在普通学校中设置，专为特殊学生提供适合其特殊需要的个别化教学的教室，这种教室聘有专门推动特殊教育工作的资源教师，以及配置各种教材、教具、教学媒体、图书设备等，学生于特定的时间到此接受特殊教育，其他时间仍在普通班级中上课①。可以说，资源教室是连接特殊教育和普通教育的桥梁。一方面，资源教室能够根据特殊学生的需要，为特殊学生进行补偿，使其更好地融入普通班级中进行学习；另一方面，资源教室也能够为普通教师提供相应的教材和教学策略，便于其在班级中实施更有效的教学措施，帮助特殊学生更高效地学习。资源教室是弥补随班就读课堂教学的不足，满足特殊儿童的特殊需要，提高随班就读质量的有效形式。

一个合理的资源教室必须能够提供与特殊学生教育需求相关的各方面服务，包括文化知识教育（与课堂教学内容相关的知识和背景知识）、康复训练（运动技能、感知技能、语言技能、社会技能等）、咨询、日常管理、法规宣传、社会援助申请、转衔评估等。其中文化知识教育是资源教室的核心任务，可以通过抽取式和外加式两种形式对特殊学生实施文化知识教育帮助。抽取式是将随班就读学生在普通班级中无法完成的课程章节提取出来，在资源教室中给予特别的辅导。一般情况下，与普通班级一样，学生所学的知识点不变，但是资源教室所用的辅助教材和教具都会经过特别处理。例如：对听觉障碍个体，教学过程中辅用手语；对视觉障碍个体，会放大文本字体。外加式指随班就读学生在常规课堂中完成大部分教学内容，少量疑点在资源教室中由普通教师辅导完成。一般情况下，采取外加式时教学也会重新设计，但和抽取式相比，教学内容较少，时间也较短。

资源教室的运作主要依赖于资源教师，他们承担着资源教室的主要工作，在资源教室的运作中居于核心地位。资源教师一般由工作经验丰富的具有相关特殊教育经验的教师担任，开展鉴定评估、教学与指导、咨询与沟通、行政事务、公共关系、教学科研六个方面的任务②。他们职责多元，既直接参与教学，也参与评估、咨询、科研等专业任务，还参与管理，因此，对资源教师的教学技能、专业技能、沟通技能和管理技能都有极大的要求。

在资源教室的运作过程中，有两个重要的问题需要注意：①防止特殊学生和普通教师对资源教室的过度依赖。资源教室的目的是为特殊儿童提供最少受限制的教育环境，但绝不是包办一切教学任务，提供一切帮助，甚至成为“特教班”。单从资源教室的教学模式上来说，特殊学生要尽可能快地从“抽取式”过渡到“外加式”，直至可以在普通班级中独立完成所有的学习任务。②资源教师与普通教师的关系应该是合作，而不是指导或者服务。毫无疑问，资源教师对如何对特殊学生进行教学具有自己独特的优势，是这方面的专家，但他们需要通过普通教师来了解特殊学生在普通班级的学习情况，并据此制订相应的教学计划。而在教学实施上，资源教师也将从普通教师那里获益。

自20世纪90年代中期开展资源教室建设以来，我国的资源教室实践取得了一定成果。其中运作比较成功的主要是北京和上海两地，其中又以北京的后孙公园小学、上海的黄浦区新昌路小学的效果最为显著。但是不可否认我国的资源教室建设还存在一定的问题：①资源教室所提供的服务比较单一，主要是资源教学和心理辅导，对随班就读学生的教育评估和普通教师的专业培训还很欠缺。同时，服务的对象也比较单一，多为智力障碍学生，听觉障碍学生较少。②特殊教育资

① 徐美贞，杨希洁．资源教室在随班就读中的作用［J］．中国特殊教育，2003，40（4）：13-18.
② 王和平．随班就读资源教师职责及工作绩效评估［J］．中国特殊教育，2005，61（7）：37-41.

源匮乏，普遍存在诸如规范化的评估工具缺乏，有针对性的补救、补充教材不足和亟需各种康复训练器材等问题。③专业的资源教师团队建设也相对比较滞后，多数学校都是资源教师单独承担资源教室的各项工作。④大部分资源教师专业水平低下，特殊教育专业毕业的教师较少，而且接受专业培训的机会也较少。⑤我国资源教室在评估管理、资源教学上也存在不足，亟待改进①。

2. 随班就读的特点

在随班就读模式中，特殊儿童与普通儿童共同学习，享受同等的教学资源、教学课程与进度，随班就读自开展以来就获得了巨大发展，它符合中国国情，具有自身独特的优势，具有投资小、收益大的特点，主要体现在三个层面上。

（1）在政府层面上，随班就读采取的是“就近入学”的政策，国家无须花费巨大的人力、物力投资兴建特殊教育学校就能满足特殊学生入学受教育的需求，这既提高了特殊学生的入学率，又实现了教育的平等。

（2）在家庭层面上，随班就读给予特殊儿童入学就读的机会，减轻了家庭的经济负担，解决了家长的后顾之忧。

（3）在学生层面上，随班就读是具有中国特色的融合教育模式，它增加了特殊儿童与普通儿童接触交往的机会，有利于其社会交往技能、个性以及学业成绩的发展。

但是我国的随班就读也存在很多问题：①目前普通学校的教师、学生及家长对特殊学生的接纳程度有待提高。②提供的相关服务和教学资源不足，并不能满足特殊教育学生的教育需求。③特殊教育师资不足，普通学校的教师多数没有特殊教育背景，甚至没有接受过特殊教育专业培训，不懂得如何调整教学方法以适合特殊学生的需要。所以，在某种程度上说，我国的随班就读模式还没有达到“最少受限制”的要求。

（二）特殊教育班级

特殊教育班级一般附设在普通学校内，专门招收特殊儿童，由受过特殊教育专业训练的教师承担他们的教育和教学任务。特殊教育班级是教育安置中的特殊形式，它的兴起源于“回归主流社会”思潮，要求改变特殊学生隔离式的教育模式。尽管特殊教育班级附设于普通学校内，但本质上它还是一种隔离式的教育模式，它仅仅为特殊儿童提供了课后与普通儿童一起玩耍和交流的机会，而没有真正实现完全融合的理念。

但不可否认，这种特殊教育安置模式，也有其合理的部分，它吸收了特殊教育学校专业性强、针对性鲜明的优势，同时也实现了一定程度的融合教育。一方面，特殊儿童在特教班级内能够接受特殊教育教师的专业培养；另一方面，它为特殊儿童创造了与普通儿童人际交往的机会，便于提高其社会适应能力。

（三）特殊教育学校

特殊教育学校是创设较早的传统教育安置模式，从庞塞从事特殊教育开始就采用了这一教育模式，这也是目前我国特殊教育广泛采用的模式。在这种安置模式下，特殊儿童能接受到专业的教育。

特殊教育学校的最大优势在于具有专业人员和专业知识，主要表现在以下四个方面。

（1）工作人员的专业化。特殊教育学校的工作人员不仅对某类特殊儿童有深入的了解，而且具备对某类特殊儿童进行教育的经验。一般情况下，特殊教育学校中的工作人员还要接受不定期

① 李娜，张福娟．上海市随班就读学校资源教室建设和运作现状的调查研究［J］．中国特殊教育，2008，100（10）：66-72.

的培训，学习最新的教育策略和方法。

（2）课程及教学活动的个性化。特殊教育学校的教学课程和活动一般都是根据每个特殊儿童的不同水平和需求进行设置，并依照特殊儿童的发展情况进行不断调整。例如，聋校针对听觉障碍学生语言发展方面的需求，将语文改为“语文初步”“语言技能”“阅读”“叙述”“作文”和“写字”六门课，将自然课改为“生活常识”“史地常识”和“生理卫生常识”等课程，针对听觉障碍学生视觉能力较强的特点，开展绘画、陶瓷、艺术设计等课程，以培养、发展其艺术表达能力。

（3）适合的物理环境。在特殊教育学校中，桌椅的摆设、教室环境的布置都符合特殊儿童的特点，既消除了不恰当刺激，又对儿童具有保护作用。例如，聋校有灯光设计、手语等信号标记，可帮助聋生有效地学习。

（4）共同的精神和目标。在特殊教育学校内，每一位工作人员、每一项工作都是围绕着“为特殊儿童提供更有效、更恰当的支持”这一目标进行的。听觉障碍儿童的语言训练不仅被运用于教学中，还存在于日常生活的餐厅、操场等社会交往场所，这些都将为其提供良好的生活学习环境。

但是特殊教育学校也存在一定的局限性。一方面，特殊教育学校属于完全的隔离式教育安置模式，剥夺了特殊学生与普通学生沟通交流的机会，不利于特殊学生语言和社会技能的发展，更不利于其回归主流社会。另一方面，我国特殊教育学校无法满足所有特殊儿童的入学要求。虽然教育部要求我国人口在30万以上的县必须建立一所特殊教育学校，以满足特殊学生的教育需要，但是一些偏远地区，政府受限于人力、财力，至今无法将这一要求落实到位[①]。

随着我国随班就读工作开展的逐步深入，我国特殊教育学校开始呈现生源下降的现象，所招收的特殊学生障碍程度也逐步上升。其职能也开始由单一的教学转向多元化，部分学校，如上海地区的特殊教育学校承担起了随班就读指导中心的职能。但特殊教育学校目前仍然是我国特殊教育安置的主要形式，很大一部分的特殊学生在特殊教育学校中学习、生活。

（四）送教上门

送教上门是指对接受学校正常教育有困难的儿童，教师或专业人员采取定期上门进行教育、教学、康复的个别化教育方式。送教上门是特殊教育工作的重要补充，送教上门尽可能地保证了每一个特殊儿童接受教育的权利。目前，送教上门主要在发达地区开展，特别是上海地区。

与家访不同，送教上门是一种有计划、系统的教育方式，其实施需要遵循一定的步骤和要求：①需采用科学的方法对潜在的送教上门对象进行系统的生态性评估，以最终确定送教的对象。一般而言，特殊学生有能力到学校就读的一定要推荐其到学校接受教育。对于障碍程度较为严重、行动不便的特殊儿童，需要通过科技辅具和其他支持措施以使其具备入学的能力。经过这些努力后仍然无法入学的那部分特殊儿童才能够确定为送教上门的对象。②根据评估结果为送教上门对象制订相应的个别化教育计划，包括教学目标、教学内容、教学方法、教学起止日期、教学评估等。由于送教上门对象的障碍严重，因此个别化教育计划的重点一般放在培养特殊儿童的独立生活能力上。但这并不代表功能性课程学习以及学科学习不重要。③需要确定送教上门的服务人员和教育人员。依据上海地区的经验，专职巡回辅导教师、辅读学校特殊教育教师和社区助残员是送教上门团队的主要人员。此外，医生、特殊教育专家、物理治疗师、语言治疗师、普通教师也是送教上门团队中不可缺少的部分。④实施送教上门。⑤送教上门教学效果评估。评估仍然由专业团队组成，根据评估结果，对教学目标、教学方法进行适当调整。对于接受送教上门一

① 蒋云尔．特殊教育管理学［M］．南京：南京大学出版社，2007：50–55.

段时间后，已经具备能力到学校就读的特殊儿童，需要及时与其家长沟通，推荐转置于适合的特殊教育学校或者特殊班级。

在送教上门过程中，送教人员需要注意两个问题：①积极与家长合作。需要送教上门的学生，大部分时间与家长生活在一起，家长才是他们最主要的学习对象和教育者。因此，送教上门除了给学生送教，还需要给家长送教。对家长进行教育培训，以便他们更好地参与到教育中来。②不局限于“上门”。送教上门固然重要，但是也要创造一切可能的机会，让特殊儿童能够到门外接受教育，如到室外进行康复训练、到学校接受短期的教育等，以便他们早日回归学校接受教育。

虽然送教上门为障碍程度极其严重的特殊儿童提供了受教育的机会，但它是一种迫不得已的教育安置模式。在这种安置模式中，特殊学生与外界完全隔离，连与其他特殊学生沟通的机会都丧失殆尽，是一种完全隔离式的教育。从这个角度讲，送教上门应该是特殊学生的最后的选择。

学前特殊教育的教学是为了促进特殊幼儿在所有重要领域的发展。在这个活动中，幼儿通过与教师的互动、与同伴的交往可以逐渐从不知到知，由知之较少到知之较多，由不能做到能做，逐渐达到全面发展的目标。由于幼儿的知识基础、智力、能力、生理条件等方面的差异悬殊，学前特殊教育的教学过程会存在很多的困难，但是只要教师明确学前特殊教育的教学原则，一定会取得意想不到的效果。

第三节　特殊儿童教育原则

特殊教育，本质上是一种针对特殊儿童个别差异的教育。个别差异（Individual Difference）有两种含义：一种是指个体与群体之间的差异（Interindividual Difference），例如，先天盲和弱视之间的差异是个体与群体之间的差异；而另一种含义是指个体内部之间的差异（Intraindividual Difference），例如，同一特殊儿童本身认知能力、社会适应和情绪控制等不同方面发展的差异是个体内部之间的差异。总结各国特殊教育的实践经验，特殊教育除了应当遵循普通教育的一般原则外，还应当贯彻早期教育、补偿教育、个别化教育和系统教育等原则。

一、早期教育原则

早期教育原则，即应尽早地抓住时机，对特殊儿童进行早期诊断、早期教育和早期干预与训练。例如，抢救性地保护残疾儿童的残余视力或残余听力，增加残疾儿童的适应能力或开发天资优异儿童的智力。

从20世纪70年代开始，许多经济发达国家已经意识到特殊儿童早期教育的必要性和重要性，如在普通幼儿园设立特殊幼儿班。近几年来，在民政部门、教育部门和社会各界人士的关怀下，我国也建立了一些从事特殊幼儿早期诊断、早期教育和早期训练的儿童康复中心。大量的事实说明，抓住特殊儿童关键期的早期教育容易得到事半功倍的教育训练效果。

贯彻早期教育原则，首先要做到早期诊断，及早地查明残疾儿童的缺陷所在；其次，在诊断的基础上，尽一切办法来抢救和保存残疾儿童的残存能力（如残余视力和残余听力等），防止其功能的继续恶化；最后，针对残疾儿童的缺陷，及早地进行训练和矫正，增强他们的适应能力。例如，对聋儿进行口语训练和佩戴助听器的训练等。

二、补偿教育原则

补偿教育原则，即在特殊教育过程中，要针对特殊儿童不同的身心特点，尽量用健全器官来代替受损器官的组织功能，充分地发挥特殊儿童内在的潜能，增强他们的适应能力。

人作为一个完整的有机体，各个器官和组织功能是相互联系的，当有机体的某一部分发生损伤时，健全器官将在一定的程度上代偿受损器官的部分功能。由于儿童的身体器官正处在发育时期，可塑性强，所以，早期训练会产生较理想的补偿效果。例如，盲童的早期训练有助于他们用听觉、触摸感等多重感觉来代偿视觉的缺陷，上肢残缺儿童的早期训练有助于他们用下肢来代偿上肢的功能。正因为补偿教育在特殊教育中占有十分重要的地位，有的专家认为，特殊教育就其本质而言，就是一种用健全器官的功能去代偿受损器官功能的补偿教育。

三、个别化教育原则

个别化教育原则，即要根据特殊儿童身心发展的具体情况，本着实事求是的精神，制订个别化的教育与训练方案，进行有针对性的教育。

个别化教育原则是量力性原则在特殊教育过程中的具体化。特殊教育的个别化教育原则包括两层含义：一是在评估、鉴定的基础上，确定特殊儿童的教育训练目标和方法；二是充分地考虑到他们之间的种种差异，根据他们不同的接受能力、知识水平因材施教，不能以普通儿童的发展为参照性坐标来要求和衡量特殊儿童的教育。总的来说，个别教育提倡从特殊儿童的实际情况出发，依据特殊儿童的身心条件、年龄特征、发展水平、个性差异，进行有针对性的、有的放矢的教育，促使特殊儿童的潜能得到最大限度的发展。

四、系统教育原则

特殊教育是一个系统工程，应将家庭教育、学校教育、社会教育结合起来，从医疗养护、教育训练、就业培训三个方面，不断地巩固和发展学前教育、学校教育、成人教育的成果，这样才能取得良好的教育训练效果。

贯彻特殊教育的系统性原则，首先要树立一个大教育的观念，从家庭、学校、社会三个方面来考虑对特殊儿童的教育问题；其次，要抓住每个教育阶段、教育环节中的重点和难点问题，解决主要矛盾；最后，要巩固各个阶段的教育成果，使其得到不断的强化和提高，既要引导学生扎扎实实、循序渐进地掌握知识、技能，又要培养他们有组织、有计划、坚持不懈地进行刻苦学习和训练的品质与习惯，使他们成为意志坚强的有用人才。

上述特殊教育的几个基本原则并不是孤立的，在实际的贯彻过程中，它们是相互联系、相互制约的。贯彻早期教育原则会促进补偿教育，抓住发展的关键期能提高特殊儿童的适应能力；贯彻个别化教育原则也会促进补偿教育，收到较好的教育效果；贯彻系统教育原则将巩固和发展早期教育、补偿教育和个别教育的成果。特殊教育工作者应把它们结合起来，全面地加以贯彻，以提高教育水平，达到预期的教育目的。

本章小结

本章详细介绍了特殊儿童教育体系、国内外特殊儿童教育安置模式以及特殊儿童教育原则。对于从事特殊儿童教育的师范生而言，理解并掌握这些内容能系统地了解特殊教育，在实际工作中，根据特殊儿童的具体情况合理选择安置模式，充分运用教育原则开展教学活动，为特殊儿童提供高质量的教育服务，为特殊教育事业的发展贡献力量，推动特殊儿童更好地适应社会、实现自身价值。

思考与练习

1. 结合实际情况，分析我国特殊儿童教育体系框架，并找出其薄弱点。
2. 选择一种特殊儿童教育安置模式（如普通班随班就读、特殊教育班级、特殊教育学校或送教上门），深入分析其特点、存在的问题及改进措施。
3. 以某一特殊儿童教育原则为指导，设计一个针对特殊儿童的教学活动片段，包括教学目标、教学过程和教学方法，并说明如何在活动中体现该教育原则。

拓展视频

特殊儿童职业教育模式

第六章 视觉障碍儿童心理与教育

学习目标

1. 知识目标：了解视觉障碍儿童的成因、早期筛查与诊断等基础知识，掌握视觉障碍的含义与分类，掌握视觉障碍儿童的心理特征以及定向行走、盲文等基础知识。

2. 技能目标：能够使用正确的方法教会视觉障碍儿童定向行走、正确书写、练习盲文，能够正确地利用他们的残余视力和辅助技术提高教育效果。

3. 情感目标：形成正确的视觉障碍儿童发展观，接纳、尊重、爱护每一位视觉障碍儿童，愿意为视觉障碍儿童的全面健康发展做出自己的努力。

知识框架

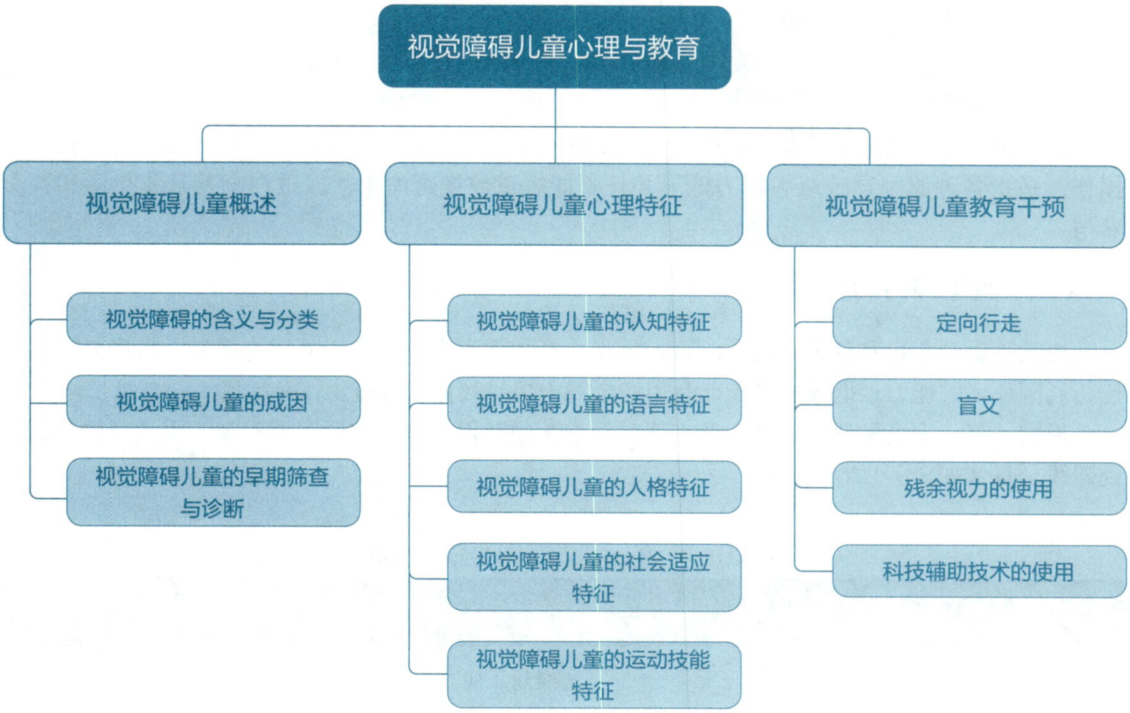

案例导入

豪豪，5岁时在医院被确诊为视觉障碍一级。在幼儿园，豪豪比较安静、内向；除了家长以外，很少主动与他人接触；对于空间方向等概念有模糊了解但不准确，往往需要他人的引导才能行走，还没有形成较好的定向行走能力；生活自理能力较差，无法独自穿衣、穿鞋、洗漱等。

问题与思考：案例中的豪豪在视觉上都有哪些特征？作为一名教师，你该怎么做才能帮助他更好地适应教育环境呢？

第一节　视觉障碍儿童概述

双眼视力损失或视野缩小到一定程度，且不能矫正，就会形成视觉障碍。视觉障碍分类多样，成因复杂。对儿童的视觉障碍进行矫治，必须以筛查与诊断为前提。

一、视觉障碍的含义与分类

（一）视觉障碍的含义

从婴幼儿开始，我们就是通过感觉通道认识外界事物和自身，个体的每一方面的发展都依赖这种工作有序的感觉系统，最严重的和最常见的问题便是失去听觉和视觉。视觉作为人的五大感官之一，个体在信息获取的过程中，约80%的内容是依靠视觉接受的方式获得的，视觉障碍会对个体的日常生活产生极大的影响。

美国《障碍者教育法案》中对视觉障碍的定义为：一种视觉上的损伤，即使经过矫正，其损伤对教育活动仍有不利的影响。

在我国《第二次全国残疾人抽样调查残疾标准》中，视觉障碍又被称为视力残疾，也称视觉损伤，是指各种原因导致双眼视力低下并且不能矫正或视野缩小，以致影响其日常生活和社会参与。

（二）视觉障碍的分类

视觉障碍分为盲和低视力两类。盲，狭义上是指视力丧失到全无光感，广义上是指双眼失去辨析周围环境的能力；低视力是指能利用残余视力接受教育及进行工作和生活。

根据《第二次全国残疾人抽样调查残疾标准》的数据公报，按照严重程度，视觉障碍分为一到四级，具体如表6-1所示。

表6-1 我国视觉障碍的分类标准

类别	级别	最佳矫正视力
盲	一级	最佳矫正视力＜0.02；或视野半径＜5°
	二级	最佳矫正视力≥0.02且＜0.5；或视野半径＜10°
低视力	三级	最佳矫正视力≥0.05且＜0.1
	四级	最佳矫正视力≥0.1且＜0.3

注：①盲或低视力均指双眼而言，若双眼视力不同，则以视力较好的一眼为准。如仅有单眼为盲或低视力，而另一眼的视力达到或优于0.3，则不属于视力残疾范畴。

②最佳矫正视力是指以适当镜片矫正所能达到的最好视力，或以针孔镜所测得的视力。

③视野半径＜10°者，不论其视力如何均属于盲。

视力是指眼睛识别物体形状的能力，视野是指眼球固定注视一点时所能看见的空间范围。一般人的视野范围为上方60°、下方75°、鼻侧60°、颞侧100°。由于病变或外伤原因，使辨别物体形状的能力下降，甚至全部损失，属于视力损失；而视力正常，能看清东西，但看到的范围狭窄，一次只能看到很小的局部，属于视野狭窄[①]。

世界卫生组织（World Health Organization，WHO）制定的视力障碍标准与我国的一样，只是将无光感专门列为盲的一类，且视力障碍程度越高，其标准的级别序数也越高。

二、视觉障碍儿童的成因

造成视觉障碍的原因是多方面的。视觉生理结构和功能的障碍，可能发生在胚胎发育期、出生后的很短时间内或在儿童成长的任何时期。视觉障碍的致病因素大体可分为先天因素、后天因素两大类。

① 沈家英，陈云英，彭霞光，等．视觉障碍儿童的心理与教育［M］．北京：华夏出版社，1993.

（一）先天因素

目前先天因素已经成为青少年致盲或低视力的主要原因。先天致盲原因主要包括家族遗传、近亲婚配、围产期受到伤害以及其他不明原因。

家族遗传是指父亲或母亲中有一方或双方存在显性或隐性致盲因素，遗传给后代所导致视觉障碍，比如先天性青光眼、白内障、白化病、虹膜缺损等眼病，就可能遗传给子女。

近亲结婚是指直系血亲和三代以内的旁系血亲结婚。从遗传学角度讲，近亲结婚容易造成隐性遗传的发生，近亲结婚所生子女出现视觉障碍的比率常常是非近亲结婚的几倍。

围产期受到伤害是指母亲在妊娠期药物中毒、外伤、营养不良或患有其他疾病及临产时难产而使胎儿缺氧等各种因素，致使胎儿先天发育不良，形成视神经中枢或眼球发育不良，或眼结构缺损。母亲甲状腺机能低可导致胎儿小眼球、眼球震颤等眼疾；母亲怀孕早期受风疹感染，可使胎儿患先天白内障、小眼球等。

除以上原因外，还有许多先天原因会导致视觉障碍，但探究是何种病因所致现在还很困难。

（二）后天因素

后天因素主要为后天致病和外伤，具体包括以下几种类型。

1．眼疾

视觉障碍多是由视觉器官本身的器质性病变造成的。视觉器官包括眼球、视神经传导系统和眼附属器三部分，任何一个部位发生病变都会导致视觉缺陷，白内障、青光眼、角膜病、视神经萎缩、沙眼、视网膜色素变性等已经成为我国目前主要致盲眼疾。

2．眼外伤

眼外伤是指眼球遭到损伤而致使患者视力减退甚至失明，尤其是穿孔性眼外伤，不仅受伤眼球会遭到严重破坏，而且可能通过交感性眼炎的发生导致双眼失明。例如，炸药和雷管等爆炸物、机械、化学药物、离子辐射、中毒等致眼球受伤，从而造成严重的视功能损伤。因此，眼外伤也是致盲的重要原因之一。

3．全身性疾病

眼是人体感觉器官之一，与耳鼻、口腔颌面部和脑有着密切的关系，因此，很多全身性疾病都可能在眼部表现出或多或少的症状，这些全身性疾病主要包括传染性疾病和一般性疾病两类。传染性疾病如麻疹、风疹、脑炎、肺炎、伤寒、结核病、白喉和猩红热等；一般性疾病如糖尿病、高血压、肾炎、贫血及维生素缺乏等，这些都有可能造成不同程度的视力损伤。除此之外，颅脑外伤、震荡造成的器质性病变、脑肿瘤等也可导致视力缺陷。

4．心因性疾病

除眼部本身疾病外，情绪及心理问题也是导致视觉功能异常的重要因素。短期的情绪困扰往往在视觉功能上立刻显出异常症状，长期的情绪问题甚至有可能导致失明。

三、视觉障碍儿童的早期筛查与诊断

儿童视力是否正常，须经过中心视力和视野的检查。中心视力的检查分为近视力检查和远视力检查。近视力检查也称调节机能或阅读视力检查，主要是检查两眼受调节作用下的视力敏度，一般使用国际标准的近视力表或标准对数近视力表，近视力检查是评价一个儿童能否阅读的重要依据。

远视力检查是指中央凹处视力机能检查，这种检查又分为视力表检查及实物检查两种，视力表检查基本是用标准对数远视力表测试视力。图6–1展示了标准对数视力表和儿童对数视力表。

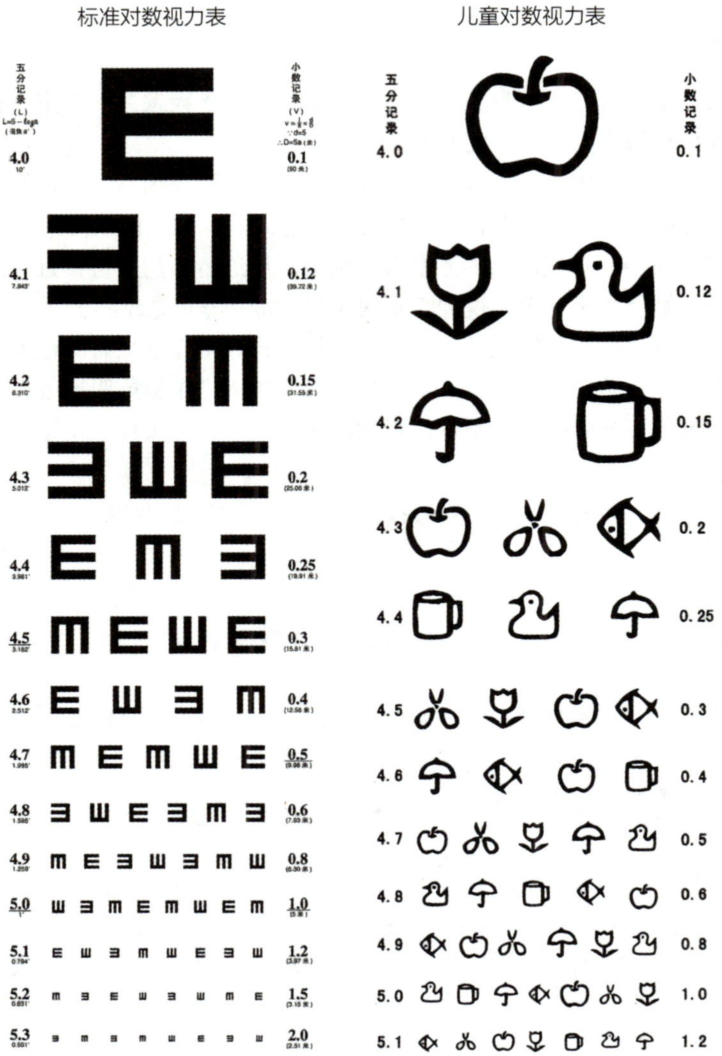

图 6-1　标准对数视力表与儿童对数视力表

第二节　视觉障碍儿童心理特征

视觉是人们接收外界刺激的重要渠道，视觉障碍儿童，尤其是后天失明的儿童，由于视觉损失，在语言发展、认知发展和社会交往等方面都会遇到一系列的困难。儿童期是个体身心发展与性格塑造的关键时期，与视力正常儿童相比，视觉障碍儿童在知识获取与生活适应上会面临更大挑战。

一、视觉障碍儿童的认知特征

视觉作为个体获取信息的主要渠道，其受到损伤对于个体感知和认知世界造成了极大影响。对于视觉障碍儿童来说，在认知方面，视觉障碍导致其感知觉和思维受限，但同时，也出现了感知觉之间的相互补偿以及较好的内隐记忆。

（一）感知觉的相互补偿

个体的认识活动始于感觉，通过感觉器官产生感觉，经过大脑的分析、综合产生知觉，进而实现对客观世界的认知。视觉在人的感性认识活动中起着主导作用，使人们能够感知物体的形状、大小、色彩、明暗、动态变化方向，以及物体之间的关系和联系，并且在一定距离上完整且同时从长、宽、高三个维度观看物体。由于视觉障碍儿童的视觉感知渠道完全或部分受阻，所以他们的认识活动主要依靠听觉、触觉、味觉、嗅觉等感觉功能来实现，使视觉缺失得到了一定的补偿。通过相关实验和脑成像技术验证也证明，相比于视力正常儿童，受过训练的视觉障碍儿童的听觉注意力和听觉记忆力都比较强①。

触觉不仅可以认识物体的部分特征，而且还可以同其他感觉联合起来更加深入地了解物体的特征，在一定程度上手可以代替眼睛的部分功能，如手的触觉可以帮助视觉障碍儿童感知周围的环境、分辨盲文，为他们的生活和学习提供方便，因此，在视觉障碍儿童的学习生活中起着其他任何一种感觉通道都不可替代的作用。

已有对视觉障碍儿童感知觉的研究主要集中于对物体外形、距离和深度知觉，对时间知觉的研究较少。由于受视觉缺陷的影响，视觉障碍儿童无法对时间进行感性的体验，只能从生活经验及活动规律中判断时间。一般来说，视觉障碍儿童对短时距的精确判断主要依赖于人体自身的生活节律性活动和计数，而对于长时距知觉的精确判断主要依靠计时工具。

所以，视觉障碍儿童的感知特点主要表现为听觉和触觉的灵敏，但在形状知觉、空间知觉以及知觉与动作的统合等方面比普通儿童困难得多，尤其对距离的准确知觉和深度知觉比较弱。虽然听觉也可以为方位和距离知觉提供一定的信息，但往往获取的信息是不全面、不完整的。

（二）内隐记忆较好

视觉障碍儿童的瞬时记忆不全面、不完整，因为视觉障碍儿童的视觉经验匮乏，主要依靠声音记忆，获取的信息不全面、不完整。内隐记忆是在不需要对特定的过去经验进行有意识或外显回忆的测验中表现出来的对先前获得信息的无意识提取。与低视力儿童相比，盲童的内隐记忆较好。我国学者谢国栋做的有关视觉障碍人群内隐记忆的实验也证实了这个观点。究其原因，视觉障碍者由于缺失视力，接收外界信息主要是通过听觉表象，而非视觉表象；通过不同的编码，信息加工的方式也发生改变，从而产生了视觉障碍者的缺陷补偿说。在焦虑状态下，全盲生的信息自动提取成绩比低视学生好；与视力正常人群相比，视觉障碍运动员和盲生的表象编码和动觉编码相对较好；全盲学生的动作内隐记忆则不受编码方式的影响，而视觉障碍运动员的动作内隐和外显记忆都不同程度地受到影响②。

拓展阅读

盲人的听觉记忆

盲人的听觉注意、听觉记忆和听觉表象较好，记忆操作优于正常被试者的记忆操作。研究者曾做实验，被试者为盲人与正常人各11名，让所有人先听80个句子，然后把一些新词与原句末尾的词掺杂在一起读出，要求被试者说出哪些是新词。结果发现，在再

① 马艳云．视听觉障碍儿童的认知能力［J］．中国特殊教育，2004（1）：61-63.

② 谢国栋．视障人群的动作内隐认识研究［M］．北京：中国社会科学出版社，2005.

认阶段，盲人的大脑右半球，对已经听过的词所引发的反应较大；在编码阶段，盲人对后来再认的词引发更强的后正波。先天盲人对周围空间的注意和定位以及听觉加工的速度都比正常人快。同时，盲人的听觉和躯体感觉的ERP波（脑诱发电位）在后脑区域比正常人大，但是ERP波的潜伏期却比正常人短。这些研究结果表明视觉障碍者的听觉注意、听觉记忆和听觉表象较正常人要好。

然而，值得指出的是，盲人较好的听觉注意、听觉记忆和听觉表象并不是与生俱来的，而是在长期的使用中锻炼而来的。如若从不努力锻炼使用相应的器官，这些能力是得不到发展和提升的。

（三）思维受限

视觉障碍儿童的思维活动具有概念不完整、不准确的特点。正是因为视觉障碍儿童缺乏视觉表象，导致他们对客观事物的感知受到一定的局限，不能把握事物的本质特征，往往只根据由其他感觉器官得来的事物的某一部分特征进行分析、推理，因此常常产生混乱和错误的判断。另外，视觉障碍儿童空间概念的形成也很困难，他们很难把握物体之间的相互位置及其联系。总体来说，相比普通儿童，视觉障碍儿童的思维活动发展较为落后。

二、视觉障碍儿童的语言特征

视觉障碍会影响语言的发展。首先是影响对语言的模仿，人类发音器官的运动是一系列非常精细、复杂的运动，口型的变化、舌的伸缩、面部肌肉的运动以及发音时的呼吸等，任何一项运动发生障碍都会影响语言的表达，而视觉障碍儿童，尤其是先天盲或在习得语言阶段之前致盲的儿童，因看不见人们发音时的精细动作，也看不见使用目光、手势、表情等辅助手段进行交流，不可避免地将出现发音不准、颤音，或面部僵硬、表情呆板等情况。

另外，视觉障碍儿童的语言与感性形象脱节。缺乏视觉感性材料和经验不足限制着视觉障碍儿童不能将词汇与所代表的实物正确地联系在一起，因此经常会出现一些语意不合或不精确、不完整的现象。

三、视觉障碍儿童的人格特征

以《缺陷儿童人格诊断量表》为工具，张福娟等学者对视觉障碍儿童进行了人格评定，结果发现视觉障碍儿童人格发展的基本情况为：生活习惯和情绪安定较好，但领导性和忍耐性较差；自我发展性得分较高，但社会适应性较差；不同程度和不同年龄的视觉障碍儿童的人格特征不同，其中低视力儿童的人格特点优于全盲儿童；随着年龄的增长，视觉障碍儿童的人格特征发展越来越好[①]。由此可见，残余视力和后天的教育对视觉障碍儿童的人格发展有重要作用。对于低视力的儿童而言，要充分利用现有的视力，及早进行功能性训练；而对于先天盲的儿童，就要多提供真实性的、操作性的物体，增加儿童对周边环境的认识和了解，促进视觉障碍儿童人格的健全发展。

① 张福娟，谢立波，袁东．视觉障碍儿童人格特征的比较研究［J］．心理科学，2001（2）：154-156+253.

四、视觉障碍儿童的社会适应特征

视觉障碍儿童的活动受到限制，无法看到行为的结果，导致一些视觉障碍儿童会表现出被动与依赖的状态，情绪倾向于消极，生活自理、人际交往和今后的就业都会受到影响。由于无法从视觉上与对方进行非语言的信息传递和交往，如生动丰富的表情、借助表达感情的手势和肢体语言以及交往的气氛等，这势必影响到视觉障碍儿童对他人语言表达意思的全面理解，造成他们在社会交往中的被动性、不准确性，以及由此产生的猜疑和畏惧。另外，社会上许多人对视觉障碍者还存在一定的歧视，加上自身的行动不便，导致视觉障碍儿童与外界及他人的交往机会减少，从而造成性格内向，不易与人融洽相处，性格孤僻、敏感，或者形成自卑心理，对生活持消极态度。这些因素不仅削弱了视觉障碍儿童的社会交往能力，也影响了视觉障碍儿童的健康成长。

以《儿童适应行为量表》为工具，江琴娣等学者比较了5～12岁的视觉障碍儿童和视力正常儿童的适应行为，结果显示随着年龄的增长，视觉障碍儿童的生活自理、语言发展、个人取向、社会责任、时空定向、劳动技能等方面都会不断发展，障碍程度会影响儿童适应行为的发展，障碍程度越轻，儿童的独立性和认知水平发展得就越好。此项研究和视觉障碍儿童的人格特征的研究结果都充分说明，视觉障碍程度与年龄对他们各项能力的发展具有重要影响，所以针对视觉障碍儿童的教育要坚持早期筛查、早期干预和坚持康复。

五、视觉障碍儿童的运动技能特征

视觉障碍影响运动技能的形成。由于视觉障碍儿童一方面无法通过视觉对成人的动作进行模仿，另一方面也无法掌握其在环境中的相对位置，所以一般都对运动缺乏主动性，也存在一种恐惧感，活动量较少，运动能力低。视觉障碍儿童的运动技能特征表现为大动作明显低于正常人，精细动作的发展缓慢，进而影响其体格发育，导致定向行走方面发生问题，所以不少视觉障碍儿童在活动时存在明显的“盲态”。

第三节　视觉障碍儿童教育干预

视觉障碍儿童因为视力损失或视野缩小，导致其心理发展与普通儿童不同，教师及相关专业人员应因材施教，针对其视觉方面的缺陷，选择适宜的教育干预内容和方法。

一、定向行走

视觉障碍儿童在环境中确定方位与行走面临巨大限制，行走困难常常迫使他们产生依赖感，进而引发人格和社会问题。因此，视觉障碍儿童必须学会独立且安全地在环境中行动。定向行走能力的培养理应成为视觉障碍儿童课程计划的重要组成部分。

（一）定向行走的含义

定向行走，即感知自身与他人、物体及标志物之间的相对空间位置，并能在环境中顺利穿行的能力，涵盖理解所在环境方位以及在其中安全、独立移动身体的能力。其中，定向指视觉障碍者明确自身位置与去向，借助与环境的信息交换抵达目的地；行走则是安全、有效地从一个地点移动至另一个地点。

（二）定向行走的辅助方法

对于视觉障碍儿童而言，定向行走训练是特殊教育的重要内容之一。多数学生在定向训练上投入的时间和精力多于学习特殊行走技能。辅助视觉障碍儿童定向行走，常见方式有以下几种：盲杖、导盲犬、触觉地图、人导、科技辅具。

1. 盲杖

专业人员大多建议需要行走辅助工具的视觉障碍儿童使用盲杖（图6–2），而正确使用盲杖需大量练习。

图6–2 盲杖

2. 导盲犬

导盲犬（图6–3）通常并非多数视觉障碍者的首选。正确使用导盲犬需接受大量训练，且因其是行走较快且需照料的大狗，视觉障碍儿童能否使用导盲犬受到质疑。此外，导盲犬并不能将盲人“带到”任意地方，盲人需先明确目的地，导盲犬主要作用是保护他们远离危险地带。尽管如此，对部分成人来说，导盲犬是有用的助手与伙伴。一些使用导盲犬的视觉障碍者认为，导盲犬能提醒他们注意环境中的潜在危险，如楼梯、出入口及电梯等。

图6–3 导盲犬

3. 触觉地图

触觉地图是用凸起符号表示周围环境的工具。视觉障碍儿童通过触摸代表街道、人行道、建筑物等的凸起标志，可在环境中确定方位。触觉地图既可以在公共场所展示，也能用特殊纸张制作成便携式版本。

4. 人导

人导能让视觉障碍儿童较为自由地安全行走。然而，许多定向行走专家不提倡将人导作为主要的导行方式，因其易使视觉障碍儿童过度依赖他人。使用人导方式时，儿童要一直抓住引导者的手臂，跟随引导者绕过环境中的障碍物，落后引导者半步并在其身旁行走。为实现自由行走，儿童抓引导者手臂时，大拇指应朝外，其他手指握住手臂内侧。对于年龄较小的儿童，常见调整方法是让他们抓住引导者的手指、手腕或前臂，而非上臂。有效的引导需要引导者与儿童积极参与和配合（图6–4）。

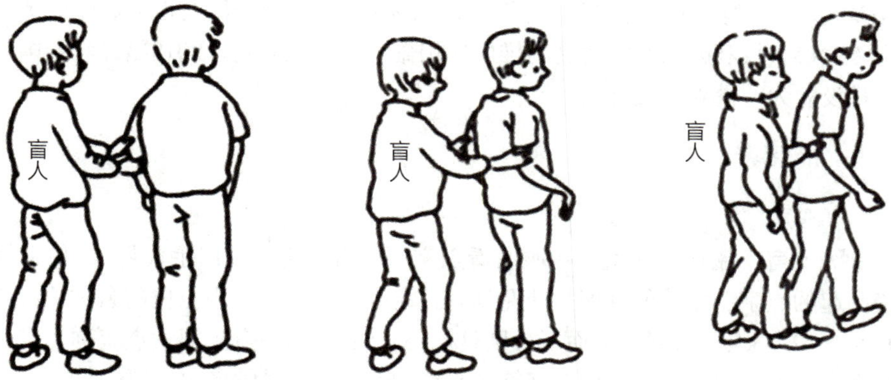

图 6–4 人导

5. 科技辅具

此外，视觉障碍儿童在定向行走时还可借助科技辅具。研究人员研制的大量精密电子设备可帮助盲人在环境中感知物体，如激光盲杖和迷你导航仪。这些设备是基于回声定位原理工作的。激光盲杖既具有普通盲杖的功能，又能作为感应设备，其发出的红外线光束碰到行进途中物体时会转换成声音。迷你导航仪是小巧的手持式设备，可用于躲避障碍物、定位门口、避免撞到公园长椅和柱子，以及侦测悬垂障碍物，但无法侦测出地势下降之处。

二、盲文

（一）盲文的含义

盲文是视力残疾人借助触觉进行阅读的文字形式，凡是可供盲人使用的文字都可被称作盲文。在历史发展进程中，曾出现过三种类型的盲文：第一种是字母原式，它是凹下或凸起的普通字母或者字母变体；第二种是字母简化式，即通过最简单的线条来表示字母，字体呈现凸起的线条形式，也被称为穆恩体盲文、月型盲文；第三种是点字盲文，以简单的凸点来表示字母。前两种盲文均为线条形式，虽能阅读，但不便于书写，如今已无人使用。只有点字盲文既方便盲人阅读，又便于书写，目前世界各国广泛使用的正是点字盲文，因此，盲文也被称作点字或盲字。点字是以六个凸点为基本结构的盲人专用文字，是专门供盲人摸读和书写的文字符号。

（二）布莱叶盲文

1829年，法国盲人路易·布莱叶受到夜文的启发，创造出了以简单凸点替代拉丁字母的六点制盲文体系，成功解决了盲人书写的难题。此后，各个国家依据布莱叶六点制盲文体系的规律，结合本国本民族文字的特点，构建了适合自身的盲文体系。布莱叶创造的六点制盲文是各种语言盲文的基本结构形式，它以6个凸点为基本结构，按照一定规则进行排列，左右各三个点，上中下各两个点，点与点之间的距离相等，呈现长方形单元，我们将其称为“方”，盲人依靠触觉来感受。在一方内，每个点都存在凸起或不凸起这两种可能，运用6个点在每方中凸起数目和位置的不同组合，可以形成63种不同的符号形状。6个点都不凸起时，在纸面上呈现空白状态，仅表示一个间隔（也称空方），通常认为布莱叶六点制符号有63种变化。利用这些符号，不仅可以表示不同民族语言的字母、标点符号，还能用来设计数理化符号和音乐符号。为了永远纪念路易·布莱叶，1895年人们将他的姓氏作为全球盲人文字的国际通用名称，把盲文称为“Braille”，他也因此被尊称为“世界盲文之父”。近年来，国际社会广泛呼吁关注盲文的发展以及推广应用，联合国《残疾人权利公约》对盲文的推广应用做出了明确规定。2018年，联合国大会表决通过，将1月4日设立为“世界盲文日”。

（三）盲文的阅读与书写

1. 盲文的阅读

对于正常人而言，阅读盲文就是用眼睛看点字；而盲人则是“以手代目”，借助触觉灵敏的指腹来触摸凸起的点字。摸读的顺序是从左到右，由上到下。一方内点位的名称依次为：左列自上而下分别是1、2、3点，右列自上而下分别是4、5、6点，第一点到第六点统称为点位。点字符号的名称依据点位来确定，读出每个点字符号的点位就是该符号的名称（图6–5）。

摸读盲文时，盲人要坐端正，两前臂呈八字形，双手自然地放在书上，用双手食指指腹轻轻接触点字，既不要用力按压，也不要用手抠。两手的中指和无名指略微弯曲，并排轻放在食指旁边，以帮助辨别。按照从左到右的顺序移动，摸完一行后再摸下一行（图6–6）。

2. 盲文的书写

点字的书写工具有点字笔（盲字笔）、点字板（盲字板）、盲文打字机等（图6–7）。通常情况下，使用点字笔和点字板来书写盲文。

用点字板和点字笔书写盲文时，与摸读盲文的顺序相反，是从右向左书写，右边是1、2、3点，左边是4、5、6点，即反写正读。

在书写盲文时需要注意：书写方向是从右向左；右手执笔，左手食指帮助定位；手腕要灵活控制笔的上下运动，用手指控制笔的前后位置，不能全臂用力（图6–8）。盲文打字机是较为先进的盲文书写设备，能够快速便捷地进行点字打印。

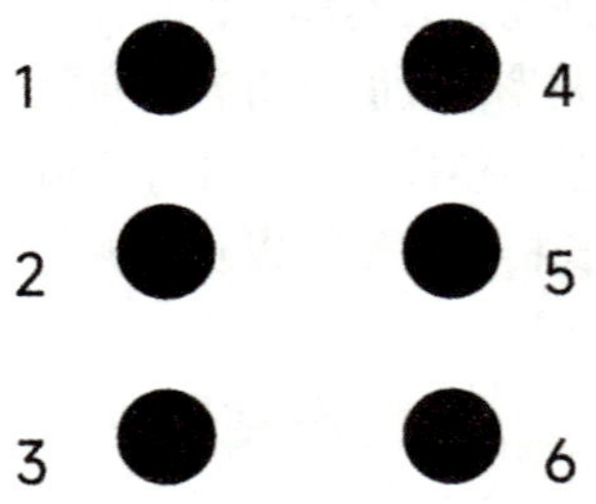

图6–5 盲文的一方

图6–6 阅读盲文的姿势

（四）我国的汉语盲文

我国最早使用的盲文点字是康熙盲字，之后还使用过福州盲字等方言盲文，这些盲文均采用六点制符号来表示语音。方言盲文存在自身的缺陷和较大的局限性，盲人拼写较为混乱，不利于流传和推广。在1949年以前，我国盲人没有统一使用的、规范的

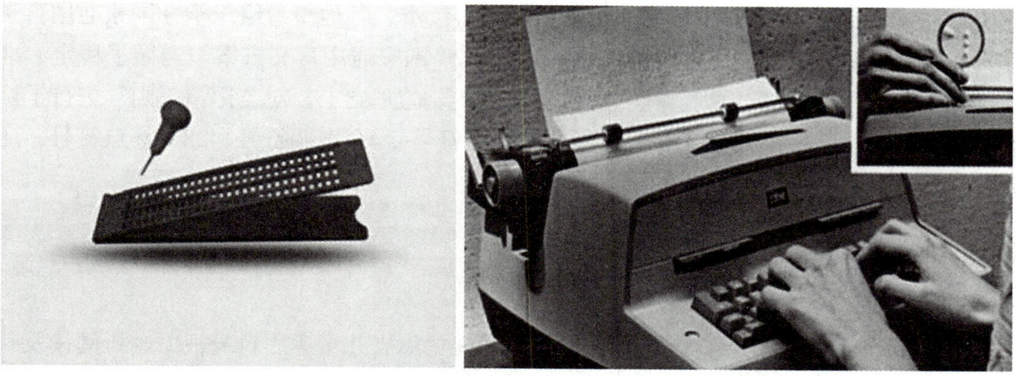

图 6-7　点字笔、点字板和盲文打字机

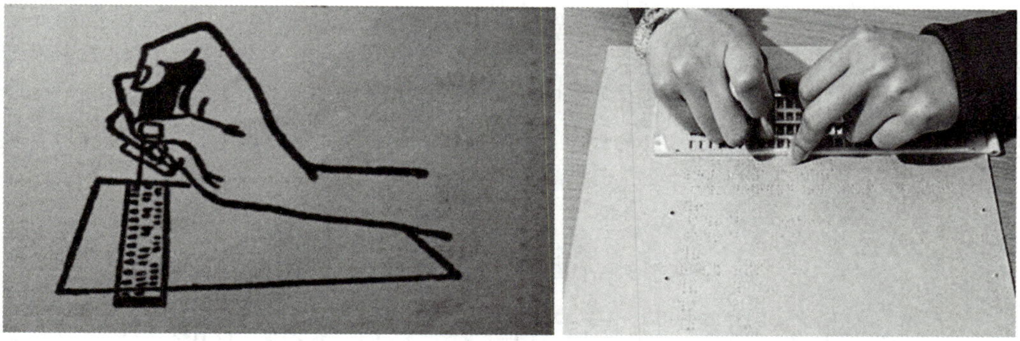

图 6-8　盲文书写

盲人文字。其中，使用较多、影响较大的是以南京话为拼音标准的“心目克明”盲字，也被称为“旧盲字”。1952年，教育部盲哑处的黄乃等人在“心目克明”盲字的基础上，提出了以北方话为基础、以北京语音为标准、实行分词连写的盲文方案，即“新盲字方案”。这套方案共有52个字母，每个音节一般由声、韵两个点符组成（所有韵母都能自成音节，还有7个声母可以自成音节），词内连写，词与词分开写。该方案规定“一般不标调，需要时才标”，通常只有少数音节标调，以区分同音字（词）和生僻字（词）。1953年，该方案由教育部公布并在全国推广，成为我国第一个规范的、统一使用的盲文方案。“新盲字方案”规则简单、好学好用，在我国使用了60多年，被人们称作“现行盲文”，黄乃先生也因此被尊称为“中国盲文之父”。然而，现行盲文由于只有少数音节标调，在实际使用过程中也暴露出一些不足，例如有些普通话的音节无法准确拼写，存在音调混淆的情况，有时甚至需要依靠上下文来猜测字音和词义。我国盲文工作者对此高度重视，为解决盲文的标调问题，经过近20年的探索，1975年黄乃先生提出了一个在两方盲符内全面标调的双拼盲字方案，称为“七五方案”。之后又经过十几年的不断研究、探索，在全国20多所盲校进行试点，召开了4次盲文改革研讨会，并将其定名为“汉语双拼盲文”。1995年，国家教委、民政部、国家语委、新闻出版署、中国残疾人联合会共同发出《关于在全国试推行〈汉语双拼盲文方案〉的通知》。双拼盲文在科学性、准确性、系统性等方面相比现行盲文有了很大的进步，但在实用性方面存在不足，其推广遇到了很大困难，于2000年暂停使用。党和政府高度重视盲文规范化工作，在一系列国家发展规划中把盲文规范化作为国家语言文字工作的重要内容。2018年7月1日，国家颁布实施了《国家通用盲文方案》，国家通用盲文是对我国盲文规范化工作的总结、继承和提升，是信息化时代盲文规范化工作的里程碑和新起点。中国盲文出版社及时制作出版了一批国家通用盲文学校教材和学习读本，各地纷纷组织举办国家通用盲文普及推广培训活动，积极推动我国通用盲文的推广使用。《国家通用盲文方案》遵循了稳定、准确、节省、易学和利于信息化的原则，在“现行盲文方案”的基础上，对“标调规则”进行了修订，并增加了“简写规则”。通用盲文方案包括52个字母符号、4个声调符号和28个标点符号，还有拼写规则、标调规则、简写规则和分词连写的规则。

三、残余视力的使用

在过去许多年里，学界一直存在一种极力反对视觉障碍儿童运用自身视力进行阅读及其他活动的观点。这种观点的形成源于诸多误解，比如认为书拿得离眼睛过近会对眼睛造成伤害，佩戴厚镜片会损伤眼睛，用眼过度也会损害眼睛等。事实上，鼓励视觉障碍个体使用残余视力是非常重要的，而且这并不妨碍需要盲文的人继续使用盲文。

有两种工具能够辅助视觉障碍儿童阅读印刷文本，分别是大字课本和放大设备。大字课本（large-print books），简言之，就是用大号字体印制的书籍。2025年2月起实施的《大字本图书通用技术要求》（GB/T 44732—2024）明确要求大字课本需采用不小于18磅（约6.35mm）的字号，并规范了纸张反光率、行间距等技术参数。目前大字课本以小学教材为主，字体从初号至三号，初中教材正在逐步扩展。图6-9展示了不同大小的文字。

每个特殊儿童都有人生出彩的机会

每个特殊儿童都有人生出彩的机会

每个特殊儿童都有人生出彩的机会

图6-9　不同大小的字样

使用大字课本存在一些主要困难。首先，大字课本比普通书籍尺寸更大，需要占用大量的储存空间。其次，尽管目前中国盲文出版社、人民教育出版社等都在出版和销售大字课本，但这类书籍的数量依然有限。此外，还有一个潜在的缺点，即那些依赖大字课本的学生在遇到没有大字材料的场景时，就会陷入困境。例如，在很多工作场景中，并没有配备大字材料。

随着科技的不断进步，越来越多的专家推荐使用放大设备（Magnifying Devices）来替代或补充大字课本。从阅读速度和理解程度这两个方面来看，对于许多学生而言，使用放大设备和使用大字课本至少具有同样的效果。放大设备既适用于近视力需求，也适用于远视力需求；其形式多样，既可以是便携式的，如手持放大镜、单筒望远镜或架于眼镜框上的双筒望远镜，也可以是能够放大电视屏幕图像的桌面闭路电视扫描仪。专家们认为，低视力学生应接受关于放大设备使用方法的专业密集教学，而不是让他们自行摸索使用这些设备。

四、科技辅助技术的使用

科技辅助技术在听觉障碍人群中得到了日益广泛的应用。借助科技，印刷体语言能够转化为口语和盲文，实现了不同交流方式之间的便捷转换，例如盲文可以转换为印刷体，印刷体也能转化为盲文。显而易见，科技为视觉障碍儿童及其教师提供了极大的帮助。具体而言，以下几种科技辅助技术在实际应用中发挥着重要作用。

（一）视觉文字阅读器

视觉文字阅读器与扫描设备功能类似，可将印刷材料扫描至电脑中，进而生成相应的文本文档。

（二）读屏软件

读屏软件具备放大屏幕信息的功能，还能借助合成发声器，在使用者移动光标或通过键盘输入操作时，读出计算机终端上显示的文章内容。

（三）布莱叶盲文凸字印刷机

布莱叶盲文凸字印刷机与电脑相连接，搭配布莱叶盲文翻译软件使用，能够“印刷”出布莱叶盲文版本的内容。

（四）屏幕放大和导航系统

屏幕放大系统专门为低视力学生设计，可放大屏幕上的文字、光标、菜单和对话框。不过，当字母放大到一定程度时，阅读屏幕上的文档会存在一定的困难。因此，许多屏幕放大程序还配备了导航系统，以帮助使用者确定自己的阅读位置。

（五）闭路电视

为低视力人群服务的闭路电视，能够将放置在显示器上的任何物体进行放大，并显示在终端机上。

（六）电子记事本

如今，市面上已出现多种便携式电子记事本。学生在课堂或图书馆等场景下，可利用电子记事本快速、安静且高效地记录笔记，随后将笔记下载至电脑中进行学习，或者稍后打印成盲文。大多数此类记事本具备音频输出功能，部分还能在电子显示器上显示盲文。

（七）点字触摸显示器

点字触摸显示器不仅具备盲文打字机、盲笔与写字板的功能，还拥有言语合成和单词处理功能。使用者可通过盲文键盘输入信息，然后将信息传输至更大的电脑中，利用言语合成器或盲文显示器检查输入的信息，也可将其打印成盲文或文字形式。

辅助技术的出现，让视觉障碍学生得以使用个人计算机，为他们在教育、工作、交流以及个人娱乐等方面创造了大量机会。这些技术涵盖了放大屏幕图像的软硬件设备，能够识别并执行使用者声音命令的语言辨别软件，以及可以将文本文件转化为人工合成语言的软件。对于视觉障碍学生而言，键盘操作不仅是他们与同学、教师交流的重要途径，也是他们接受更高阶段教育和开展工作的一项实用技能。

本章小结

本章详细介绍了视觉障碍的概念、类型，视觉障碍儿童的认知、语言、人格、社会适应和运动技能特征，以及当今主流的几大干预方法。对于师范生来说，掌握以上理论知识，能对视觉障碍儿童进行有效的教育支持，将对每一名视觉障碍儿童的发展与社会融合具有重要意义。

思考与练习

1. 举例说明视觉障碍儿童表现出的典型的认知、语言、人格、社会适应和运动技能特征是什么。
2. 分组练习一种视觉障碍儿童的干预方法。
3. 深入视觉障碍儿童康复机构、盲校或融合学校，观摩视觉障碍儿童的康复训练活动，注意观察、了解视觉障碍儿童的情况，并根据本章所学内容，制订合理的康复训练活动方案。

拓展视频

定向行走

第七章

听觉障碍儿童心理与教育

学习目标

❶ 知识目标：了解听觉障碍儿童的成因，理解其心理特征，掌握听觉障碍的含义与分类，掌握听觉障碍儿童的早期筛查与诊断、教育干预等基础知识。

❷ 技能目标：能够根据听觉障碍儿童的具体情况选择合适的早期筛查和诊断方法，能够根据听觉障碍儿童的特点为其选择合适的听力补偿技术，能够对其实施正确的听觉训练和语言训练。

❸ 情感目标：形成正确的听觉障碍儿童发展观，接纳、尊重、爱护每一位听觉障碍儿童，消除歧视与偏见，主动关心他们的生活与学习需求。

知识框架

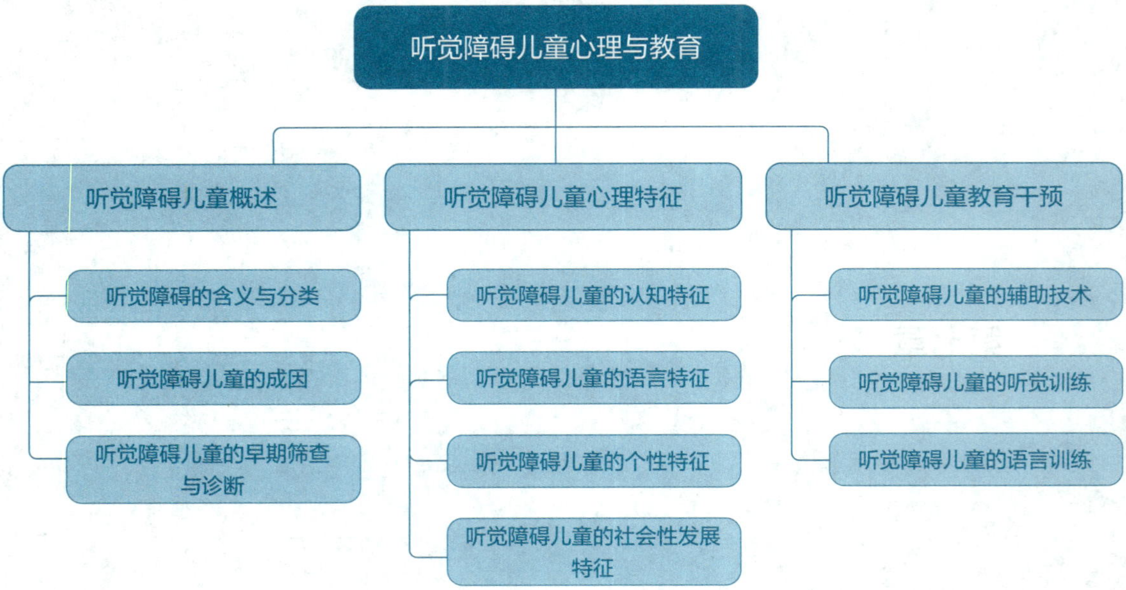

案例导入

朵朵的家长在其1岁左右学说话时发现其听力可能存在问题，到医院进行了听力检测，诊断为双耳中度感音神经性聋，平均听力50分贝。朵朵说话含糊不清，在构音中p、t、g、k、n几个音节的发音存在歪曲、遗漏、替代的问题，随即佩戴助听器并在当地听力中心进行干预。经过2年的干预，朵朵的构音问题得到了非常大的改善，经评估与同龄儿童无异。朵朵妈妈表示自己也没想到助听器对孩子说话有这么大的帮助，十分庆幸及早干预。以朵朵现在的听力和语言康复情况，日后可以很轻松地融入正常社会生活。

问题与思考：案例中的朵朵在听觉上都有哪些特征？作为一名教师，你该怎么做才能帮助她更好地适应教育环境呢？

第一节　听觉障碍儿童概述

双耳听力损失到一定程度，且不能矫治，就会形成听觉障碍。听觉障碍分类多样，成因复杂，对听觉障碍儿童进行听力补偿，必须以筛查与诊断为前提。

一、听觉障碍的含义与分类

（一）听觉障碍的含义

听觉是人们接收信息的重要渠道之一。听觉障碍也称听力障碍、听力残疾。在《第二次全国残疾人抽样调查残疾标准》中，听觉障碍是指人由于各种原因导致双耳不同程度的永久性听力损失，听不到或听不清周围环境声及言语声，以致影响日常生活和社会参与。

过去这类儿童常常被称为聋哑儿童，民间有“十聋九哑”的说法，但事实上聋与哑既有关联，又有区别。聋未必哑，很多全聋儿童因为丧失听力失去了学习语言的机会，造成口头语言丧失，但这些儿童的言语器官本身是没有疾病的。因此，聋是因，即第一缺陷；哑是果，即第二缺陷。

（二）听觉障碍的分类

听觉障碍的分类主要从听觉障碍的程度、发生的部位和发生的时间三个方面进行。

1. 听觉障碍的程度

声音的物理强度决定了声音的响亮度，强度以声波产生的压力大小（声压）来决定，单位是分贝（dB），听力损失超过25分贝，即出现听觉障碍。我国听力损失筛查标准与世界卫生组织、国际标准化组织（International Organization for Standardization，ISO）的标准基本一致，但我国规定的听力损失起点更高一些，分类标准如表7-1所示。

表7-1　听觉障碍分类标准

<table>
<tr><th rowspan="2">听力损失程度/分贝</th><th colspan="2">中国标准</th><th colspan="2">WHO、ISO标准</th><th rowspan="2">国际残疾人奥林匹克委员会标准</th></tr>
<tr><th>类别</th><th>分级</th><th>分级</th><th>程度</th></tr>
<tr><td>>110</td><td rowspan="3">聋</td><td rowspan="2">一级聋</td><td>G</td><td>全聋</td><td rowspan="4">可参加世界聋人运动会</td></tr>
<tr><td>91～110</td><td>F</td><td>极重度</td></tr>
<tr><td>71～90</td><td>二级聋</td><td>E</td><td>重度</td></tr>
<tr><td>56～70</td><td rowspan="2">重度听力损失</td><td>一级重度听力损失</td><td>D</td><td>中重度</td></tr>
<tr><td>41～55</td><td>二级重度听力损失</td><td>C</td><td>中度</td><td rowspan="3">—</td></tr>
<tr><td>26～40</td><td rowspan="2">—</td><td rowspan="2">—</td><td>B</td><td>轻度</td></tr>
<tr><td>0～25</td><td>A</td><td>正常</td></tr>
</table>

注：表7-1中所指的听力损失程度均指的是较好耳的平均听力损失。

在《第二次全国残疾人抽样调查残疾标准》中，对听觉障碍还做了如下规定。

听力残疾一级：听觉系统的结构和功能极重度损伤，在无助听设备的帮助下，不能依靠听觉进行言语交流，在理解和交流等活动上极度受限，在参与社会生活方面存在极严重的障碍。

听力残疾二级：听觉系统的结构和功能重度损伤，在无助听设备的帮助下，理解和交流等活动上重度受限，在参与社会生活方面存在严重障碍。

听力残疾三级：听觉系统的结构和功能中重度损伤，在无助听设备的帮助下，在理解和交流等活动上受限，在参与社会生活方面存在中度障碍。

听力残疾四级：听觉系统的结构和功能中度损伤，在无助听设备的帮助下，在理解和交流等活动上轻度受限，在参与社会生活方面存在轻度障碍。

2. 听觉障碍发生的部位

根据听觉障碍发生的部位，可以将听觉障碍分为传音性听觉障碍、感音性听觉障碍和混合性听觉障碍。

图7-1展示了人体的听觉系统解剖图，当外界有声音出现时，外耳集音、中耳传音、内耳感音，人就会产生听觉。耳廓收集声波，经过外耳道传到鼓膜，引起鼓膜振动；振动通过听小骨传到内耳，刺激了耳蜗内的听觉感受器，产生神经冲动；神经冲动通过听神经传递到大脑皮层的听觉中枢，就形成了听觉。这个传递系统中任何一部分发生缺损都会造成不同程度的听觉障碍。

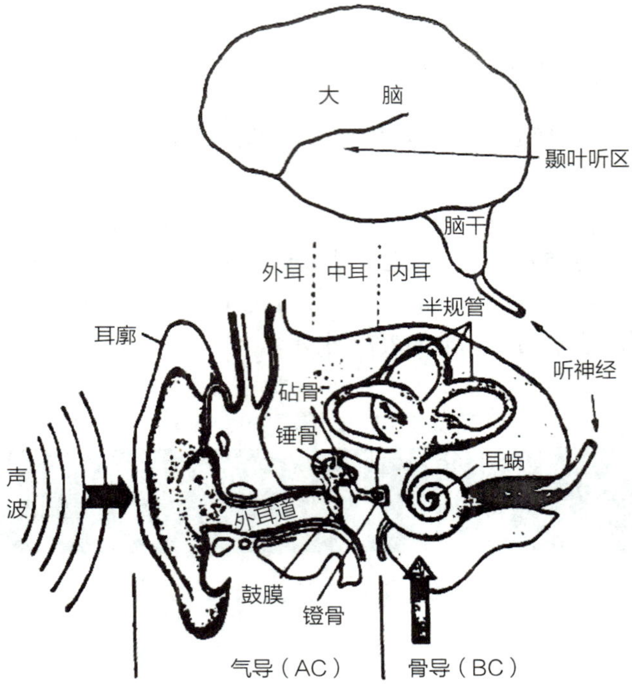

图7-1 人体听觉系统解剖图

第一类为传音性听觉障碍，也称传导性听觉障碍，听力损失主要发生在外耳和中耳部分。此类听觉障碍以后天因素居多，听力损失一般不超过60分贝。因内耳是正常的，故大多数只需佩戴助听器将声音放大、手术或药物治疗等即可减轻障碍问题。一般来说，中耳出现问题比外耳出现问题导致听觉障碍的程度更重一些，容易导致中耳出现问题（如中耳炎），任何年龄都有可能感染，但儿童患病率更高。

第二类为感音性听觉障碍，也称感觉神经性听觉障碍，是由于耳蜗内及耳蜗后听神经通路病变导致的听力损失。此类障碍降低儿童对声音的接收能力，通常会导致儿童对声音产生曲解现象。此类听觉障碍可能由遗传、疾病或外伤导致，电子耳蜗可以针对耳蜗出现问题的儿童起到改善作用，但对于听神经损伤的问题，电子耳蜗没有太多帮助。

第三类为混合性听觉障碍，既发生在外耳，也发生在中耳或内耳；既有传音性听觉障碍，也有感音性听觉障碍。此类儿童的障碍训练难度更大。

3. 听觉障碍发生的时间

依据听觉障碍发生的时间，听觉障碍可细分为以下两种类型。

第一种分为先天性听觉障碍和后天性听觉障碍。以出生前后为分界线，从母亲怀孕到分娩时由于各种原因导致胎儿出生时就被诊断为听觉障碍的称为先天性听觉障碍。出生时正常，但因病变或者意外造成儿童出生后发生的听力损伤称为后天性听觉障碍。

第二种分为学语前听觉障碍和学语后听觉障碍。一般以语言学习的关键期4岁为分界线，先天或婴幼儿时期即丧失听力，缺乏经由听觉渠道学习语言的经验，称为学语前听觉障碍。如果儿童是在学会说话后丧失听力的，称作学语后听觉障碍。学语前听觉障碍较学语后听觉障碍口语训练遇到的困难要多。

二、听觉障碍儿童的成因

关于听觉障碍产生的原因，学术界各有不同的说法。根据《第二次全国残疾人抽样调查残疾标准》中，我国听觉障碍的致残原因主要有15种，除老年性耳聋原因不明以外，排在前几位的分别是中耳炎、全身性疾病、药物中毒及噪声和爆震。听觉障碍的病因大体可分为先天因素、后天疾病、其他因素。

（一）先天因素

有学者认为，半数以上的听觉障碍在出生前就已形成，可见先天因素是导致听力损伤的重要原因。

1. 遗传

遗传性耳聋是指基因和染色体异常所致的耳聋，有一半以上的传导性听觉障碍是由基因异常导致的。10%左右的耳聋儿童有一个聋或重度听力损失的父亲或母亲，30%的耳聋儿童有一个聋或重度听力损失的亲属。绝大多数遗传性耳聋来自隐性基因而非显性基因。

2. 早产或难产

一些低体重早产儿会出现听觉障碍，还有一些有脑出血经历或出生时耳内缺氧的婴儿也会出现听觉障碍。孕妇妊娠毒血症，分娩时难产、早产、创伤、缺氧等，都会影响听神经及内耳导致听觉障碍。另外，新生儿黄疸及母婴Rh因子①不合也会导致听觉障碍。

3. 先天性巨细胞病毒

巨细胞病毒是一种常见病毒，在人体内一般处于非激活状态。该病毒不仅可以传染给子宫内的胎儿，还可通过产道或母乳传染。如果胎儿出生之前就染上巨细胞病毒，或者母亲在怀孕前三个月被传染，对胎儿的影响最为严重。但当母亲已有抗体时，对胎儿的影响就相对较小。目前，通过羊水穿刺技术可以检查出巨细胞病毒，但还没有预防和治疗该病毒的手段。

（二）后天疾病

对于儿童来说，导致听力损失的后天因素主要是疾病，脑膜炎和中耳炎是两类儿童期高发的疾病。

1. 脑膜炎

脑膜炎是细菌或病毒对中枢神经系统的感染，这种感染也可以扩展到其他器官，包括脑和耳。脑膜炎引起的听觉障碍往往是全聋，并使患者在维持身体平衡方面表现出困难，还可能出现其他障碍。

2. 中耳炎

中耳炎是6岁以下儿童常见的耳病。由于中耳发炎有积液，医疗上通常采取抗生素的药物治疗和在耳内放置管道的手术治疗两种方式，如果不予治疗，中耳炎将引起脓水沉渍、鼓膜穿孔和其他耳病，这些耳病可能导致永久的传导性听觉障碍。

① Rh因子，是红细胞上的一种凝集原，决定了一个人的血型是否为Rh。——编者注

（三）其他因素

除了先天因素和后天疾病之外，来自药物或有毒化学物质的毒害，或环境中的噪声，以及遭受的外伤，也是导致儿童听力损伤的原因。

1. 有毒化学物质

有毒化学物质和某些药物能引起感觉神经性听觉障碍。常见的有毒化学物质如煤气，可使耳蜗出血、听神经变性从而引起耳聋。长期与铅、磷、汞等化学物质接触，可导致慢性中毒，引起神经炎，从而产生耳聋。引起耳中毒导致听觉障碍的有毒性药物包括抗生素类的庆大霉素、卡那霉素、链霉素等。

2. 噪声

强噪声以及长期暴露于噪声刺激也会引起耳聋。长期遭受 85～90分贝的噪声刺激会对中枢神经系统产生不良的影响，尤其是对听觉器官造成损害，噪声对内耳黏膜和毛细胞有很大的损伤，可导致神经性耳聋，主要表现为耳鸣、耳聋，也可出现头痛、失眠、易烦躁和记忆力减退等症状。经常暴露在高于110分贝的环境中超过1分钟，也可能造成永久性听力损失。若人耳长期暴露在噪声环境下，如飞机场等，其出现听觉障碍的可能性会大大增加。

3. 外伤

外伤使鼓膜穿孔可造成传导性耳聋，颅脑外伤、颞骨骨折损伤内耳结构使内耳受损，从而影响到听力水平，爆震或气压突然变化可引起神经性耳聋，这种听力损失有时伴有耳鸣、眩晕，通过适当的医疗和其他辅助手段，部分患者的听力水平可以恢复。

三、听觉障碍儿童的早期筛查与诊断

由于听觉障碍是我国各类残疾中发病率较高的障碍类型，所以早期有效的筛查是发现听觉障碍的重要手段，也是后续尽早诊断评估与干预治疗的前提。

（一）新生儿听力筛查

新生儿听力筛查（图7–2）就是通过一种客观、简单和快速的方法，将可能有听觉障碍的新生儿筛查出来，并进一步确诊和追踪观察。新生儿听力筛查的常用方法有耳声发射和自动听性脑干反应，两种技术是目前国际公认的，都是无创性的。我国大多数医院采用耳声发射进行听力筛查，自动听性脑干反应主要用于重症监护病房新生儿的听力筛查。

图7–2　新生儿听力筛查

正常耳蜗可以产生一种很轻柔的声音，经过听骨链和鼓膜传导到外耳道，并可以被检测到。如果婴儿有耳蜗性听力损失，就不会产生耳声发射，用耳声发射检测就通不过。自动听性脑干反应可以反映外耳、中耳、耳蜗及蜗神经通路的功能，自动听性脑干反应通不过，说明听觉通路上可能有问题。

听力筛查一般在新生儿睡眠安静状态下，将大小合适的探头或耳罩放置在新生儿的一侧耳朵开始进行测试，做完一侧耳朵再做另外一侧耳朵。若新生儿通不过耳声发射或自动听性脑干反应，需要复筛或转诊。

（二）听觉障碍儿童的早期筛查

对听觉障碍儿童进行早期筛查的方法有语音测听、玩具测听等，目的在于测试儿童对不同声音的反应程度。

语音测听法是检测者通过耳语声、轻声、普通讲话声、大声喊话声等不同音量施测，由被测儿童做出听见与否的表示，然后根据标准约估听力损失的范围，具体如表7-2所示。

表7-2　听觉障碍儿童的语音测听标准①

距离	0.3米	1米			
话的强度	大声喊话	全力喊话	普通讲话	轻声讲话	耳语
损失程度/分贝	90～95	85～90	50～65	30～35	25以下

需要注意的是，在进行语音测听时，不能让儿童看见检测者的口型，也不能让儿童感觉到检测者说话时发出的气流，另外还要避免噪声环境。

（三）教师和家长的日常观察

教师和家长对儿童的日常观察在发现儿童听力损伤方面起到了关键作用，比如发现儿童长期的耳部感染、耳部流脓、耳部外伤等，这些都有助于帮助识别听觉障碍。另外，幼儿教师和家长还可能发现儿童的发音不协调，尤其是对p、h、s、f等这类声母辨别不清，言语和语言发展的明显滞后也是一个听觉障碍的主要警告信号。对于学语期儿童来说，当他们表现出下列行为时，应该引起幼儿教师和家长的注意，及时寻求医生的帮助。

（1）当教师讲话时，儿童未做任何回答。

（2）当直接对他提出问题时，儿童不理解或表示迷茫。

（3）把头转到一边，看着说话人的脸和嘴。

（4）经常要求对方重复他们的讲话。

（5）把一只耳朵转向声源或语源。

（6）看上去有些害羞，避开同伴和老师的目光。

（7）注意力分散。

（8）做出不连贯的或不相关的回答。

（9）抱怨在耳朵里有铃声或蜂鸣声。

（10）存在发音不清的问题。

（11）说话声太大或太低。

（四）听觉障碍儿童的诊断

对听觉障碍儿童进行诊断是专业人员运用一定的设备和方法，了解听觉障碍儿童的听力状况，判断听觉障碍的性质、程度和部位的一项测验，需要由训练有素的听力专业人员担任，一般由专门的机构，如医院、康复中心和研究中心等进行评估。

比较科学的听力诊断方法，大致可以分为三类：电生理测听法、听力行为观测法和言语测听法。

---

① 陈云英. 残疾儿童的教育诊断［M］. 北京：科学出版社，1996.

1. 电生理测听法

电生理测听法是针对不能够对筛查者做出主观反应的新生儿进行听力筛查的一种方法，其检测结果能够反映新生儿耳蜗或听神经至脑干的发育状况，但无法反映整个听觉环路的状况。常用的方法有三种：耳声发射、自动听性脑干反应和多频稳态反应。

2. 听力行为观测法

听力行为观测法能够反映听神经至脑干到运动系统的整个听觉环路的整体功能，而电生理测听法仅反映新生儿耳蜗或听神经至脑干的发育状况，所以此法在婴幼儿的听力测试中具有不可替代的作用。婴幼儿听力行为测听的方法很多，常见的有行为反射测听、视觉强化测听和游戏测听。

3. 言语测听法

在临床上，经常有婴幼儿表现出在电生理测听和听力行为观测中无听觉障碍，却无法正确辨别言语声的现象，即言语听力差。因此，对婴幼儿的听力测查还应该包括言语测听。专家们设计言语测听法，专门用来测验婴幼儿对言语的察觉和理解情况。

言语测听法是指用言语信号作为声音刺激来评价受试者的言语觉察阈和言语识别能力的听力学检查方法，它在评价婴幼儿听力损失程度、损伤部位定位诊断、听觉功能状态、手术效果、助听设备效果、听觉中枢和言语中枢功能等方面具有重要的应用价值。言语测听具体的测试方法可分为听声识图法和听说复述法。

第二节　听觉障碍儿童心理特征

听觉障碍儿童，尤其是学语前耳聋儿童，由于听力损失，在认知、语言、个性和社会性发展等方面都会遇到一系列困难。儿童期是个体身心发展与性格塑造的关键时期，与普通儿童相比，听觉障碍儿童在知识获取与生活适应上会面临更大挑战。

一、听觉障碍儿童的认知特征

由于听觉障碍，听觉障碍儿童在感知觉、注意、记忆与思维等方面都表现出不同于普通儿童的特点。

（一）感知觉

由于听力损失，听觉障碍儿童主要依靠视觉、触觉、味觉、嗅觉等途径感知外界事物，他们对复杂事物和环境的感知不完整，缺乏听觉加工过程，不易形成视听结合的综合信息。另外，听觉障碍儿童在感知事物的过程中缺乏语言活动的参与，使其不能与语言的学习和运用同步进行，造成了第一信号系统和第二信号系统的脱节，这都限制了他们感知觉的深度和广度。

由于听觉的缺位，听觉障碍儿童在一定程度上会出现视觉优势地位，很多人用“以目代耳”来强调视觉的缺陷补偿作用。听觉障碍儿童进入学校后，一方面由于长期对视觉的依赖和使用，视知觉经验丰富；另一方面通过专门的训练，他们的视觉补偿能力有了较大的发展。研究发现，听觉障碍儿童的视知觉速度提高比较快，在凭借视觉参与的感知活动中，他们的视知觉能力与普通儿童没有显著差异。但需要注意的是，视觉及其他感觉通道对听觉缺陷的补偿作用是有限的，不能完全取代听觉。

（二）注意

与普通儿童相比，听觉障碍儿童的有意注意和无意注意的形成和发展都比较缓慢，听觉障碍儿童的有意注意稳定性较差，需要活动来支持和吸引，所以，在听觉障碍儿童的教学中，应尽量使他们处于积极的活动状态。研究表明：小学听觉障碍儿童与听力普通儿童具有相似的视觉注意加工方式，但听觉障碍儿童视觉注意的搜索速度较慢；听觉障碍儿童的视觉注意能力与听觉障碍青少年和大学生相比，反应时间显著长，准确率显著低。

另外，听觉障碍儿童还存在注意的分配困难等问题，普通儿童可以眼、耳、手、脑并用，同时产生视觉、听觉和思维的集中，而听觉障碍儿童不能同时既看又听，视觉兴奋和听觉兴奋不能一起产生，无法实现注意的恰当分配。

（三）记忆

按照记忆内容保持时间的长短，可以将记忆分为瞬时记忆、短时记忆和长时记忆。

1. 瞬时记忆

瞬时记忆是指保持时间在2秒以内的记忆，也称感觉记忆。听觉障碍儿童瞬时记忆表现出以下三个特点。

（1）形象记忆好于语词记忆。听觉障碍儿童的感知特征决定了他们对于直观形象的事物，如“苹果”“桌子”“香蕉”等，记得快、保持好，也易于提取并再现出来。但对语言材料的记忆水平较低，记得慢、忘得快，再现也不完整。

（2）视觉记忆好于动觉记忆。一项研究结果表明，听觉障碍儿童的视觉记忆的发展落后于普通儿童，但视觉记忆的落后程度要小得多。与此同时，和普通儿童相比，他们的动觉记忆在学龄初期差距最大，中期缩小，到学龄晚期则几乎消失了。

（3）对汉字的记忆受到语音的干扰，存在语音混淆现象。汉字的字形相似在一定程度上促进了记忆，但语音混淆干扰了个体对汉字的记忆；字形相似虽然能促进听觉障碍者的汉字记忆，但语音相似若与字形相似结合在一起，干扰会非常显著。国内外的实验结果表明，听觉障碍者在瞬时记忆项目中存在语音混淆现象，并证明了听觉障碍者在言语加工中使用了语音编码。

2. 短时记忆

短时记忆是一种认知资源集中于一小部分心理表征的内在机制。

（1）短时记忆的编码方式和记忆容量与普通儿童有一定的差异。学者王枫的研究结果表明，极重度听觉障碍儿童的视觉短时记忆的再重复能力要高于听力正常的同龄儿童。学者袁文纲的研究发现，听觉障碍儿童对低频复杂汉字的短时记忆容量小于听力普通儿童。英国心理学家康拉德（Richard Conrad）为了证实其短时记忆主要依赖声音编码这一研究成果，进一步研究发现语音相似性混淆现象在一些听觉障碍儿童身上同样存在：语言表达发展好的听觉障碍儿童有声音混淆错误，而语言表达发展不好的听觉障碍儿童则没有声音混淆错误。

（2）言语工作记忆广度小于视空间工作记忆广度，视空间工作记忆广度优于听力普通儿童。学者张茂林等的研究表明，听觉障碍儿童和听力普通儿童相比，其言语工作记忆广度小于听力普通儿童，而视空间工作记忆广度又显著大于听力普通儿童。听觉障碍所导致的语言缺陷，使得他们的言语表征能力要远远落后于听力普通儿童，而信息的编码方式与记忆容量又有着密切的关系，所以听觉障碍儿童言语编码上的这种缺憾可能是导致他们言语工作记忆能力表现较差的重要原因。

3. 长时记忆

长时记忆是一种永久性的信息存储方式，一般能保持多年甚至终身。

（1）记忆保持总量上和听力普通儿童相似。学者王乃怡的研究表明，听觉障碍儿童和听力普通儿童不仅在长时记忆保持的总量上大体相同，而且不同编码维量在系列位置的分布上也是近似的。在短时记忆和长时记忆加工过程中，两组被试者都显示出了形义两维编码维量的作用最强，而音码的作用相对较弱。

（2）外显记忆劣于听力普通儿童，内隐记忆与普通儿童相同。根据记忆术理论，与外显记忆相比，内隐记忆更为强健、更为稳定、更加不易受到被试变量（如年龄、智力、疾病等）和任务变量（加工水平、刺激类型等）的影响。学者周颖等的研究结果显示：听觉障碍儿童的外显记忆劣于普通儿童，但是他们的内隐记忆丝毫不差于普通儿童。这说明内隐记忆不受听觉编码缺失的影响，换言之，内隐记忆无须借助听觉编码。这就启示我们可以通过创设较好的内隐学习环境，激发听觉障碍儿童的内隐记忆能力，这样就可以更好地弥补他们在生理上的缺陷。

（四）思维

按思维的水平及其凭借事物的不同，可将思维分为直观动作思维、具体形象思维、抽象逻辑思维。

1. 直观动作思维

直观动作思维是指在思维过程中以实际动作为支持的思维。随着年龄的增长，普通儿童的直观动作思维的重要性有所下降，只占思维能力较小的一部分，但它在听觉障碍儿童的思维过程中仍起主导作用。这与听觉障碍儿童尤其是聋童使用手语进行交流相联系。手语是听觉障碍儿童语言的符号，是由一系列的动作组成的，在此基础上发展出来的思维能力必然以直观动作思维作为其主要组成部分。

2. 具体形象思维

具体形象思维是指凭借事物的形象和表象进行的思维，即凭借对具体形象的联想而不是事物的本质和关系，借助概念、判断和推理所进行的思维。具体形象思维是普通儿童在小学阶段的主要思维方式，而听觉障碍儿童由于言语形成和发展得迟缓，他们的具体形象思维不仅发展漫长，而且其整个思维即使在其思维已经为抽象逻辑思维所主导的时候，仍较长时间停留在这个阶段，直到 14 ~ 15 岁。

3. 抽象逻辑思维

抽象逻辑思维是指运用概念、理论知识解决问题时的思维，也被称为抽象思维。听觉障碍儿童的抽象逻辑思维在发展速度和发展程度上都落后于普通儿童。听觉障碍儿童要到15 ~ 16岁时抽象逻辑思维才逐渐占主导地位。在发展程度上，听觉障碍儿童把握概念中的抽象成分比较困难，常常出现概念的扩大或缩小的情况；在分析综合能力上，他们分析事物比较粗略，无法将事物的各个部分严格区分出来。此外，听觉障碍儿童的抽象概括能力多停留于初级抽象概括水平，即他们容易注意到的是事物的外在共性，而非本质的属性，表现出极强的刻板性，缺乏灵活性。

二、听觉障碍儿童的语言特征

语言是人类思维和交际的工具，由于听力损失，听觉障碍儿童语言形成和发展的滞后是显而易见的，他们在口语和书面语方面都存在困难。

（一）口语表达不清晰

普通儿童语言习得的过程并非“你教我学”，更多的是在生活中逐渐积累、自然习得的，但听觉障碍儿童由于听力损失，不能适时形成口语，或口语表达出现问题。例如，发音不清或者发音不好，是听觉障碍儿童语音发展中最普遍的现象，最常见的有语调不准和尖声尖气的“假嗓音”，还有语言不流畅。一般来说，普通儿童2～3岁时就能说出包含10多个音节的句子，而听觉障碍儿童由于送气不自如、发音不灵活，不能连续发出多个音节，语言缺乏流畅性。

（二）书面语理解偏差

书面语是在口语基础上产生的用文字写下来的语言，对于因丧失听力而无法用口语表达的听觉障碍儿童而言，书面语表达更突显出其重要性，但由于听力损失的影响，听觉障碍儿童在入学时还未完全形成口语，这影响了他们书面语的学习，导致他们不能分辨同音异义词，对于音的理解能力发展不充分，语法较差，常常出现措辞不当、字序颠倒、漏字及替代等问题。

三、听觉障碍儿童的个性特征

（一）冲动性

听觉障碍儿童的冲动性（Impulsivity）一般会体现在他们的行为上，他们往往在行动之前缺乏一个停下来思考的过程。在学前阶段，儿童正处于一个行为上具有较大冲动性的时期，但是待到他们长大成熟之后，随着语言的发展，儿童会更多地用语言去解释他们的经验，同时儿童还会通过自我言语（Self-directed Statement）来控制和指导自己的行为。

（二）自我中心性

听觉障碍儿童的性格中具有较大的自我中心性的成分。和冲动性一样，普通儿童在心理发展的过程中也会经历一个以自我为中心的时期，但是随着他们的认知和社会性的发展，这个以自我为中心的阶段终将过去。但是对于听觉障碍儿童来说，他们的自我中心性还会延续一段时间。听觉障碍儿童的自我中心性表现在他们只考虑自己的观点，而不考虑他人的观点，他们往往很难了解他人的感受到底是什么、为什么会有这样的感受以及自己的行为对他人的影响。

（三）不成熟性

听觉障碍儿童性格的不成熟性主要表现在社交方面，他们往往不具备较好的社会理解能力和自我概念。这是因为他们对于社会规则、社会价值观以及社会事件和行为之间的因果关系理解不够深刻。例如，他们通常不能分辨他人的行为是出于故意还是意外发生的，所以攻击性行为便有可能出现。因此，对于社会事件的归因能力低下会导致攻击性行为的发生。

此外，听觉障碍儿童的不成熟性还可能是由于他们心理上的依赖性，可能伴随较低的自尊感。在学前阶段，听觉障碍儿童由于交流能力较差，父母对他们的要求会更低，并且保护过度，从而造成他们独立活动的体验不够，生活体验的丰富性降低，进而限制他们社会能力和人格的发展。

四、听觉障碍儿童的社会性发展特征

（一）社会行为

听觉障碍儿童的社会行为研究基本围绕学校社会行为展开，学校社会行为是在学校环境中所表现出来的各种积极的和消极的行为，具体可以概括为社会能力和反社会行为两方面。目前关于听觉障碍儿童社会行为的研究结果不一致，有研究比较听觉障碍儿童和普通儿童学校社会行为水平的差异及差异程度，发现听觉障碍儿童与普通儿童在社会能力上差异不显著，但在反社会行为表现上，得分显著低，这与以往研究结果相悖，所有前人研究都认为听觉障碍儿童比普通儿童表现出更多的反社会行为，如不服从、脾气粗暴、恶意中伤、偷窃、欺骗、说脏话、破坏行为、反抗权威、打架、伤害别人、离家出走、参加不良帮派等。

（二）社会交往

在社会交往中，听力损失使听觉障碍儿童很难感受到对方的情绪变化、语气等，从而使其错失了很多相关的重要信息，即使是很小的听力损失也会使他们遗漏一些相关信息，甚至是误解对方的本意。特别是听觉障碍导致的语言障碍，使他们在与其他儿童的社会交往中，感到不被理解和认同的现象尤为明显，听力损失程度越重，这些社会化问题的出现率就越高。

拓展阅读

听觉障碍儿童的心理理论发展[①]

心理理论是指个体对他人心理状态（如信念、愿望、情绪、注意）等的认知，并由此对相应的行为做出因果性预测和解释。目前关于儿童心理理论发展特点的一致看法是：3岁儿童还不能通过错误信念检测任务；4岁左右，大多数普通儿童已经掌握了对错误信念的表征，拥有了对心理理论的解释，5岁儿童已经能够熟练地完成经典心理理论任务。

研究表明，听觉障碍儿童的心理理论发展要比普通儿童普遍滞后，对其个性、社会性行为的发展都会构成一定的影响。父母听力正常的听觉障碍儿童的心理理论通常比普通儿童大约滞后7年，即13岁以后的听觉障碍儿童才能较好地完成5～6岁普通儿童就能很好完成的错误信念任务。

了解了听觉障碍儿童在心理理论发展上存在的缺陷，也为从教育的角度出发进行干预指明了方向，将心理理论的发展与其他社会认知能力的发展结合起来，帮助其发展良好的社会认知能力，建立良好的社会性行为，这对于促进听觉障碍儿童的社会性发展大有裨益。

第三节 听觉障碍儿童教育干预

听觉障碍儿童因为听力损失，导致其心理发展与普通儿童不同，教师及相关专业人员应因材施教，针对其听觉方面的缺陷，选择适宜的教育干预内容和方法。

一、听觉障碍儿童的辅助技术

辅助技术就是对听觉障碍儿童有帮助的装备和用具，包括助听器、人工耳蜗、言语辅助教育软件，它们为听觉障碍儿童的生活与学习提供了一定的便利。

（一）助听器

助听器（图7–3）可以理解为一种小型的扩音器，它可以放大声音。助听器的主要构造有麦克风、扩大器和接收器，麦克风收集声音并将声音转换为电波，扩大器将电波增强，接收器将增

① 姚雨佳，马伟娜．听力障碍儿童心理理论发展的研究进展［J］．健康研究，2009（2）：112–116.

图 7-3 助听器

强的电波转为声波。助听器通过耳模连接人耳，因此耳模合适与否直接影响助听的效果。6岁以前儿童的耳朵仍在成长，耳模需要3～6个月更换一次，6～10岁时需每年更换一次，10岁以后如没有耳模破损或变形则不需要更换。

虽然助听器增加了儿童对声音的知觉程度，但助听器仅是将声音放大，却不能将声音放大得很清晰，也不能使重度或极重度听力损失儿童听见几步外的言语声。因此，在没有特殊教育服务或支持的情况下，单独一个助听器是不能矫正听力损失的。

（二）人工耳蜗

人工耳蜗（图7–4）是一种精密的电子装置，它将声音转为电能，传入经手术植入的电极，直接刺激听神经，再传入大脑，产生听觉。人工耳蜗能替代内耳毛细胞的功能，因为大多数重度听觉障碍的儿童，多因内耳耳蜗毛细胞萎缩、坏死甚至消失，以致无法传达声音至听神经。人工耳蜗包括内、外两个部分，前者是通过手术将电极插入耳蜗中，后者由传声器、言语处理器和传送线圈组成。人工耳蜗跳过耳朵受损的部分而刺激听觉神经，它不能储存听觉，没有把声音放

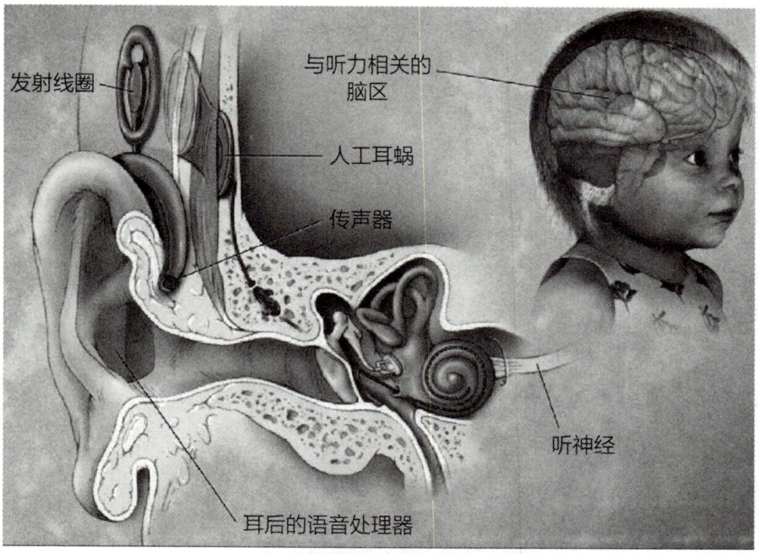

图 7-4 人工耳蜗

大，而只是提供声音，因此只有长时间坚持使用人工耳蜗才可能有效。最近的研究表明，接受人工耳蜗植入的儿童，尤其是学前儿童，他们的语言能力在以一种近乎正常的速度发展，并且能力和那些听力正常的儿童达到相近的水平。

人工耳蜗并非适合所有儿童，它主要针对重度及以上的感音性听觉障碍儿童。同时，人工耳蜗植入是一项精细的内耳手术，有一定的风险性，且人工耳蜗费用较高，因此是否让儿童接受人工耳蜗植入需要慎重。

拓展阅读

听力辅助技术能有效帮助听觉障碍儿童①

随着医疗科技的进步和康复教育的发展，越来越多的听觉障碍儿童佩戴助听设备或者植入人工耳蜗，听力得到补偿，通过接受早期语言康复训练，促进了语言和言语的发展，从而能够顺利进入普通学校学习。学者徐琴芳等于2018年调查了31名4～15岁在幼儿园和普通学校就读的听觉障碍儿童，了解其语言发展、随班就读、学业表现和家庭教育等情况。调查结果表明，通过听力技术辅助及语言和言语训练，听觉障碍儿童可以缩小在言语发展、学业成绩、人际关系、社会适应等方面与普通儿童的差距，他们大多数语言发展良好，听觉障碍儿童能够顺利进入普通学校就读且达到良好的学业水平，部分听觉障碍儿童的发展与普通儿童无异，部分儿童存在轻微的注意力问题。

（三）辅助教育软件

近年来，随着信息技术的发展，辅助听觉障碍儿童的教育软件快速涌现。高速处理的计算机能将打印、影像、声音和信息结合起来，帮助听觉障碍儿童理解指示；多媒体技术包含了手语系统的影像库，当使用者碰到了一个不熟悉的单词，可以移动鼠标、点击合适的键，那么由人来做手语表达这个词的影像就会出现。此外，专门的单词处理系统能够将书面语翻译到电脑屏幕上，显示出生动的手指拼写语，使听觉障碍儿童的手语和书面语都得到了练习。

多媒体信息技术中的语音识别技术和手势识别技术也已为课堂教学效率的提高做出贡献。首先，利用语音识别技术可将教师的教学语言转化成文字，直接反映到投影仪或听觉障碍学生的电脑屏幕上，使听觉障碍学生像普通学生一样“听”课和学习。从使用现状来看，语音识别系统对于比较正式的书面语言，在限定环境下已经达到了相当高的实用程度。语音识别技术增加教师上课时传递的信息量，提高学生对课堂教学信息的理解程度，提高课堂教学信息的可理解性、完整性和有序性，传递更多抽象信息，与教学结合的日臻完善，将会大大改善听觉障碍学生的教学环境，解决听觉障碍学生在学习等方面对手语的依赖性。其次，有研究者根据手势识别技术设计基于笔势交互的多媒体讲课系统，采用笔和手势交互的自然交互方式，实现面向听觉障碍学生的多媒体讲课系统及素材制作系统，该系统将讲课和素材的制作过程变得简单、有趣，而且极大地提高了使用者的交互体验。此外，面部表情合成系统和中国手语合成系统等技术的开发与应用，也大大促进了听觉障碍儿童与正常人的无障碍交流。

① 刘玉娟．0—3岁儿童语言和言语障碍的早期诊断与干预［J］．中国特殊教育，2018（9）：53-57.

二、听觉障碍儿童的听觉训练

（一）听觉训练的内容

听觉障碍儿童的听觉训练，是一个循序渐进的过程，大致分为声音察觉阶段、声音辨别阶段、声音识别阶段和声音理解阶段的训练，每个阶段的训练内容各不相同。

1. 声音察觉阶段的训练内容

声音察觉训练是让听觉障碍儿童了解生活环境中形形色色的各种声音，并逐渐感知声音的有无。例如，可以通过听觉游戏建立条件反应，还可以利用自然环境中的声音或音乐来建立对声音的感知。

2. 声音辨别阶段的训练内容

声音辨别阶段的训练主要是为了让听觉障碍儿童区分声音的异同：声音的长短、大小、高低、快慢、语气等，以及区分声音的变化。例如，给出一串音节或单词，要求听觉障碍儿童指出或表示出有无变化。

3. 声音识别阶段的训练内容

声音识别阶段也称听觉选择阶段，目的在于训练听觉障碍儿童在两种或两种以上的声音中，或者在环境噪声中选择性听取某种声音的能力，即能够听取希望得到声音的能力。首先是模仿声音模式：长短音节（ba/ba——），连续或间断音节（babababa/ba——），采用不同响度水平、语速快慢、语调的变化等让听觉障碍儿童注意识别。接下来随着难度的增加，分别是闭合式词语辨听、半开放式辨听、完全开放式辨听。闭合式词语辨听是指给出有选择范围的拟声词、发音较接近的词等让听觉障碍儿童识别；半开放式辨听是指没有选择提示，在一幅综合图画背景或实际场景中，让听觉障碍儿童来进行辨听，难度要比闭合式辨听大；完全开放式辨听是指没有背景性信息的提示，直接对短语和句子进行复述。

4. 声音理解阶段的训练内容

声音理解阶段的训练要求听觉障碍儿童不仅“听到了”，而且“听清了”，更重要的是“听懂了”。例如，可以根据图画、书本的内容回答问题：“这是什么？是什么颜色？”；能够根据所知道或熟悉的话题回答问题，如家庭成员、幼儿园和个人情况等话题；能够依从多种指示完成任务，比如指令为“捡起那个+形状+颜色+名词”；进行言语追踪训练，要求准确复述一句话或一段话；能够完成听故事辨图、听故事回答问题、噪声环境下的言语理解、比喻性语言（笑话、幽默、成语）等的理解。

（二）听觉训练的方法

提高听觉障碍儿童听觉能力的方法主要有以下三种。

1. 声物配对法

声物配对法是最基本的听觉训练方法，适用于听觉训练的最初阶段。训练时把发声的物体和它们的声音同时呈现给听觉障碍儿童，帮助其建立条件反射，如当发出“呜呜——”的汽笛声时，将玩具火车呈现在其面前；当说出“苹果”这一词汇时，放一只苹果在听觉障碍儿童的手里。如果没有实物，可以用图片、照片或者录像代替。

2. 辨声法

辨声法是在听到某种声音之后让听觉障碍儿童辨别是什么物体发出的这种声音，如播放牛叫的声音，让听觉障碍儿童在羊、猪、牛的图片中选择正确的图片或者说出这是什么动物发出的声音；播放个体在嘈杂的街道上说话的声音，让听觉障碍儿童辨别出个体所说的内容。声音辨别法实际上是声物配对法的逆向，是一种记忆、理解的检验方法，能够巩固听觉训练的效果。

3. 听动协调法

听动协调法是一种巩固声物配对效果的方法，也被称为“听觉–反应游戏法”。让听觉障碍儿童在听到有关的声音时，需要根据发出声音的物体或动物做出相应的动作反应，或当他们听到声音或语言时，要进行复述。例如：听到乐曲声就跟着节拍跳舞；听到汽车的声音，需要做出开车的动作；听到狗叫时，模仿狗叫；听到“a”的声音，自己也发出“a”的声音；等等。

以上三种方法是最基本的听觉训练方法，在实际操作过程中，则是将多种方法相结合，充分调动儿童的手、眼、触觉、听觉等多感官通道。

三、听觉障碍儿童的语言训练

听觉障碍儿童的语言训练是从建立语言意识开始的，然后是发音训练，积累词汇，并在边学边用的过程中加深理解，加以巩固，继而在交往和使用的过程中发展语言。

（一）口语训练

口语训练主要从语音、理解和表达三方面进行。语音训练包括呼吸与控制训练、呼吸与声带配合训练、口腔训练、音位训练、章节拼读训练以及正音训练。正确的呼吸方式可为听觉障碍儿童的发音训练奠定良好的基础，由于听觉障碍儿童长期不用声或误用声，通常出现吸气与呼气动作不协调、呼吸方式不正确、无法维持较长的声时等问题，从而导致发音功能障碍。未经训练的听觉障碍儿童大多是胸式呼吸，但腹式呼吸才是最有效的言语呼吸方式。研究显示，腹式呼吸训练能够有效地改善呼吸与发音的协调功能，使发音轻松自然。

语言理解训练包括丰富的语言输入、培养听（看）话的兴趣与习惯、习得语言规则系统、以特定的语境中最小语言成分对比理解训练以及转述训练。语言表达训练包括培养说的习惯、仿说训练、句子训练及看图说话训练、复述训练、叙述训练以及构建良好的语言环境。

（二）看话训练

看话训练也称唇读、视话，是通过眼睛观察对方的唇形变化，了解说话者所讲述的内容。看话是一项复杂的技能，需要适当的训练内容和有效的训练方法。培养听觉障碍儿童的看话能力，包括两个方面：一是培养听觉障碍儿童用眼睛准确而快速地感受语言动作和重复语言的技能，二是发展听觉障碍儿童根据上下文进行推测、理解语言的能力。重度听觉障碍儿童口语训练的效果往往不理想，但良好的看话能力可以使他们与他人的沟通更加通畅。需要注意的是这种方法对同音字的辨别较为困难，因此教师在与听觉障碍儿童说话时要尽量放慢语速，切忌背对着他们讲话，最好加上表情和肢体动作，有助于听觉障碍儿童提高理解力。

（三）书面语训练

大多数听觉障碍儿童，尤其是重度听觉障碍儿童获得口语的能力是有限的，而普通人群通常也不了解手语，因此通过书面语进行交流是常用的形式。能否有效地运用这种交流方式，取决于听觉障碍儿童是否具备快速阅读和写作的能力。因此，教师应注意培养听觉障碍儿童阅读及积累词汇的习惯，可采用写日记等方式提高他们的书面表达能力。

拓展阅读

幼儿教师应如何为听觉障碍儿童提供适合的训练？①

给教师的建议：

1. 根据听觉障碍儿童的身高，采用坐在地上、趴着或其他合适的姿态和他们交谈。原则上是要互相看到对方的脸部。听觉障碍儿童特别需要这种面对面的交谈。

2. 用发音清晰、平和并偏慢的语调与听觉障碍儿童交谈，切忌声音过大或发音过于做作。

3. 要使用适度的体态语言，但避免过分的体态语言，因为过分的体态语言不仅会分散儿童的注意力，还会妨碍他们的读话能力。

4. 当听觉障碍儿童已经达到语言发展期时，要用简短而完整的句子和他们交谈。

5. 直接坐在听觉障碍儿童的对面和他们谈话，以便听觉障碍儿童能看清教师说话的口型。

6. 与听觉障碍儿童说话时，教师要面对光源，让儿童看到教师的面部表情。照明要聚焦到教师的脸部和嘴巴，而不是儿童的脸。

7. 教师可以通过轻拍听觉障碍儿童的肩膀和手来吸引他们的注意力，但教师要时时意识到这会惊吓到他们的可能性。

8. 当谈到摆在眼前的某些东西时，最好是能用手指来指、拿起物体。

9. 提供大量的机会，让听觉障碍儿童参与音乐活动。

10. 在讲故事时，一定要让听觉障碍儿童参与，选用图画清晰的故事书，要根据故事的内容运用一定的体态语言和比较丰富的脸部表情。

11. 保持每天有规律的活动日程。

12. 有些重度和中度听力损伤的儿童常常会不自觉地发出尖叫声和怪声，他们自己听不见，但会影响其他儿童。教师应该学会用一定的手势和方法来阻止这类行为，帮助他们保持安静。

13. 在幼儿园，教师要避免在教室里面边讲话、边走路、边板书，因为这样会影响听觉障碍儿童观察教师讲话的口型。

本章小结

本章详细介绍了听觉障碍的含义、分类，听觉障碍儿童的成因、早期筛查与诊断、心理特征，以及当今主流的几大干预方法。对于师范生来说，掌握以上理论知识，能对听觉障碍儿童进行有效的教育支持，将对每一名听觉障碍儿童的发展与社会融合具有重要意义。

思考与练习

1. 举例说明听觉障碍儿童表现出的典型的心理特征是什么。
2. 分组练习一种听觉障碍儿童的干预方法。

① K. E. 艾伦，I. S. 施瓦兹. 特殊儿童的早期融合教育［M］. 周念丽，等，译. 上海：华东师范大学出版社，2005：144-145.

3. 深入听觉障碍儿童康复机构、聋校或融合学校，观摩听觉障碍儿童的康复训练活动，注意观察了解听觉障碍儿童的情况，根据本章所学内容，制订合理的康复训练活动方案。

拓展视频

听力补偿

第八章

智力障碍儿童心理与教育

学习目标

1. 知识目标：了解智力障碍儿童的成因，掌握智力障碍的含义、鉴定、分类，掌握智力障碍儿童的心理特征以及教育干预的相关知识。
2. 技能目标：能够识别智力障碍儿童，根据他们的心理发展特征，设计具有针对性的教育干预目标、内容，选择合适的教育干预方法。
3. 情感目标：接纳、尊重智力障碍儿童，主动促进其对生活的适应，树立社会融入的理念。

知识框架

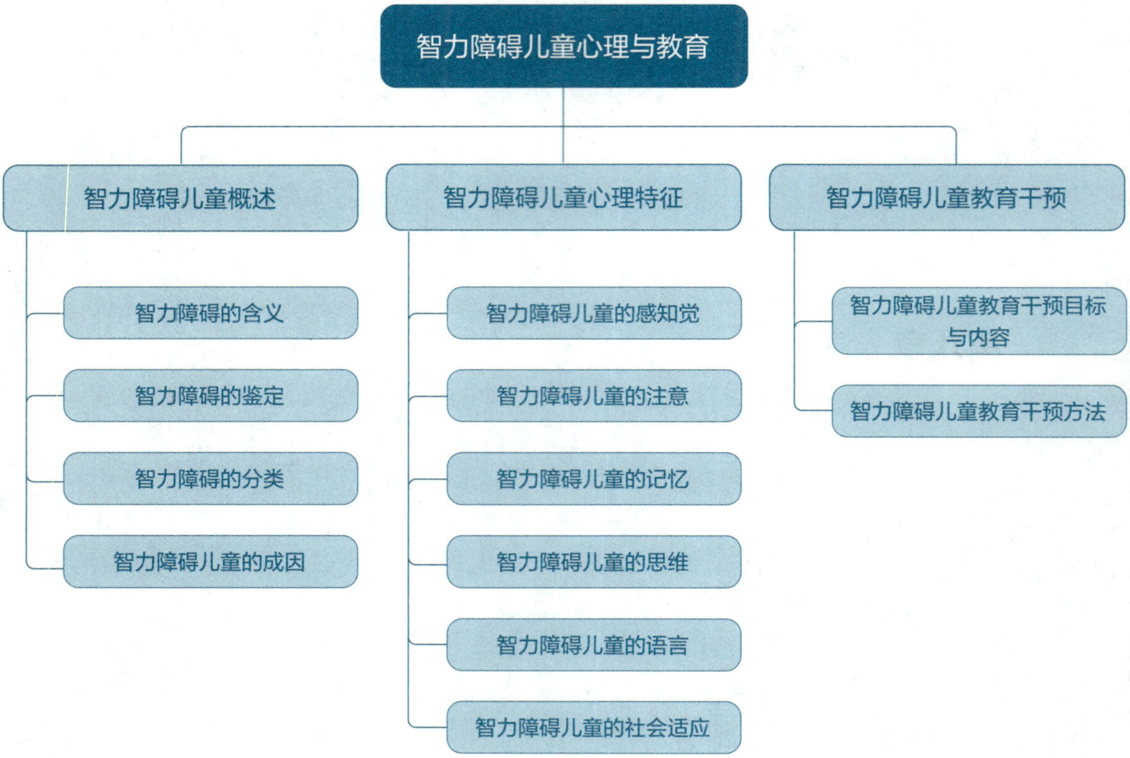

案例导入

小马，男，12岁，就读于启智学校六年级，平时喜欢打游戏、打乒乓球，和老师谈论这些活动时，表现出很大的兴趣，注意力也非常集中。在语文学习中，小马拼读能力较弱，词语积累匮乏，阅读理解能力也比较弱，无法理解题意；语言表达较差，缺乏逻辑性，例如对于较简单的看图说话，能准确地说出图中的人物、数量，但是难以连成一句完整的话进行表述，只能在老师说完之后进行一些简单的复述。在数学学习中，小马注意力相对集中，能书写出简单的数字，但是计算能力较差。在沟通方面，小马难以正确理解他人的话语并准确表达自己的想法，偶尔会和同学发生冲突，但是小马课下喜欢和自己的小伙伴玩耍、交流。对于老师布置的学业任务，小马无法独立完成，需要老师的帮助。

问题与思考：面对小马这样的智力障碍儿童，作为一名教师，你会选择什么方法对他进行教育干预？

第一节　智力障碍儿童概述

一直以来，学界关于智力障碍存在诸多争议，具体包括：什么是智力障碍？怎样对智力障碍进行鉴定和分类？智力障碍儿童的成因是什么？本节将对这些问题进行阐述和介绍。

一、智力障碍的含义

到目前为止，“智力障碍”仍是一个含有伸缩性的描述性概念。在日常生活中，人们常用“白痴”“愚蠢”“笨拙”“迟钝”等词语来描绘某些人的智能低下，显然，这种明显带有贬义的称呼不能用作教育用语。在特殊教育中，多采用“智力障碍”“智力缺陷”“智力残疾”“智力薄弱”等术语来描述这些偏低的智能与行为水平。根据《残疾人残疾分类和分级》标准，智力障碍的定义如下：智力残疾是指智力显著低于一般人水平，并伴有适应行为的障碍。此类残疾是由于神经系统结构、功能障碍，使个体活动和参与受到限制，需要环境提供全面、广泛、有限和间歇的支持。智力残疾包括在智力发育期间（18岁之前），由于各种有害因素导致的精神发育不全或智力迟滞；或者智力发育成熟以后，由于各种有害因素导致的智力损害或智力明显衰退。美国智力与发展障碍学会对智力障碍的定义是：智力障碍是一种障碍，其特征是在智力功能以及适应性行为两个方面有显著限制，表现在概念性、社会性和实践性适应技能方面的落后。障碍发生在18岁以前。

使用智力障碍定义需要具备以下的前提：①当前功能的限制必须置于个体同龄伙伴有代表性的社区环境背景以及文化中加以考虑；②有效的评估应当考虑文化和语言的多元性以及在沟通、感知、运动和行为方面的个别差异；③在同一个体内部，局限往往与优势并存；④对限制进行描述的主要目的是构建个体所需的支持方案；⑤通过一个阶段适当的、有针对性的支持，智力障碍者的生活功能通常会有所改进。

二、智力障碍的鉴定

智力障碍的主要特征是智能低下，发展滞后，心理年龄低于生理年龄。进行科学的测量，是鉴别智力障碍的重要依据。

智力障碍的鉴定主要包括智力功能的评估和适应行为的评估。目前，心理学界对什么是智力尚无统一的定义。有学者认为，智力是指抽象思维的能力；有学者认为，智力就是学习能力；也有学者认为，智力是对环境的适应能力；更多的心理学家认为，智力是各种基本能力的综合，即观察力、记忆力、想象能力和思维能力的综合，其核心成分是抽象思维能力。

（一）智力功能的评估

1. 智力

智力是各种基本能力的综合，即观察力、记忆力、想象能力和思维能力的综合，其核心成分是抽象思维能力。

2. 智力测验

智力测验，是通过测验的方式来衡量个体智力水平高低的一种科学方法。常用的智力测验工具有以下几种：斯坦福-比奈智力量表、韦克斯勒儿童智力量表、韦克斯勒学前儿童智力量表、考夫曼儿童智力量表、瑞文标准推理测验。

3. 智力商数

智力商数，简称智商（Intelligence Quotient，IQ），是个体接受智力测验所得到的标准分数。它是测量智力发展水平的一种指标。智商的概念最早由德国心理学家施太伦（W. Stern）提出，是指智力年龄除以实际年龄所得到的商数，称为智力商数或比率智商。智商可以用于比较个体的智力水平。

以韦克斯勒智力量表为例，智商的数值的含义是：智商100代表来自普通样本的平均值或中间值。某人智商分数为100，表示他在同龄群体中处于平均（中间）水平。韦克斯勒智力量表的标准差为15，大约有三分之二的人智商处于平均值上下一个标准差之间（85～115）。理论上，大约有4.6%的人智商在70以下或130以上（图8–1）。

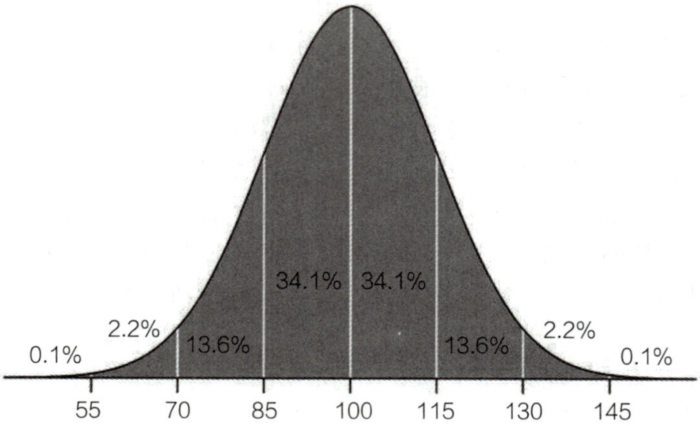

图 8–1　智商分布图

一般认为，智商有相对的稳定性，但在良好的环境、教育和主观努力下，可有一定程度的变化。尽管对智商分数的依赖引起一些担忧，但迄今为止，它仍是标准化智力评定的唯一方式。

根据智力障碍的定义，智力障碍者的智力功能有“显著的局限”。这就表明，其通过测验得到的智商分数应当低于平均值两个标准差以上。智力评定要注意两点：①任何智力测验工具都有测验的标准误，因此，应当将测验中得到的智商分数视为一个范围，例如韦克斯勒儿童智力量表（第3版），智商的标准误为3，这就意味着如果一个儿童通过该量表测得智商为70，那么其实际智商在一个标准误内应当为67～73，或者在2个标准误内为64～76。有鉴于此，在评估时，应当非常谨慎，尤其是对于测验分数处在边缘状态的对象，更应当综合多方面的情况，最后做出诊断的结论。②智力测验的结果只能作为评定的参考，并不是制定教育目标的唯一依据。

经美国心理学家推孟（Lewis Madison Terman）的改进，智商计算公式为IQ=MA/CA × 100，其中MA为智力年龄（简称智龄），CA为实际年龄（简称实龄）。

（二）适应行为的评估

智力测验的结果只能作为评定的参考，并不是制定教育目标的唯一依据。

美国智力与发展障碍学会对于适应行为的定义是：适应行为是指人们习得的用于适应日常生活的概念性、社会性以及实践性技能。概念性技能包括语言、读写、金钱概念和自我定向等技能；社会性技能主要包括人际、责任、自尊、遵循规则、避免受骗等技能；实践性技能主要包括日常生活、日常生活的操作活动、职业技能，以及对环境的自我管理等技能。

早在1953年，美国心理学家道尔（Edgar A. Doll）就编制了文兰（或威尼兰）社会成熟量表（The Vineland Social Maturity Scale，VSMS）用以考查儿童的适应行为发展水平。目前我国常用的评定量表有《儿童适应行为评定量表》《婴儿—初中生社会适应能力量表》《儿童适应行为量表》等。

适应行为的“显著的局限”，是指在标准化的适应行为量表的评定中在总分或三项技能（概念、社会及实用技能）之一的得分上低于平均分两个标准差以上。同样地，适应行为评定量表也有其标准误。如果儿童在适应行为测验中的得分低于平均分1个标准误，这时有必要补充使用另一套测验，以帮助判断。

三、智力障碍的分类

智力障碍的分类有多种不同的方法，目前较为常见的有以下两种。

（一）按智力受损程度的分类

由世界卫生组织于1993年出版的《国际疾病分类（第10版）》，按智力受损程度的分类将智力障碍分为六类，如表8–1所示。

表8–1　按智力受损程度的分类

智力水平	分级	适应行为水平	智商范围
轻度	四级	轻度缺陷	50～69
中度	三级	中度缺陷	35～49
重度	二级	重度缺陷	20～34
极重度	一级	极重度缺陷	20以下
其他智力障碍	伴有其他障碍无法测评		
非特异性的智力障碍	资料不足		

（1）轻度智力障碍，智商范围为50～69（对成人而言，9岁＜智龄＜12岁）。在学校中有一些学习方面的困难，许多成人能够参加工作，能够维持较好的社会关系并对社会有所贡献。

（2）中度智力障碍，智商范围为35～49（对成人而言，6岁＜智龄＜9岁）。在儿童期表现出显著的发展落后，其中多数人能够通过学习在自我照料方面有所发展，并获得一定的沟通与学科技能。成人需要在生活与工作中得到不同程度的支持。

（3）重度智力障碍，智商范围为20～34（对成人而言，3岁＜智龄＜6岁）。需要持续不断的支持性服务。

（4）极重度智力障碍，智商范围在20以下（对成人而言，智龄＜3岁）。在自我照料、自我控制、沟通和移动方面有严重的局限。

（5）其他智力障碍，因伴有其他缺陷造成使用普通手段无法评定智力水平。

（6）非特异性的智力障碍，因资料不足无法归入任何类别。

（二）按支持程度的分类

1992年，美国智力与发展障碍学会提出了按个体所需要的支持程度加以分类的方法，如表8–2所示。

表8-2　按支持程度的分类

类别	支持程度
间歇的	所需要的支持服务是零星的、视需要而定的
有限的	所需要的支持服务是经常性的、短时间的
广泛的	至少在某种环境中有持续性的、经常性的需要，并且没有时间上的限制
全面的	所需要的支持服务是持久的且需求度高，在各种环境中都需要提供，并且可能为终身需要

四、智力障碍儿童的成因

形成智力障碍的原因十分复杂，涉及范围也很广泛。脑损伤、感染性中毒、代谢或营养障碍、孕期感染、染色体畸变、精神疾病等都可能形成智力障碍。对其原因的分析，可以从遗传因素、环境因素、心理因素等几个方面加以考虑。

（一）遗传因素

在所有导致智力障碍的因素中，出生前的因素占有很大的比例，遗传是形成智力异常的重要因素，包括染色体异常和先天性代谢异常。

1. 染色体异常

染色体异常是指儿童由于某种偶然因素（如母亲孕期受到辐射、被风疹等病毒感染和慢性缺氧等），或是由于不良遗传因素的影响导致染色体发生变异，主要有以下几种类型。

（1）唐氏综合征，又称21–三体综合征，是由染色体异常（多了一条21号染色体）所致，此类儿童在智力障碍儿童中占据很大比例。唐氏综合征儿童（图8–2）大多数为中度智力障碍，也有一部分患儿属于轻度或重度智力障碍。在与智力障碍有关的生物医学因素中，唐氏综合征是目前研究比较深入的，占智力障碍总数的5%～6%。

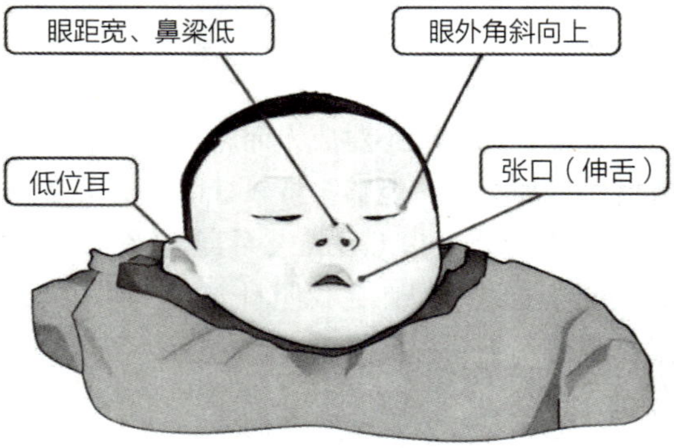

图8-2　唐氏综合征儿童

拓展阅读

天才指挥家舟舟

舟舟，原名胡一舟，1978年4月1日生于武汉。他从出生开始就患上了唐氏综合征（又称先天愚型，是由染色体异常而导致的疾病）。他的智力只相当于几岁孩子。舟舟的父亲是乐团的低音提琴手，从舟舟3岁起就带着舟舟去乐团。

舟舟6岁那年，在乐团同事的邀请下，舟舟第一次上台表演指挥《卡门》，也许是一直以来的耳濡目染，他惟妙惟肖地将乐团指挥的样子模仿了出来。因为乐团指挥戴眼镜，所以他指挥时会用手推眼镜，这个细节也没被舟舟放过，原样复制了出来。

舟舟从小偏爱指挥，当音乐响起时，舟舟就会拿起指挥棒模仿指挥家有模有样地挥动着小手。但直至成年，舟舟的智力仍然停留在几岁左右，生活也不能自理。

（2）脆性X染色体综合征也是因染色体异常导致的智力障碍。一种出现在X染色体上的具有连锁型以及重复性的突变，这种突变阻碍了脑神经发育所必需的元素。男性患者80%左右为中度至重度智力障碍，少部分为轻度，同时伴有巨睾症、特殊面容、语言行为障碍等特征，如图8–3所示。女性携带者可伴有轻度智力障碍，个别为中度至重度。

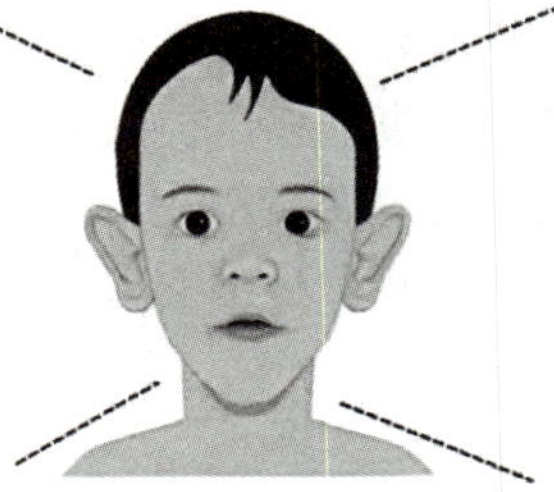

图 8–3　脆性 X 染色体综合征儿童特征

（3）因染色体异常而引起智力障碍的还有先天性卵巢发育不全综合征，为女性缺少一条染色体所致；先天性睾丸发育不全综合征，为男性X染色体异常增多所致。

近年来的研究发现，一些细微染色体异常也可以引起智力障碍，从而使染色体异常在智力障碍致病因素中的地位更加突出。

2. 先天性代谢异常

先天性代谢异常是指儿童体内某一蛋白质或酶的结构和功能异常或有缺陷，从而引起蛋白质、氨基酸、糖类、核酸、胆红素、内分泌素、电解质代谢以及肾小管的分泌和吸收等发生障碍，如苯丙酮尿症儿童。

苯丙酮尿症是一种先天性遗传疾病，患者体内缺少一种重要的酶，无法正常代谢大多数食物中都含有的氨基酸——苯丙氨酸。这种氨基酸的异常代谢产物会损害大脑从而造成攻击性行为、多动症以及重度智力障碍。

（二）环境因素

环境因素是指能影响人的一切外部条件，包括在出生前、出生时及出生后起作用的全部非遗传性影响，如早产和低体重、新生儿窒息、自然环境可能造成的影响。

1. 早产和低体重

不足37周的胎儿被称为早产儿。出生时体重不足2500克的新生儿为低体重儿。早产儿和低体重儿由于在母亲子宫内发育不良，出生后在呼吸、进食以及维持生命的其他机能上都有一定的障碍，患病的可能性大。根据相关追踪调查的研究，早产程度与大脑损害程度之间存在着值得注意的线性相关。

2. 新生儿窒息

新生儿窒息是指胎儿娩出后有心跳而无呼吸，并出现一系列呼吸衰竭的症状。多数新生儿发生窒息是胎儿缺氧的表现，也有少数是由于产程过长，胎头过度受压，使头部缺氧所致。胎儿和新生儿的中枢神经系统对缺氧特别敏感，如缺氧时间过长（重度窒息），会直接危及生命或因大脑皮层细胞受损而导致智力障碍。分娩时胎位异常，胎儿过大，母亲骨盆小或产程过长，胎儿头部长时期受压、负压吸引等，对新生儿头部造成机械压迫，容易使新生儿脑部直接受到损伤，影响发育，造成智力障碍。

3. 自然环境

自然环境因素指的是温度、地理条件等对人的影响因素，最明显的表现为有害化学物质，如酒、烟、铅、汞等进入妊娠妇女体内的直接损伤、物理损伤和疾病感染作用于胚胎，或者是直接对母体产生不良的影响进而间接地对胎儿产生不良的影响。这些有害物质也可以直接作用于出生后的儿童，从而影响儿童的生长发育，如胎儿酒精中毒、铅中毒和治疗药物中毒等。妊娠妇女由于职业原因经常受到射线的照射，或医学治疗中X射线检查、放射治疗等都有可能对胎儿的智力产生影响。在儿童的生长发育中，意外的事故如车祸或从高处摔下导致的头部重击也可能引起儿童智力下降。分娩过程中难产造成的窒息缺氧或器械损伤也会影响儿童的大脑，甚至导致智力障碍。母亲的一些感染性疾病以及儿童的某些自身感染都可能对儿童的智力造成难以修复的损害，如风疹、麻疹、巨细胞病毒和弓形体病等。

（三）心理因素

心理因素对儿童智力发展的影响也是深刻的。儿童的神经细胞树突、轴突，就像植物生长需要阳光一样，需要环境给予丰富的视、听、触等感知刺激。俄罗斯学者萨格杜拉耶夫（Sagdullayev）认为，在儿童智力发展过程中，母亲的抚摸、亲吻、照顾、言语情感交流具有非常重要的意义。如印度的“狼孩”从小缺少关爱及社会教育，造成其许多脑细胞没能得到充分的发育。另外，儿童所处的环境，如难以激发儿童学习兴趣的家庭环境，父母无暇顾及儿童的需要和不恰当的教养方式等，都有可能阻碍儿童智力的发展。

第二节　智力障碍儿童心理特征

智力障碍儿童的感知觉发展、认知水平、社会交往、语言发展等方面的能力较普通儿童而言有较大差距，即便接受过康复训练的智力障碍儿童，在各方面能力水平都有所提高，甚至能够很好地、独立地生活，但是他们中的大多数还是会终身受到智力障碍的限制和影响。

一、智力障碍儿童的感知觉

虽然很多智力障碍儿童的视觉器官、听觉器官以及触觉器官等是属于正常范围，但由于大脑发育缺损，不能正常地处理信息，所以智力障碍儿童的视觉、听觉、触觉等都没有普通儿童敏感。

（一）视觉

轻度智力障碍儿童的视觉感受性比较低，一般都很难或不能分辨物体的形状、大小、颜色等的微小差异，如他们不能区分颜色的不同浓度，分不清深红、浅红、粉红与紫红的差别。

（二）听觉

智力障碍儿童的听觉比较迟钝，往往不能注意周围环境中的声音，上课的时候对教师所讲的东西不理不睬，这些表现一方面是注意力的问题，另一方面就是听觉感受性比较低。智力障碍儿童的听觉分辨力差，表现在学习汉语拼音时难以区分四声的变化。双耳分听测试对照实验的结果也显示，智力障碍儿童双耳成绩低于普通儿童，且差异十分显著，这都说明智力障碍儿童听觉的容量远远落后于普通儿童。

（三）触觉、痛觉和温度觉

触觉、痛觉和温度觉都属于肤觉，一般来说，智力障碍儿童没有普通儿童敏感。例如，轻度智力障碍儿童分不清硬、软、粗等质地；重度智力障碍儿童在暴晒、冰冻或严重自伤时无明显的痛感。

研究热点

有研究以开封市两所培智学校35 名智力障碍儿童作为被试组，35 名普通儿童作为参照组，采用恒定刺激法，在完全排除视觉参与的情况下依靠触觉对标准刺激和变异刺激的长度进行比较、判断。结果发现：智力障碍儿童的触觉长度、知觉能力非常显著地低于普通儿童。

在感知觉容量方面，有人用速示器呈现不连续、无意义的单词或符号，时距0.1秒，普通儿童可感知7±2个，最多的可达到15个，而智力障碍儿童仅能感知3～4个。

（四）知觉

智力障碍儿童缺乏认识世界、探索世界的兴趣与好奇心。他们对于周围的事物显得漠不关心，很少主动提出“为什么”这类问题。当知觉的客观条件在一定范围内改变时，知觉映像在相当程度上却保持着它的稳定性，它是人们认知客观事物的一个重要的特性。大量的研究表明，大多数智力障碍儿童的知觉恒常性水平是比较差的，他们缺乏知觉的稳定性。例如，同样一个字，当教师写在黑板上时能认识，但写到本子上就不认识了；或者是一个物体平放着的时候认识，竖起来的时候就不认识了。很多中、重度智力障碍儿童到七八岁时还理解不了宽窄、长短、大小、高矮等的含义，到10岁还弄不清楚自身和空间的定向，如对普通儿童来说比较简单的前后、左右等。

二、智力障碍儿童的注意

个人注意的好坏可以从注意品质上表现出来。一般而言，智力障碍儿童的注意品质落后于普通儿童，存在注意缺陷。

（一）注意的广度狭窄

注意的广度是指在单位时间内所注意到对象的数量。数量越多，广度越大。普通儿童的注意广度随着年龄的增长、知识经验的丰富而扩大。知识、经验和实践对提高注意的广度很重要。智力障碍儿童的认识能力差、知识经验缺乏、生活范围狭窄，是造成注意范围狭窄的外部原因。例如，他们写字只能看一笔写一笔，读文章只能一个字一个字地念，上楼梯只能看一级上一级。注意范围狭窄，使得他们学习速度慢、学习成绩差。

研究热点

速示器

速示器（一种短时呈现视觉刺激的仪器，在知觉、记忆和学习等方面的研究中，经常要用适当的仪器来把刺激呈现给被试者，以记录他们的反应）实验证明，在0.1秒内呈现圆点图，二年级学生能清楚地知觉到的圆点数一般少于4个，五年级学生达4～5个，成人达到8～9 个。智力障碍儿童的注意范围比普通儿童小。在上述实验中，他们感知的圆点数很少，智力障碍程度严重者甚至连一个圆点也感知不到。

（二）注意转移不够灵活

注意转移是指根据新任务，主动、及时地把注意从一个对象转移到另一个对象上。注意转移的好坏在于转移的快慢，它和大脑皮质神经过程的灵活性密切相连。善于主动地根据需要将注意从一个对象转移到另一个对象上，是一个人具有良好注意品质的表现。智力障碍儿童注意转移迟缓，不够灵活。他们上课时往往身心分离。这与有些智力障碍儿童神经不够灵活有关，也与他们神经活动负担过重、学习心理内驱力弱、身心疲惫等因素有关；刺激强度、新奇、变化和持续时间长短也会影响注意时间的长短。

（三）注意的稳定性较差

注意的稳定性是指把注意集中保持在某一对象上时间的长短。时间越长，稳定性就越高。小学儿童注意的稳定性随着年龄增长而提高，其发展速度超过幼儿期。有人对小学生在日常学习中注意的稳定性做过研究，发现7～10岁儿童可维持20分钟，10～12岁约25分钟，12岁以上约30分钟。小学的一堂课中包含着多种活动，因此，只要教师把教学组织好，二年级以上的学生就能够在45分钟内保持注意的稳定而不出现疲倦现象。

智力障碍儿童注意不够稳定，注意分散后很难再继续集中，个别的连三五分钟的注意力集中都做不到。智力障碍的个体通常也很难将注意力持续维持在某一特定的学习任务上。例如，有的智力障碍儿童由其父亲领读课文，第一句还跟着读，第二句就不读了，左顾右盼，注意力集中时间非常短暂。

（四）注意的分配能力较差

注意的分配是指在同一时间内把注意分配到几个不同对象上，“眼观六路，耳听八方”就是形容这种状况。谁能把注意同时分配到较多的方面，谁就能把握更多的事物，顺利地完成复杂的任务。大多数小学儿童都能较顺利地分配其注意。智力障碍儿童的注意分配能力较差，有的甚至不能分配。普通儿童能将注意力集中在事物的关键属性上，例如在关注几何图形时，集中关注它的轮廓而不是它的颜色或者是它在书中的位置。智力障碍学生在这方面存在困难，他们不但很难将注意力集中在某一项学习任务上，反而更容易将关注点聚焦在外界的无关刺激上。这些注意力问题合并出现，给智力障碍学生对新知识以及新技能的习得、记忆和归纳增加了难度。

一般而言，造成智力障碍儿童注意缺陷的原因主要有以下几方面：①神经类型的个体差异；②大脑功能的发育障碍；③自控能力差；④与不良习惯有关；⑤认知能力不足；⑥多动。智力障碍儿童的注意缺陷是一种发育障碍，与普通儿童的表现有着本质的差别。

总之，智力障碍儿童的注意缺陷相当普遍，特别是中、重度智力障碍儿童比较突出。

三、智力障碍儿童的记忆

记忆包括识记、保持、再认（或回忆）三个基本环节，是一个复杂的心理加工过程。有研究表明智力障碍儿童对学习或接触过的事物进行再认相对容易一些，但在感知新的事物后却很难直接进行准确的回忆。

智力障碍儿童认知活动的主要缺陷之一是记忆障碍，主要表现在：①识记缓慢，记忆容量小；记忆保持差，易遗忘，再现困难，不完整。如智力障碍儿童只会机械地记住个别词语、短句，但不会连贯地复述故事的情节。②记忆编码加工过程不完善。如智力障碍儿童在记忆加工过程中缺乏主动性，只会机械地重复记忆，所以他们的记忆一般只能停留在短时记忆系统中，很难进入或形成长时记忆。③记忆目的性欠缺，有意识的记忆差。如智力障碍儿童一般很难根据某个既定的目的进行有意识的记忆，他们的无意识记忆相对较好，意义识记差，机械识记相对较好。智力障碍儿童一般不能很好理解、感知材料，找不出事物的内在逻辑关系，有意识的记忆较差。

研究热点

有研究表明：在背数时，顺背时，轻度智力障碍儿童只能背出5～7个数字，比普通儿童少背3～4个数字；倒背时，只能背2～3个数字，要比普通儿童少背4～5个数字。重度智力障碍儿童一节课识记2～3个生字，还很难记牢，往往当天记住了，第二天提问时又忘得干干净净。

四、智力障碍儿童的思维

智力障碍儿童的思维水平较直观，如智力障碍儿童的思维容易受具体形象或表象的束缚，不能很好地理解形象背后本质的共同特征，他们的思维要依赖于事物的具体形象或表象以及这些形象和表象之间的联系，但缺少分析和综合，很难将自己已有的知识、概念和表象综合起来。他们需要把事物与具体情境联系在一起时才能理解其意义。

相比于形象思维，智力障碍儿童的抽象思维发展水平比较低，一般不能通过分析与综合的方式从已有的知识中概括出事物的本质特征，抽象思维能力差。

五、智力障碍儿童的语言

智力障碍儿童的语言发展与普通儿童是一致的。但是，由于其大脑发育功能受阻，以及不良社会环境的影响，其言语和语言的发展要比普通同龄儿童困难，有些轻度智力障碍儿童的口语可能与同龄儿童差别不大，但大多数智力障碍儿童的语言活动，都比普通儿童发生得晚，而且其语言发展缓慢，发展水平低于同龄普通儿童。

智力障碍儿童在表达自己的思想和要求时，常常讲不清楚，说话缺乏条理性和连贯性，颠三倒四，使别人无法理解。

轻度智力障碍儿童2～3岁时只能说少量的单音词。5～6岁也只能说简单、内容贫乏、不合语法且不完整的句子。到入学之前，他们的语言发展还很落后。7～8岁智力障碍儿童还只能用简单句来表达自己的思想和感情，说不出要说的话时就用手势或点头、摇头等表达，表现如同幼儿。但是不同症状的智力障碍儿童在言语方面的表现也各有差别。

（一）语音和语调

70%～80%的智力障碍儿童存在构音、声音和语流方面的障碍。构音障碍表现为说话时发音不准、吐字不清，常常发生替换、省略、歪曲、添加音等情况。

声音障碍表现为儿童说话的音调、音量、音质不能很好地控制在正常范围内。声音过大或过小，音调缺少抑扬顿挫的变化，声音嘶哑，有气声，鼻音过重或无鼻音等，让人感觉非常刺耳或吃力。

语流障碍则表现为口吃。说话时断时续，缺乏连续性，声音逐渐低至嘶哑，能够明显地感觉其呼吸不畅、气流不足。这与真正的口吃表现不尽相同，智力障碍儿童的口吃没有阻塞、延长等特点。

另外，所有智力障碍儿童中，唐氏综合征儿童和脆性X综合征儿童遇到的语言问题最大，他们均表现为发音困难、音节倒置，而且还存在嗓音嘶哑、口齿不清的问题。

以上种种症状可能与他们的中枢神经系统控制不成熟有关。这是由于对音的区分能力差，在发声器官以及听觉区分能力的运用上也常有缺陷，所以直接影响了他们的发音准确性。而发音不准的直接结果就是吐字不清。

（二）词汇

智力障碍儿童的词性获得与发展同普通儿童一样遵循着实词—虚词、具体名词、动词—抽象名词、动词—形容词—其他词类的顺序。

智力障碍儿童对形容词、副词等使用能力有限，语言表达常常不准确、不生动，并且由于不理解连词、介词等虚词的含义和使用，说出的句子常是逻辑关系不明、让人难以理解的。另外，对于抽象意义的词语理解方面，智力障碍儿童也存在着困难，比如他们不能理解“外人”和“外面的人”的差别。

（三）语法

智力障碍儿童的语法结构发展与一般人极为相似，只是发展的速度相对缓慢。轻、中度智力障碍儿童的句法能力发展较好，他们的句子结构之所以混乱而不完整，主要是由于其认知水平和交际经验不足，以致在说话过程中不知如何表达。

总之，智力障碍儿童与普通儿童相比，语法能力总体发展水平偏低，虽然也在缓慢发展，但很难达到普通儿童的层次。

六、智力障碍儿童的社会适应

智力障碍儿童的日常生活自理能力和社会交往水平相较于普通儿童有很大的差距。有的重度智力障碍儿童连基本的生活自理能力都没有，在成年后也不能独立生存。

日常生活自理涉及进食、个人卫生、穿脱衣服等基本能力。轻度智力障碍儿童可表现出与年龄相符的自理功能，但与同龄人相比，复杂的日常生活任务仍需帮助；中度智力障碍儿童经过长期教育及提醒，能学会吃饭、穿衣、如厕和整理个人卫生；重度智力障碍儿童日常生活各种活动均需帮助，任何时候都需监管；极重度智力障碍儿童日常身体护理、健康、安全等所有方面完全依赖于他人，需要高强度持续支持。

通常情况下，社会交往是建立在交往需要上的，即一个人愿意与他人接近、合作并发展友谊的需要。智力障碍儿童普遍表现出社会交往能力较差。他们受认知能力、语言能力等限制，不会交朋友，不知道如何与他人互动，不能恰当使用社交语言，不善于处理社交及人际关系，情绪表达直接，服从规则、规范的能力较弱，缺乏社会常识等。

第三节　智力障碍儿童教育干预

智力障碍儿童的心理发展与普通儿童不同，教师及相关专业人员应因材施教，针对其发展薄弱环节及潜能所在，选择适宜的教育干预内容和方法。

一、智力障碍儿童教育干预目标与内容

特殊教育的目标是让每一个特殊儿童都得到最大限度的发展。对于智力障碍儿童来说，这个目标应该根据智力障碍的不同程度和类型，以“发展”为轴心，从感知、运动、语言与沟通、情绪和行为管理、社会适应、认知和元认知等方面进行详细划分。

（一）感知能力教育目标和内容

针对智力障碍儿童的感知缺陷，补偿和发展他们的外部感觉能力——视觉、听觉、嗅觉、味觉、肤觉和内部感觉能力，运动觉、平衡觉和本体觉等，并使他们能将自己对外界的感知体验应用于日常生活中。它主要包括：了解事物的外形和质地，分辨声音和颜色，感知韵律和节奏，感知味道、温度等并做出反应，提高知觉深度、大小、距离等。

（二）运动能力教育目标和内容

针对智力障碍儿童的大小动作不灵活的缺陷进行大动作和精细动作训练。逐步训练智力障碍儿童的感官和肢体配合，动作的协调以及控制力度和速度的能力。大动作训练有俯卧、抬头、竖颈、翻身、仰卧、爬行、独坐、独站、行走、跑步、跳跃等；精细动作训练有大把抓、手指捏、筷子夹、串珠、填涂、写字等。

（三）语言与沟通能力教育目标和内容

针对智力障碍儿童的语言交流障碍进行训练，能模仿别人的简单言语，能逐渐做到用目视、点头、摇头、微笑等动作表示理解他人的说话，并能用别人能理解的声音、单词、句子、问题来表达自己的愿望和要求。

（四）情绪和行为管理能力教育目标和内容

针对智力障碍儿童的情绪和行为问题，运用一定的认知和行为矫正技术，逐步减少或消除焦虑、抑郁、恐惧、愤怒等负面情绪，攻击、毁物行为，以及自我刺激和自伤行为。

（五）社会适应能力教育目标和内容

针对智力障碍儿童在社会适应方面的困境，根据儿童所处的生活情境有计划地训练其生活自

理能力、基本劳动能力、社会交往能力和使用基本的道德规范约束自己的能力。根据儿童的智力和发育状况展开教育，使之逐渐学会基本的生活自理步骤和技巧，自我照料日常饮食起居和个人卫生，如穿衣、进食、个人清洁、如厕；学会简单的劳动，如扫地、擦桌子等；在游戏中学会遵守规则，和其他的儿童交往，学会基本礼貌语言和文明礼仪；能运用学到的基本的自理技巧，应付环境和生活的需要。

（六）认知和元认知能力教育目标和内容

根据智力障碍儿童的认知障碍，特别是在记忆和问题解决上的滞后，教给他们特殊的认知技能以及将这些技能应用到新环境中去的元认知训练。这些技巧和生活情境，被广泛应用到诸如感知觉、动作、语言、社会适应能力等训练中。

二、智力障碍儿童教育干预方法

智力障碍者历经了人类历史的全程，但对智力障碍者进行有目的、有计划的系统教育却只有不到200年的历史。如今，医学、生物学、心理学和教育学的发展已经硕果累累，这为智力障碍者的教育提供了丰富的理论依据，形成了针对智力障碍儿童的教育和训练的方法。

（一）智力障碍儿童的家庭训练计划

学前智力障碍儿童绝大部分时间都在家庭里成长。儿童的父母和其他家庭成员是儿童最早的或许也是终生的教育者，所以家庭训练计划以及对家长的培训实际上是对智力障碍儿童早期干预的一部分。

智力障碍儿童的家庭生活周期中有三个关键期——婴幼儿期、学龄前和学龄期。在这三个时期，对家长进行训练和对家庭开展咨询是有利的。在前两个时期，父母开始面对儿童的缺陷，可能需要通过帮助来学习一些方法，以提供适当的早期语言刺激和类似的发展技能；特别是学龄前，是强化计划实施的最适当时期，家长需要了解更多的方法，教给他们的孩子基本的学习和社会技能。

于1972年开始实施的波特奇计划（Portage Project）是一项成功的儿童早期干预示范性计划。在智力障碍儿童0～6岁期间由父母在家教育，并由一名治疗师每周进行一次家访。根据训练情况和反馈意见评估训练过程，并示范塑造新行为的方法，计划包括五个领域的技能——认知、语言、自理、运动技能和社会化，每一种技能被分解成非常小的步骤，这样实施起来就相对容易得多。

在美国，根据PL105-17，即《残疾人教育法》（1997），对于3岁以下有特殊需要的儿童实施个别化的家庭服务计划作为个别化教育方案的补充计划。特殊儿童经专业诊断评估后，由一名服务协调员定期传递家庭和由特殊教育专家、医生、治疗师等组成的专家组之间的信息，制订、实施相应的家庭教育计划。在我国，大多数的特殊教育学校或培智学校会定期开展家长培训班，教给家长训练智力障碍儿童的方法和技术。

（二）智力障碍儿童的个别化教育

个别化教育方案看起来像一份医生们会诊的诊断书和治疗计划，为了给一名智力障碍儿童提供最优化的教育，特殊教育教师、特殊教育督导员、心理学家、校长、咨询员以及任课教师组成团队联合拟订一份计划书，详细阐述存在的问题以及解决这些问题的具体步骤。个别化教育方案的目的是给智力障碍儿童提供最适合其需求的特殊教育方案，强化父母、教师与专业团队间的沟通联系，使儿童有最合适的教育环境与最好的教育效果，而且可以作为教学的管理工具和教师绩效的评鉴工具，以促进教师有效率、有组织地教学。

（三）应用多元智能理论教育智力障碍儿童

美国心理学家加德纳提出的多元智能理论认为，智能是在某种社会或文化环境的价值标准下，个体用于解决自己遇到的真正难题或生产及创造出有效产品所需要的能力。智能由八种相对独立的智能成分构成。每种智能都是一种单独的功能系统。但这些系统可以相互作用，每个人身上以不同方式、不同程度组合，使得每一个人的智能各具特点。智能无高低之分，只有倾向和强弱的不同。可见，多元智能理论是一种开放、兼容的理论，鼓励人们从多维的角度看待智能。

由此看来，多元智能理论和传统的智能理论大相径庭。传统的智能理论关注最多的是智力的G因素，即一般能力——人的基本心理潜能。比如，根据传统的智能理论所构建的智商测试方法倾向于回答“你的智能有多高和你有什么缺陷”的问题。而多元智能理论则关注个体的智能系统，根据其构建的“多彩光谱”倾向于回答“你的智能类型是什么和你可以做什么”的问题。

传统智力测量仅仅强调了智力障碍儿童的缺陷，忽视了智力障碍儿童的潜力和智能类型，仅仅是发现和选择适合培智教育的儿童；而多元智能理论通过一个多维的视角来看待智力缺陷，从而为创造适合于每一位智力障碍儿童的教育提供了可能。

本章小结

本章详细介绍了智力障碍的含义、鉴定、分类，智力障碍儿童的成因、心理特征，以及当今主流的几大干预方法。对于师范生来说，掌握以上理论知识，能对智力障碍儿童进行有效的教育支持，将对每一名智力障碍儿童的发展与社会融合具有重要意义。

思考与练习

1. 举例说明智力障碍儿童表现出的六大典型的心理特征是什么。
2. 分组练习一种智力障碍儿童的干预方法。
3. 深入培智学校或融合学校，注意观察了解智力障碍儿童的情况，根据本章所学内容，制订合理的学习训练活动方案。

拓展视频

智力障碍儿童
成年期转衔

第九章

语言和言语障碍儿童心理与教育

学习目标

① 知识目标：掌握语言障碍和言语障碍的含义、分类，了解语言和言语障碍儿童的成因、心理特征以及教育干预方法。

② 技能目标：能够区分各类语言和言语障碍儿童，运用相关工具和方法对其实施科学评估，根据儿童的语言和言语发展情况选择合适的教育干预方法并设计实施教育活动。

③ 情感目标：接纳包容语言和言语障碍儿童，主动关心他们的生活、学习与活动，耐心地与他们进行沟通交流，积极投身相关的志愿活动。

知识框架

- 语言和言语障碍儿童心理与教育
  - 语言和言语障碍儿童概述
    - 语言障碍和言语障碍的含义
    - 语言障碍和言语障碍的分类
    - 语言和言语障碍儿童的成因
    - 语言和言语障碍儿童的评估
  - 语言和言语障碍儿童心理特征
    - 认知
    - 情绪与行为
    - 人际交往与社会适应
    - 身体发展
  - 语言和言语障碍儿童教育干预
    - SRJ口部肌肉训练法
    - 行为主义的语言干预方法
    - 自然主义的语言干预方法

案例导入

幼儿园老师发现班上5岁的乐乐在语言发展上存在一些问题：单个字词语音没什么问题，但一连起来句子就会“变调”。单独说“老师摇沙锤”每个字都没问题，连起来读就会变成“唠实咬啥吹”。具体表现在：①不理解动词。如果同时学习“打开”箱子和“合上”箱子就不理解了。甚至分不清“指一指”和“拍一拍”。如果针对同一物品做多个不同动作指令，就完全搞不清楚。搞不清“搬”椅子、“推”椅子、“拉”椅子、“拍”椅子的动词区别。②不理解虚词。在他的字典里，似乎不存在“在、有、的”。③名词动词（抑或是用途）混淆。老师指着梳子问：“这是什么”，他回答：“梳头”；老师指着笤帚问：“这是什么”，他回答：“扫地”。④长句困难。尤其是带修饰的长句，比如“桌子上有3个红色的积木”，他要么说“3个积木”，要么说“红色的积木”，很难将“3个红色的积木”连起来。⑤仿说能力不错。一个月前，能够仿说3～5个字，一个月后，基本达到10个字仿说。⑥文字指读不错。阅读认识的文字也不成问题，文字理解能力待观察。

问题与思考：案例中的乐乐的语言发展都有哪些特征？作为一名教师，你该怎么做才能帮助乐乐呢？

第一节　语言和言语障碍儿童概述

语言是人类特有的一种高级神经活动，语言和言语障碍在某些文献中被统称为语言障碍或沟通障碍，但严格来讲二者是有区别的。任何言语活动都是将语言作为工具的，一般来说，语言是整个社会群体所共同使用的一种符号系统，而言语则是某一个体对语言的具体使用。

一、语言障碍和言语障碍的含义

（一）语言障碍

对大部分儿童来说，习得语言是一件非常自然的事，仿佛只是时间问题，到了适当的节点必然会有可预期的表现，就像植物会发芽、破土、开花。但对于少部分儿童来说，情况则有所不同，到了生命的那些节点时，可预期的表现并没有出来，即出现了语言障碍。儿童语言障碍，简而言之，就是指当儿童在母语习得与发展过程中，在语言的形式、内容或使用的发展水平上低于其年龄预期。不了解正常的语言发展过程，就无法很好地理解语言障碍，表9–1展示了学龄前儿童正常的语言发展过程。

表9–1　学龄前儿童语言能力参照表①

年龄	理解性语言	口语
0～12个月	①注视对自己说话的人 ②对不同声音做不同反应 ③执行伴有身体姿势的简单指令，如来、给、取	①发不同的声音 ②发不同的元音组合 ③对与自己说话的人用声音做反应 ④运用类似词组的音调模式，如说教、询问、诉说
12～24个月	①对表示名称的词做出反应，如玩具、家长、衣服、身体的部位 ②执行简单的口头指令，如去、坐、找、跑、走	①说自己想要的东西的名称 ②用物体的名称回答“那是什么？” ③用词组描述物体或经历
24～36个月	①对“放进去”和“放上去”做出反应 ②按照他人所说选择正确的项 ③根据物体的功用表示物体，如知道鞋子是脚上穿的	①回答问题 ②用方位副词回答什么东西在哪，如“在盒子里”“在桌上” ③用“投”“接”回答“用球来做什么？” ④用有意义的功能性句子描述物体，如“现在我饿”
36～48个月	①对把它“放在旁边”和“放在下面”做出反应 ②对双宾语的指令做出反应，如“给我球和鞋子” ③对两个动词的要求做出反应，如“给我杯子并把鞋子放在地上” ④通过选正确的项做出反应，如听到“走快一点”而加快脚步	①命名物体以回答“你要哪一个？” ②回答“如果……那么……”等问题 ③回答功能的问题，如“书用来做什么？” ④用语法正确的句子请求或述说，如“我要一块饼干”

① K. E. 艾伦，I. S. 施瓦兹．特殊儿童的早期融合教育［M］．周念丽，等，译．上海：华东师范大学出版社，2005：573–576.

续表

年龄	理解性语言	口语
48~60个月	①理解小额钱币的概念 ②对包括三个动作的要求做出反应，如“给我杯子，把鞋子放在地上，把笔握在手中”	①问“……怎么样?”的问题 ②口头回答“嗨”和“你好吗?” ③用过去时和将来时叙述 ④用连词连接词和词组，如“我有一只猫、狗和一条鱼”
60~72个月	具备前学业技能	已经掌握基本语法正确的结构，包括复数、动词时态和连词。在这一发展能力的基础上练习更复杂的叙述和对话

语言是社会共有的交际工具，是社会成员约定俗成的一个系统，是稳固的相对静止的状态。目前对于语言障碍的定义，研究者较为广泛接受的是来自美国言语–语言听力协会（American Speech–Language Hearing Association）的界定：口语、书面语和（或）其他符号系统理解和（或）使用上的损伤。该障碍可能包括：①语言的形式（音位、词法和句法系统）；②语言的内容（语义系统）；③语言交际中的功能（语用系统）以及任何联系。该定义较为全面地包括了语言形式、内容和功能在理解和产出两个向度的加工活动。

（二）言语障碍

要与语言障碍进行区分的障碍是言语障碍。“言语”一词，指“发言、说话”之义，就是语言的口头有声表达，人们运用语言进行交际的过程即言语，具有相对的运动状态。言语障碍是指说话时的反常现象，包括发声、构音以及语流的异常，这类障碍可在说话者表达以及使用口语符号系统时被观察得知。Riper和Erickson（1996）将言语障碍定义为：当言语异常、偏离一定的正常范围时，以致①足以引起充分的重视；②使交流受到干扰；③使听者或说者感到沮丧。

拓展阅读

语言障碍的研究历史

语言障碍是最早被学者们关注的沟通障碍。1967年伦纳伯格（Eric Lenneberg）所著《语言的生物基础》中，首次从语言学角度详细地论述了环境剥夺导致的语言障碍、先天愚型和先天性聋童的语言获得。20世纪70年代美国出版了总结智障儿童语言发展研究的系列论著。1980年美国成立儿童语言障碍协会。20世纪90年代以来，儿童语言障碍研究的广度和深度空前推进，在理论视角、被试类型、研究方法上都得到了大幅度的拓展和完善。

国内相关研究约始于20世纪30年代，基本在特殊教育或心理学视角下进行，数量不多，大多是出于干预和康复需要的研究。

二、语言障碍和言语障碍的分类

根据不同的分类标准，语言障碍和言语障碍可分为不同的类型，只有明晰相应的类型，才能有针对性地进行干预。

（一）语言障碍的类型

出现语言障碍的儿童，通常在语言的多个领域都会表现出问题，既可能表现在儿童接受语言即理解语言符号的过程中，还可能出现在儿童语言表达的过程中。根据不同的标准，语言障碍有多种类型划分。

1. 按障碍的严重程度划分

按障碍的严重程度，语言障碍可分为语言发展迟滞和失语症。

（1）语言发展迟滞，指儿童在生长发育的过程中，其语言发育落后于实际年龄的状态，主要表现为不会说话、说话晚、发音不清等，在语音、语法、语义、语用等多个领域都表现出不同程度的迟滞。具体表现为：①语义异常。词不达意，或无法理解说话者的意图。②语法异常。说话句型结构简单，有颠倒、混淆或省略等不合语法的现象。③语用异常。说话不符合相应的情境或用词不当。④语形异常。有字形辨认不清或混淆的现象。⑤词汇异常。词汇少甚至完全没有。

（2）失语症，指正常获得语言能力后，因大脑语言区及相关部位损伤所导致的获得性言语功能丧失。患有失语症的儿童所有的语言形式，包括听、说、读、写和手势表达的能力都会减弱。

2. 按语言障碍与儿童发展的关系划分

按语言障碍与儿童发展的关系，语言障碍可分为原发性语言障碍和继发性语言障碍。

（1）原发性语言障碍，指儿童除有明显的交流障碍外，其他发育均属正常，这是一种特殊的语言障碍，目前并无明确原因。一般而言，原发性语言障碍儿童可能会出现读、写领域的学业问题和表达性发展迟滞，大部分在幼儿园中表现出语言损伤的儿童在二年级左右会显现出明显的阅读问题。

（2）继发性语言障碍，一般是由其他疾病导致的，如智力障碍、听觉障碍、孤独症、脑瘫或脑外伤等，语言障碍只是以上疾病引发的众多障碍中的一个。

（二）言语障碍的类型

言语障碍主要指个体的口语产生及运用出现了问题，包括声音的发出、语音的形成以及正常的语流节律等，这种异常不但妨碍说话者和听话者的交流沟通，而且会造成说话者的不适应。目前，已经有三种公认的基本言语障碍类型：构音障碍、发声障碍、流畅性障碍。

1. 构音障碍

构音障碍，指在发音过程中因发音器官协调运动障碍而导致的发音失准，比如将“哥哥”发为“的的”。根据儿童构音障碍的临床表现，又可分为替代、歪曲、省略和增音四个类别：①替代，是指以错误的读音取代正确的读音，例如“兔子跑了”读成“肚子跑了”；②歪曲，也称扭曲，指无法发出正确的读音；③省略，即只发出部分音，如将“跑”读成“袄”；④增音，即在一个字音内增加原本没有的音，如将“衣”读成“机”。

构音障碍是学龄前儿童和学龄儿童中最常见的一种言语障碍，可以分为器质性构音障碍和功能性构音障碍。器质性构音障碍主要是由于解剖、运动或感觉方面的异常造成的，即通常伴随生理异常，如唇腭裂、听觉障碍、脑瘫或面瘫，构音的问题是由于生理异常导致的；而功能性构音障碍则没有任何器官上的异常，从骨骼、肌肉组织和其他器官的构造上，都找不出缺陷，而造成言语障碍的原因可能是有关神经系统的发育迟滞，也可能与遗传因素有关，或在语言发展的早期阶段，处于不良的社会文化环境中，也可能造成功能性构音障碍。

构音障碍通常发病于儿童9岁之前，男孩多于女孩，通常儿童随着年龄增长，发音器官日渐成熟，所发的言语声音随之趋于正常，但有些儿童却始终无法发出正确的音，甚至严重到影响言语的清晰度和可懂度。这些儿童往往难以理解声音的独特性以及声音之间的差异，从而在发音方式上出现问题，也有些儿童可能存在口语工作记忆或词汇学习和提取上的问题。

2. 发声障碍

发声指通过唇部、牙齿、下颌、舌部、软腭、硬腭及悬雍垂等器官的协调运动发出言语声音的过程（图9-1）。发声障碍又称声音障碍，是指发声时出现错误，或因发音器官的构造异常或运用不适当而导致的嗓音或鼻音障碍。例如，有的儿童喉、嗓、鼻腔等器官本身就有器质性病变，因而影响其正常发声；也有部分儿童协调运用声带、口腔或鼻腔等器官的能力有限，在说话过程中不会对音质、音高、音强等进行恰当的控制，久而久之造成声音运用的障碍。从发声障碍的表现形式上，可以分为：①音调异常，即音调过高或过低；②音量异常，即音量的强弱不当；③音质异常，即有气息声、声音嘶哑或气息声与粗糙声混合的声音。

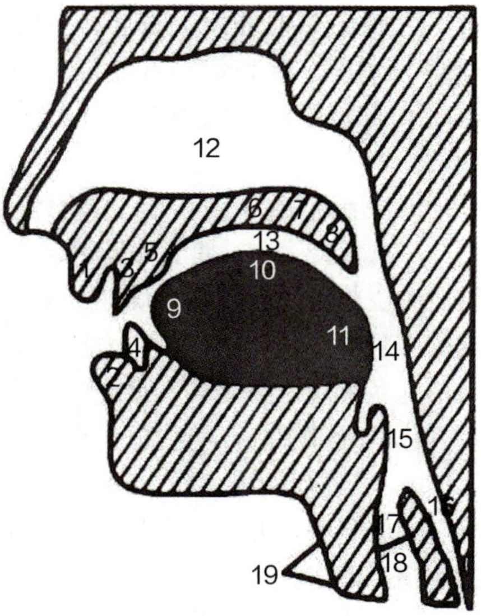

图 9-1 发声器官示意图

1—上唇 2—下唇 3—上齿 4—下齿
5—齿龈 6—硬腭 7—软腭 8—小舌
9—舌尖 10—舌面 11—舌根 12—鼻腔
13—口腔 14—咽腔 15—会厌 16—食道
17—气管 18—声带 19—喉头

3. 流畅性障碍

流畅性障碍又称口吃，世界卫生组织将其定义为言语节奏紊乱。流畅性障碍主要指在连续话语过程中的韵律失调，表现为节律、语速的失当。患有流畅性障碍的儿童，其言语呈现出的话语节律混乱过于突出，主要分为三种类型：①重复发音。重复语音数次才能继续说下去，重复的内容可以是字、词以及短的词组。②言语阻塞。说话时突然发生阻塞，下面的话不能流畅地顺接上来，言语阻塞有时表现为起音困难，即说话时第一个声音因遇到阻塞而发不出来，且一旦发出声音后，又把整句话说得过快。③语音延长或节奏不当的停顿。严重的流畅性障碍儿童，不得不采用非语言的交际手段来替代口语的交流，其结果严重干扰了口语交际的进行。

三、语言和言语障碍儿童的成因

儿童语言和言语障碍的致病原因有许多，以下介绍的是普遍存在的一些原因。

（一）生理原因

生理原因即器质性原因，指患儿的语言和言语有明显的生理疾病。据统计，在语言和言语障碍的发病人群中，有40%以上是因生理缺陷所导致的。

1. 遗传因素

语言和言语障碍有明显的遗传倾向，父母小时候开口晚，孩子学会说话的时间也有可能会晚。研究发现，约20%的语言和言语障碍儿童的一级亲属存在语言和言语障碍。另外，有关双生子的研究也为遗传因素提供了证据，研究发现，同卵双生子语言和言语障碍的共同发生率高达80%，异卵双生子语言和言语障碍的共同发生率也达到了38%[①]。

2. 大脑损伤

大脑皮质的语言中枢损伤，会直接导致语言的理解或表达发生障碍，致使语言发展迟

① 刘春玲，江琴娣，颜廷睿．特殊教育概论［M］．上海：华东师范大学出版社，2016：157.

缓，大脑的其他部位（如听觉中枢）的损伤或轻微脑功能失调也可能间接地影响儿童的语言获得与发展，导致语言或言语障碍。调查发现，0～14岁人群主要致障原因中脑瘫占30%[①]。语言和言语障碍的病因除少部分是由唇腭裂引起的之外，主要还是智力低下、遗传及脑瘫造成的。

3. 听觉障碍

一项研究表明，听觉障碍引起语言和言语障碍排位第五[②]。听觉是语言感受的重要渠道，当儿童听力受损害后，不能正确地察觉声音传导，导致产生程度不等的语言发育迟缓，其迟缓严重程度受多种因素的影响，如听力损害程度、发生的年龄、矫治听力的年龄、矫治的效果等。听力丧失的儿童无法学习说话，最终成为聋哑人，这就是十聋九哑的原因。另外，婴幼儿时期，长期反复发作的耳部感染及药物损伤听神经，对听力和早期语言发育也会产生不良影响。

4. 其他疾病

在临床中，儿童语言和言语障碍还常常与其他儿童发育障碍或精神发育疾病伴随产生，如孤独症谱系障碍、智力障碍、唇腭裂等。

孤独症谱系障碍儿童的一个重要特征就是交流障碍，并伴有交往困难和刻板的重复性动作。其语言和言语障碍表现为完全或部分不理解，没有语言或言语过于刻板，并伴有夸张式的韵律，其语用也出现问题，会出现回声样语言。几乎没有眼神交流，面部表情和姿势也很有限。

智力障碍也是导致语言和言语障碍的常见原因。某些染色体和遗传性疾病伴有语言障碍，如患有唐氏综合征的儿童有程度不等的语言障碍。

说话是一种快速、复杂的动作行为，需要精密的神经与肌肉协调的配合，患有唇腭裂的儿童，其发声系统受损，会导致说话的清晰度和流畅性受损。

（二）环境因素

儿童语言和言语能力的发展与环境密不可分，导致儿童语言发展迟滞的常见原因之一就是儿童缺乏适当的语言学习环境，“狼孩儿”就是儿童语言环境被剥夺的典型例子。另外，还可能因过度照顾而减少语言学习沟通的机会，可能缺少模仿说话的对象，可能在语言学习初期身处混杂的多种语言环境，诸如此类的不利环境都可能会限制儿童语言的正常发展。

家庭是儿童沟通能力发展的最直接的环境，良好的家庭环境有助于促进儿童语言的发展，反之则会造成阻碍。在儿童学语期间，由于各种原因致使儿童缺乏文化刺激或生活经验，或者没有让儿童感到说话的需要和乐趣，也极有可能造成儿童的语言发展问题。如果儿童从小被性格孤僻、很少与人交流的老人照顾，那儿童的语言发展很可能会落后。父母与儿童交往过程中所使用的词汇量，在交流中如何重复和扩展词汇直接关系儿童词汇量的增长和语言发展的速度。

（三）心理因素

儿童只有具备了使用符号的心智能力，才能学习语言和其他的认知功能，同时，也只有注意、了解各种语言符号，将之与事物联结、类化并保存在记忆中，儿童才能恰当地使用语言，扩展理解能力，促进语言的发展。

儿童在身体与情绪方面的障碍会消耗精力，限制甚至扭曲其与家人的关系，妨碍正常的感觉动作与独立成长的发展，进而影响沟通能力的发展。另外，儿童的语言和言语障碍与行为问题之

---

① 阮航．吉林省言语残疾状况及康复建议［J］．中国现代医生，2009（14）：130-131.

② 殷怀明，黄新文．浙江省0～14岁残疾儿童流行病学调查［J］．中国儿童保健杂志，2012（1）：35-37.

间也有密切的关系，明显的情绪创伤或心理社会的不良因素可能影响儿童语言发育或引起语言障碍。例如，选择性缄默症是一种较少见的语言障碍，通常在5岁左右发病，儿童在某些特定的情境中（如在学校）不说话，这些儿童一般语言功能正常，其交流障碍多是由于情绪创伤或行为障碍引起的。

四、语言和言语障碍儿童的评估

将可能有语言和言语障碍的儿童筛查出来，能为正式评估提供依据，能尽早在儿童语言发展关键期内发现问题，也是制订特殊教育和训练计划的出发点，有利于尽早进行科学、有效的康复。

（一）家长或教师的日常观察

1岁以后儿童的语言开始发展，家长或其他照料者是儿童最常接触与互动的对象，也是最了解他们的人，成人能够根据语言发育的里程碑，及早注意到儿童语言、沟通能力发展的特征、水平，从而发现其语言和言语发展迟缓的征兆。

家长或教师可通过对儿童日常表现的观察，或使用一些简单的核检表来确定儿童现有的语言能力，发现可能存在的问题。除了对照表9–1外，在日常生活中还要注意观察，如果儿童相应的年龄段出现表9–2中所述症状，可怀疑语言和言语发展迟缓，需要引起家长或教师的注意，以进行深入的检查。

表9–2　语言和言语发展迟缓的早期征兆

年龄段	早期征兆
3岁以下	①咀嚼和吞咽食物困难，或者拒绝食用很难咀嚼的食物 ②用吸管喝饮料或者吮吸有困难 ③坐着时嘴巴张开，舌头外露 ④比其他儿童更容易在喝饮料或者吃东西时噎住 ⑤当食物吃完有少许残留在脸上时很难感觉到 ⑥对模仿语音和单词很少感兴趣 ⑦避免与父母和其他家庭成员进行眼神接触 ⑧使用手势或者发出响声来表达自己的欲望 ⑨对听故事或者与父母一起看书很少感兴趣 ⑩非常安静、被动：很少主动交流 ⑪对一般的儿童游戏没有反应或者不会模仿，比如挥手表示再见 ⑫不会使用一致的能够被辨认的单词（14个月以后） ⑬不会以游戏的方式发出响声或者声音
3～5岁	①当别人不理解他想要什么时，表现出受挫折的神情 ②不喜欢/逃避复述某些节奏 ③唱歌时回忆歌词很困难，即使每天都在听的歌 ④仍旧存在进食方面的问题，食物需要比其他同龄的儿童切得更细 ⑤用吸管吸浓稠的液体（如豆腐花）时有困难 ⑥依赖手势来补充他说的内容 ⑦也会玩玩偶但很少对其说话 ⑧在解释什么事情让他们感到难受方面有困难；父母需要询问很多问题才能了解发生了什么事情 ⑨看电视或者电影之后不能说出其中重要的情节 ⑩常常听熟悉的故事，但不能随着故事情节发展翻书和复述故事情节

（二）使用核检表

为了能够正确及翔实地描绘出儿童的语言学习问题或困难，语言治疗师、医生等专业评估人员可以请家长或教师等填写问卷、核检表或回答一些与语言发展有关的问题，从而对儿童是否存在语言和言语障碍进行初步筛查，为正式评估提供依据。比如观察儿童是否能够理解简单的指令，观察儿童对简单词语的模仿情况，检查儿童对疑问句、人称代词的理解和运用情况等。表9-3为家长调查问卷的一个样例，当然，教师也可以根据幼儿园和儿童的实际情况，自主设计一些核检表，以初步评估儿童的词汇、语法、语用能力，以大致了解儿童语言的发展情况，尽早发现那些可能存在语言问题的儿童，以转介到专业机构或医院进行正式的评估。

表9-3　家长调查问卷[①]

孩子姓名：　　　　出生日期：
您的姓名：　　　　与孩子的关系：
填表日期：
以下问题涉及孩子与您交流情况以及孩子语言发展状况，请您根据孩子的情况仔细做出回答。谢谢您的配合！

您孩子的情况			
1	孩子曾经与您长期分离吗？	是	否
2	孩子经常住院吗？	是	否
3	您和孩子说话时，他有反应吗？	是	否
4	孩子是否经常躲避眼神接触？	是	否
5	孩子是否用手势语进行交流？	是	否
6	孩子对周围的人和事感兴趣吗？	是	否
您的孩子与其同龄的孩子相比			
7	您在教孩子时，他的反应是否有异样？	是	否
8	孩子的智力和理解力有差异吗？	是	否
9	孩子在1岁前的发音是否有异常？	是	否
10	您觉得孩子爱说话吗？	是	否
11	孩子语言发展是否曾出现停滞或倒退？	是	否
12	您觉得对于他的年龄而言，语言发展是否正常？	是	否
13	孩子在语言发展过程中是否存在异常？	是	否
14	是否有沟通障碍的家族史？	是	否
15	孩子是否曾因为语言发展问题做过诊断或治疗？具体情况？	是	否
16	孩子开口说的第一个有意义的字（词）的年龄？		
17	孩子第一次把两个单词合在一起使用的年龄？		
18	孩子开始出现完整句子的年龄？		
19	孩子通常是怎样表达自己的需求的？		

① 刘春玲，江琴娣，颜廷睿. 特殊教育概论［M］. 上海：华东师范大学出版社，2016：162-163.

拓展阅读

儿童早期意向交流发展异常能够预测语言和言语障碍[①]

语言和言语障碍在婴幼儿群体中具有较高的发病率，早期诊断与干预能够有效提高此类儿童的语言能力。研究发现，各年龄段语言发展的里程碑是早期诊断的重要依据，而儿童早期意向交流的发展异常则能有力预测语言和言语障碍。

语言产生前的前语言沟通行为是语言学习和使用的基础，包括双向互动、联合注意、使用手势、象征游戏。双向互动是儿童与其互动伙伴之间的联合参与过程，是交流产生的基础。联合注意是社会交际能力的一个重要的早期指标，它的正常与否，能够区分普通儿童和障碍儿童。能够在联合注意的情境中使用符号，比如手势或单词，标志着儿童在从前语言向语言过渡。象征游戏的发展与沟通能力的发展是平行的，因为它们都以符号的使用为基础，所以是否发展出象征游戏也是一个重要的预测指标。如果儿童前语言沟通行为发展异常，那么就需要家长高度关注该儿童语言能力的发展，最好对其进行追踪随访。

（三）标准化测验工具

标准化测验一般需要由接受过专业训练的人士进行，因为儿童目前的语言发展水平是否处于正常的发展范围之内，需要借助非常丰富的临床经验进行判断，否则很有可能在评估过程中犯错误，给儿童和家长带来不必要的思想负担，也可能丧失最佳的干预时机。在进行标准化测验时，针对不同类型的沟通障碍有其专项的评定方式。

1. 构音障碍

对于构音障碍，可以利用自然话语或标准化的鉴定工具进行评定。例如，国内较多地使用河北省人民医院张清丽等修订的Frenchay构音障碍评定法。该测验的内容包括反射、呼吸、唇、颌、软腭、喉、舌、言语8个项目28个分项，每个项目均分5个等级来说明功能异常的性质和程度，分别是：A—正常，B—轻度异常，C—中度异常，D—明显异常，E—严重异常。可根据正常结果所占比例（例如，A项/总项数）简单地评定障碍的程度，为诊断和疗效提供客观动态的指标。

该测验的具体内容包括：①反射。咳嗽、吞咽、流涎。②呼吸。静止状态和言语时同患者谈话观察呼吸运动模式。③唇。静止状态、唇角外展、闭唇鼓腮、交替动作和言语时唇的运动。④颌。静止状态和说话时颌的位置。⑤软腭。反流及抬高软腭的情况、说话时鼻音和鼻漏气音。⑥喉。发音的时间、音调、音量、清晰度。⑦舌。静止状态、伸舌运动、抬高运动、两侧运动、说话时舌的运动。⑧言语。读字、读句、会话时的情况及速度。

2. 发声障碍

对于发声障碍的评估，通常根据儿童所表现出来的音调、音量及音质等特征，再结合个体的年龄、性别及发声环境等综合因素来考虑。

音调检查时，评估人员可以让儿童以自然的音调朗读一小段文章，同时可以用鼻音相同的音调，然后在钢琴音阶上找出同样高的音调，这样就可以知道个体平常说话时的音调有多高，大致了解个体是否存在音调过高或过低的错误。注意可以选取不同的句式，比如感叹句、命令句、疑问句让儿童模仿。

① 刘玉娟. 0～3岁儿童语言和言语障碍的早期诊断与干预［J］. 中国特殊教育，2018（9）：53-57.

音量检查时，评估人员可以让儿童读一些短文，或者与儿童对话，让儿童打电话，在不同距离喊人等，看看儿童发出的音量是否能适应周围环境的要求，是否根据环境需要调整音量的大小。

音质检查主要靠评估人员用耳朵来判断，一般音质检查主要看儿童说话时是否存在呼吸声（气息声）、嘶哑声、粗哑声，观察儿童说话或者朗读时所发出的声音是否有令人难受的感受。

3. 流畅性障碍

流畅性障碍的评估，主要是评估言语不流畅出现的频率，确定儿童在各种情境（自然情境、朗读、对话等）中出现不适当中断或重复的次数及比例，以及言语不流畅的表现形式，以确定儿童是否有重复、无意义的停顿以及伴随动作。

需要说明的是，如果流畅性障碍儿童有面部痉挛的表现，最好用摄像机进行记录。关于计时，在儿童开始言语表达的同时按下秒表，如果儿童在表述过程中有较长时间的停顿，应停止计时，将停顿时间除去。对于次数的计算，采用计数器记录儿童在每个项目中出现的流畅性障碍次数。对结果的分析，要将流畅性障碍次数除以总时间，得出每分钟流畅性障碍次数，超过3次为异常。另外，在测试完成后，还要将测验时儿童的流畅性障碍表现与平时相比较，询问家长是否有较大差异，将儿童的流畅性障碍表现按照不同的程度分为5级，最轻一级为1级，最重为5级，并评定当天的表现等级。

4. 语言发育迟滞

普通儿童的语言发展有一定的规律，依照标准化的测验工具可以较为迅速地确定儿童是否存在语言发育迟滞，如使用皮博迪图片词汇测验（Peabody Picture Vocabulary Test，PPVT），以评估儿童的词汇理解能力。

5. 失语症

对于失语症的评估，可以采用波士顿失语诊断测验（Boston Diagnostic Aphasia Examination，BDAE），该测验是英语国家普遍采用的标准失语症测验，河北省人民医院张清丽等结合汉语和我国文化的特点对其进行了修订，测验包括语言功能和非语言功能的检查，测验内容分为听觉理解、口语表达、书面语言理解、书写四项。

（四）评估过程中应注意的问题

在语言和言语障碍儿童的评估过程中，应注意以下几个方面的问题。

（1）评估时要充分考虑儿童的发育特点、语言获得特点、认知特点、年龄特点，不要将儿童的认知局限、发育局限和语言获得的年龄限制误认为语言或言语障碍。

（2）评估时要充分考虑儿童的语言背景和文化背景，切莫将儿童的语言背景、知识背景和文化背景的贫乏误认为是语言或言语障碍。

（3）评估时要注意儿童的身体和情绪反应，评估应在儿童身体状况良好、心情充分放松、有积极配合意向的情况下进行。

语言障碍的评估应与障碍者的心理评价结合起来，因为语言障碍影响交流，但又不易被人所理解，长此以往，语言障碍者就很有可能伴有心理障碍，有人甚至对交流产生恐惧，因而产生自卑、自闭、烦躁等倾向。评估时面对陌生人，这种倾向往往表现得愈加突出。对此，除要求评估者在评估前与儿童建立良好的关系外，评估者还应多观察、多疏导，及时调整评估计划，以确保评估的科学性和准确性。如果对智力发育迟缓的儿童做语言和语言障碍的评估，还应与智力评价相结合。

第二节 语言和言语障碍儿童心理特征

由于存在语言和言语障碍，导致患儿在认知、情绪与行为、人际交往与社会适应、身体发展等方面与普通儿童存在差异。

一、认知

儿童的语言发展是一个复杂的过程，语言和言语障碍部分原因是大脑发育造成的，即与同龄儿童相比，不但语言发展出现明显迟滞，智力发育也出现了一定的偏差，比普通儿童相对低下。在认知发展上，语言和言语障碍会对儿童的知觉、注意、记忆等诸多方面产生消极影响。同时，语言和言语障碍还在一定程度上影响了儿童的学业学习，尤其是与语言相关的学科课程的学习。

研究表明，构音障碍儿童的听觉分辨能力明显落后于普通儿童①，同时，其持续性注意水平明显落后于普通儿童②，记忆和空间知觉能力也落后于普通儿童③。流畅度异常儿童的显著认知特点除了明显的语言障碍表现，如言语不流畅、语速慢、言语节奏不当等外，还表现出形象思维较多，而抽象思维较为缺乏。

二、情绪与行为

由于语言沟通在人类社会的互动中占据十分重要的地位，所以语言和言语障碍不仅妨碍彼此之间的沟通，更会导致沟通障碍者产生许多情绪或行为问题。

1. 情绪特征

儿童因语言或言语障碍，导致他们常常会感受到来自外部环境的压力，包括来自家长、老师、同伴的压力等。因此，他们在面临需要沟通的情境时，可能会表现出明显的焦虑，对自己的沟通能力和沟通效果有不确定感；或者因受到嘲弄、耻笑、拒绝，难免因此产生愤怒、焦虑、敌意与罪恶感，而这些消极的情绪反应不仅会使其语言问题更加恶化，还可能导致个人的自我贬值感和心身性疾病的产生，并伴有焦虑、自卑等，给儿童造成了沉重的负担。除此之外，还可能出现一些异常的行为表现，如恐惧、逃避、退缩、害羞、偏爱单独活动等。

2. 行为特征

不同类型的语言和言语障碍儿童，其行为特征有所不同，在关于分类的介绍中，已经描述了各类儿童的症状表现。除此之外，流畅性障碍儿童还会伴有皱眉、闭眼、张口、耸肩等一系列不经意的动作。

三、人际交往与社会适应

语言和言语障碍儿童可能会因言语不清或说话异常而引起同伴的好奇或取笑，因此，这类儿

---

① 赵云静．功能性构音障碍儿童听觉辨别能力的病例对照研究［D］．沈阳：中国医科大学，2003.

② 宋辉青，赵亚茹，赵云静，等．功能性构音障碍儿童的持续性注意研究［J］．中国临床心理学杂志，2007（1）：21–22.

③ 宋辉青，赵亚茹，赵云静，等．功能性构音障碍学龄儿童的智力水平和智力结构分析［J］．中国儿童保健杂志，2008（2）：177–178.

童在人际交往与社会适应中也会遇到一定的困难。

1. 退缩与回避

语言和言语障碍的儿童普遍存在社交问题，不爱和他人一起玩，他们可能会有意减少在他人面前的言语行为。在公共场合或团体交往情境中，往往选择回避的方式，以掩饰自己的不足，这种退缩与回避容易产生恶性循环，导致儿童自我隔离，进而影响其融入社会。

语言和言语障碍儿童的社交问题绝大部分原因在于语言沟通与表达受阻，他人说的话，语言和言语障碍儿童不理解，而他想表达的又不能正确地说出来。一般来说，语言和言语障碍儿童不缺乏社交兴趣，有交往动机，但由于语言和言语障碍，导致交往技能缺乏而产生社交问题。

2. 攻击

当意识到自己或自己的言语行为受到他人贬低时，部分语言和言语障碍儿童会为了维护自己的自尊而采取攻击的方式，进而导致他们和同伴之间的疏离。需要说明的是，年幼的语言和言语障碍儿童可能对自己的障碍并不自知，也无所谓挫折感和焦虑，但是随着年龄的增长，他们会从外界反馈的信息中评价自己的能力，也正是在这个过程中，他们逐渐产生压力感和焦虑感。

四、身体发展

一般而言，语言和言语障碍儿童的身体发育比较正常，他们在身高、体重、动作协调性等方面与普通儿童没有明显差异。但是，某些因发音器官异常，如唇裂、腭裂、脑瘫、听觉障碍等因素而造成的语言和言语障碍的儿童，除语言问题外，还可能在视觉、运动、智力和学习成就等方面出现障碍问题。

拓展阅读

学龄前语言障碍儿童的行为问题研究①

语言障碍儿童表现出较低的语言能力，相对于同龄语言正常的儿童来说，学龄前语言障碍儿童发生社会交往问题、多动或注意缺陷的相对风险较高。学者马希瑞（2019）探讨了语言障碍儿童对社会行为问题的影响是否存在显著差异。

研究者首先对114例学龄前儿童进行普通话理解和表达诊断性评估，以评估其在理解性语言、表达性语言、语义、句法和总体语言方面的水平，并采用长处与困难问卷（父母版）以评估儿童的社会行为问题状况。

结果显示，语言障碍组儿童的多动或注意缺陷、同伴关系问题和困难总分显著高于正常对照组儿童，亲社会行为得分则显著低于正常对照组儿童，情绪问题和行为问题得分没有显著的组间差异。语言障碍组儿童多动或注意缺陷症状的发生率和同伴关系障碍的发生率分别是正常对照组儿童的2.15倍和2.18倍，而亲社会行为会随着年龄的增长而逐渐改善。

① 马希瑞. 学龄前儿童语言障碍与行为问题的相关性探讨［D］. 上海：上海交通大学，2019.

第三节　语言和言语障碍儿童教育干预

学前期是语言发展的关键期，因此语言和言语障碍儿童的早期干预至关重要。儿童开始干预的时间越晚，习得有效语言技能的机会越小，而缺乏功能性语言，儿童就不能够成为一个真正的社会人。

一、SRJ口部肌肉训练法

SRJ口部肌肉训练之三步方案是近年来新兴的，且在实践中得到疗效检验的一种治疗方法。该训练法运用一系列工具，能够有效锻炼发音所需的肌肉，对于矫正言语障碍有很好的效果。

（一）SRJ口部肌肉训练简介

SRJ口部肌肉治疗之三步方案（A Three Part Treatment Plan for Oral-Motor Therapy）是由美国亚利桑那州创新治疗师国际中心的创办人莎拉·罗森斐德-庄臣（Sara Rosenfeld-Johnson）创立的。庄臣是一位有超过38年言语治疗专业经验的言语治疗病理学家及口部肌肉治疗专家，她在言语治疗上创新地开创了触觉、感知的治疗新方向，指导家长及治疗师利用口部肌肉训练工具来训练发音说话所需的肌肉活动，以达到言语治疗的目的。为儿童进行SRJ口部肌肉训练可以改善其进食、发声和发音问题，学会自主控制口腔的气流，减少并消除流涎现象，改善说话的清晰度。

人的身体具有独立活动能力的器官有很多，比如头部及身体，下颚及头部，唇部、面部、眼睛及下颚，舌头及下颚等几组器官。由于缺乏这些必要的能力。很多患者会使用紧绷的异常姿势来补偿他们稳定性弱的缺点，但这样的姿势往往会阻碍肌肉运动的活动性。通过口部肌肉训练，可以将受训对象的口腔感知触觉正常化，增强他们对自己口腔结构的意识，改善其发音说话时口部肌肉结构自主活动的准确性，同时还能增强口部肌肉的独立活动能力。所谓独立活动就是一组或多组肌肉以稳定性和足够的力量为基础的分开活动，基于这种独立活动能力，大脑通过空间运动的分段控制，达到对各部分肌肉的分级调控（下颚骨—唇部—舌头）。

（二）SRJ口部肌肉训练实施

SRJ口部肌肉治疗之三步方案强调训练发音说话时所需的口腔、上颚软口盖、下颚骨、唇部和舌头的肌肉组织；增强这些肌肉的功能和力量。该方案分为三步：感知训练、喂食训练、口部肌肉训练。

1. 感知训练

感知训练用到的工具主要有海绵按摩棒（图9-2），其目的在于使口腔灵活，可以进行脸颊内壁、牙龈和上颚部分的按摩。

脸颊内壁的按摩方法：用手轻轻托住儿童下颌，单手微微用力捏起儿童脸颊，使其嘴巴能自然张开为宜。将海绵按摩棒轻柔地放进口腔，先上下按摩一侧的脸颊内壁，按摩到的面积尽量大一些，力度能使脸颊鼓起一个小包为宜（像含着棒棒糖的样子），左右脸颊内壁按摩次数以上下3次为1组，各重复3组操作结束。

牙龈按摩从底部开始向牙龈尖端部分的方向自下而上地顺着牙龈生长方向轻刷，按摩时要确保上下牙龈至少刷到一次。舌尖和舌头中间部分按“Z”字形按摩手法，舌头两侧则使用由内向外的手法轻刷。

图9-2 海绵按摩棒

上颚部分同样用“Z”字形轻柔按摩即可。结束时引导儿童做“O”形嘴型、将海绵头沿着儿童嘴唇旋转一圈，然后慢慢拔出海绵棒。

进行按摩之前，可以适当准备一些儿童爱吃的饮品，如牛奶、椰奶等。然后用海绵棒蘸取少量饮品，用海绵棒轻轻擦拭儿童嘴唇，这样，尝到美味的儿童就会爱上海绵棒。等儿童完全适应海绵棒之后就可以开始正式进行口腔肌肉的按摩训练。

2. 喂食训练

吃东西所用的肌肉与说话所用的肌肉是一样的，因此正确的喂食是一种口部肌肉训练方式。

（1）调羹喂食。坐姿配合口腔内正确的调羹放置（侧置、前置、调羹啜饮），使之能达到以下的目标：合唇、舌头后缩、下颚骨分级调控。具体操作如下：喂食时要把食物放进侧边臼齿上，鼓励儿童把舌头向两侧移动。①侧置。打横调羹喂进嘴里，侧置→反手侧置，轮流练习合唇，协助发m、b、p音。②前置。平常用法，调羹前端伸进嘴里，练习圆唇，协助发uo音。③调羹吸饮。将放有食物的调羹置于双唇之间（不是牙齿之间或舌头上）向后吸吮，练习舌头向后缩功能。

（2）杯子进饮。使用剪口杯、Talk Tools深盖杯子（紫色）。训练能达到以下目标：合唇、舌头后缩、舌尖提升或下压、下颚骨分级调控。食物或饮料由稀到浓，逐渐增加训练难度。

（3）吸管治疗。用吸管比用杯子困难，因此训练时吸管用的饮料要比杯子用的饮料更容易吸引儿童，尽量不要放同一种饮料在杯子和吸管中，保持稳定的坐姿。训练目标有：圆唇、收紧面部肌肉组织、下颚骨稳定性、独立进食。吸管治疗从直径较大的吸管开始，同样，食物或饮料由稀到浓，逐渐增加训练难度。

（4）固体食物咀嚼训练。当儿童舌头不会向两侧动时，应把食物放在大臼齿位置，以免儿童没有咀嚼就吞下去。训练目标有：舌尖两侧转移、下颚骨稳定性及对称性、舌头后缩、独立进食。逐渐增加食物质量，增加训练难度。

另外，吹泡泡可以练习口腔分级调控、下颚骨稳定性、圆唇、舌头后缩；吹气笛可以练习发声、减少或消除流涎、增强说话清晰度、增强感知觉、减少触觉过敏等。还有一些练习，如口香糖咀嚼、啜饮、纽扣拉力、压舌棒、脆谷等，都能达到训练口部肌肉的目的。

3. 口部肌肉训练

口部肌肉训练在前面两步的基础上，综合运用多种材料，比如T字形牙胶、P字形牙胶、牙胶棒、吸管、纽扣和压舌板等（图9-3、图9-4），来改善发音说话，提高说话清晰度。除此之外，还可进行肥皂泡吹气层次练习、吹气笛层次练习、吹气球训练、缓慢咬食训练、口香糖咀嚼训练等综合性、多层次的训练。通过口部肌肉训练，可以使儿童的口腔感知触觉正常化，增强他们对自己口腔结构的意识，改善其发音说话时口部肌肉结构自主活动的准确性。

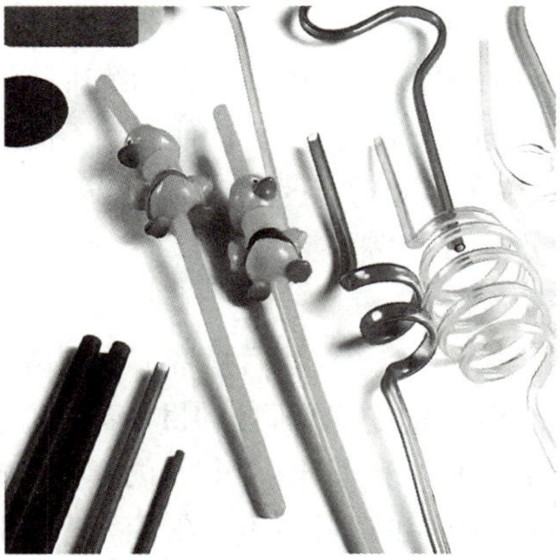

图 9-3　SRJ 口部肌肉训练工具

图 9-4　T 字形、P 字形牙胶

二、行为主义的语言干预方法

行为主义的语言干预方法，基于行为主义中强化、消退、奖励和惩罚等基本概念，将行为主义的方法应用于语言和言语障碍儿童的干预训练，主要采用“模仿、模式和启动”的干预模式，以诱发儿童的话语，从而直接对儿童的语言进行干预训练。

“模仿、模式和启动”的干预模式用于儿童话语之前。其中，模仿指一对一的匹配。例如，成人说：“看看那个女孩在干什么？告诉我，那个女孩正在跑步。”儿童则回答：“那个女孩正在跑步。”模仿是很有价值的语言促进技巧，特别是在针对特定目标语言行为干预的早期阶段。

模式是指成人（有时是其他儿童）提供有轻微变化的话语例子，但每一句都包含希望儿童习得的相同的关键语言特征，它是集中刺激的干预方法之一，对这些模式的预期反应与模式不一定完全吻合，但目的是要包含模式中共同的关键成分。例如，成人说：“这只狗很大，那只猫很大，那只狮子很大。看，这只猪怎么样？”儿童回答：“猪很大。”从中可以看出，成人话语中共同的成分包含在儿童产出的相似的话语中，但并不完全一致，使用模式时，还经常有第三者（可能是成人，也可能是其他儿童）的参与，这个第三者在对成人的刺激进行反应时，将目标语言模式化，成人则对第三者合适的反应进行积极强化。儿童会观察到双方的反应和这种强化行为。

通过对模仿和模式的反复练习，在合适的情境下，就诱发了儿童启动相应的语言行为，有了正确的语言表达，在这之后，成人紧跟着对儿童的正确行为进行强化，儿童就会逐渐积累起越来越多的目标语言行为。

当前，许多语言训练及干预方法背后都是行为主义的干预模式，以下将根据语言和言语障碍的不同类型一一阐述。

（一）构音障碍的直接干预策略

除器质性因素造成的构音障碍外，在发音过程中因发音器官协调运动障碍而导致的发音失准是构音障碍的主要原因。所以，加强感觉运动技能训练、进行语音辨别和语音发声训练，是有效干预构音障碍的措施。

1. 感觉运动技能训练

感觉运动技能训练的目的是让儿童具有熟练的感觉运动技能，训练的重点是各种构音动作。训练者将目标音分解成若干一连串的动作之后，再逐一让儿童模仿这些动作。训练时，教师要清楚地告诉儿童每个语音的构音位置。感觉运动技能训练要穿插在各个语言训练内容中，如呼气训练、舌操训练。

2. 语音辨别训练

构音障碍儿童往往在辨别语音差别方面存在困难，因此，一般在语言训练中要加强儿童听觉辨别能力。在训练时，先要求儿童辨别其他人所发出的语音，然后再让他们从不同的音中区分正确音和错误音，从而逐渐学会判断自己的音是否正确，当儿童能区别正确音和错误音之后，就可以进行目标音的发音训练。

3. 语音发声训练

语音发声训练要遵循循序渐进的原则，一般先学习单个音，然后是音节、词语、词组，最后是句子。在每个阶段的训练中，教师可以先给儿童一个正确的用以模仿的目标音。语音训练可以借助各种工具和材料，比如可利用图片命名、图片句子完形、单词朗读、句子朗读等形式来训练。

当儿童已经能够很容易发出正确音时，教师和家长应注意引导儿童在多个情境中的泛化和迁移，如可以使用对话、朗读等方式进行训练，这些方式比较接近正常说话的情境。

（二）发声障碍的直接干预策略

儿童发声障碍很大一部分原因是滥用声带或者误用声带，因此，教师和家长要尽可能帮助儿童养成良好的发声习惯。

1. 预防策略

养成良好的发声习惯，一方面要让儿童认识什么样的声音是良好的声音，另一方面要帮助儿童养成良好的发声习惯。例如，引导儿童用鼻呼吸，注意用嗓卫生，用适当的音量、音调说话，唱歌时选取儿童音频区的音乐，避免用嗓过高或过低。注意说话时儿童的情绪稳定，避免在情绪极高昂时用声音发泄情绪，还要注意避免让儿童在空气混浊的地方说话。

2. 干预策略

对于有发声障碍的儿童，如果评估中发现有生理结构的病理性变化，首先应进行医学方面的治疗，如果是功能性的声音障碍，教师应首先了解是什么原因造成儿童出现声音问题，障碍的表现有哪些。如果是心理因素影响儿童的声音状况，可转介至专门的心理咨询中心。对于儿童的发声训练，教师可以按吸气、吐气、成声、发音、放松五个步骤进行，在训练过程中，可以借助儿歌、绕口令等有趣的语言材料让儿童练习。

（三）流畅性障碍的直接干预策略

学龄前儿童一般处于流畅性障碍的初级阶段，儿童大多数时候能够流畅地说话，只是常常会重复一些音节、延长一些音，他们往往不知道自己有流畅性障碍的现象，也很少担心流畅性障碍。生活中，父母和教师需要注意的是，不要对孩子说话提出太高的要求，不要在孩子说话时施加太大的压力，和孩子说话时语速不要太快，多使用简单的、短小的语句。

1. 消除或降低负面情绪

如果父母或教师向儿童提出各种较高的要求，而儿童因未能完成受到惩罚，就很容易让儿童感到挫折，同样，流畅性障碍儿童面临说话困难也会产生挫折感。因此，对流畅性障碍儿童的教育干预，首先应适当地减少其挫折感，增强他们对挫折的耐受力，也要尽可能地降低他们遭受挫折的次数。另外，还要让儿童的负面情绪有一个宣泄口，如果无处宣泄，儿童可能会通过流畅性障碍行为将这些不良情绪表现出来。

2. 塑造流畅性的言语

系统脱敏法就是运用条件反射的理论，通过对流畅性言语的强化，来帮助个体养成良好的说话习惯。游戏中通常是儿童最没有压力的时候，因此，教师可以利用适合儿童年龄段的游戏，让儿童进行角色扮演，充分宣泄自己的压力与焦虑感，也让儿童在游戏中自由地表演与说话。此外，帮助儿童养成良好的呼吸习惯也非常重要，利用一些辅助性的方法，比如唱音法，通过用手或其他工具打节拍让每一个音缓慢平稳地发出来，先从音开始，再到词、词组和句子。

拓展阅读

3D虚拟口吃辅助矫正软件[①]

口吃，俗称“结巴”“磕巴”，是一种言语流畅性障碍，在口吃矫正领域，除了常见的矫正方法外，随着虚拟现实技术的发展，利用三维虚拟软件来矫正口吃成为现实。学者严磊（2016）研究了人的发音器官结构、发声原理的三维表现，尤其是口吃者错误呼吸发声位置、症状等方面，通过三维虚拟可视化技术、视音频剪辑技术、交互技术等计算机手段，实现视觉盲点可视化，进而搭建了直观、交互、可视化的虚拟口吃矫正平台。并通过招募被试者进行实操检验，证实了该软件在矫正口吃上的可行性与有效性。

三、自然主义的语言干预方法

自然主义的语言干预方法强调在自然环境中，将干预贯穿于儿童一天的语言学习活动，随机原则是这种语言干预方法的核心原则之一，即利用环境中自然发生的强化物及时给儿童创造语言学习机会。这种教育机会与儿童的学习特点十分相符，因为儿童的学习和语言训练就是建立在兴趣和需要的基础上的，这样的干预方法也符合当前学前教育所强调的一日生活皆课程、保教结合的理念。教师和儿童接触得越频繁，教师教和儿童学的机会就越多。

（一）促进儿童在自然情境中学习语言

对于教师如何促进儿童在自然情境中学习语言，美国弗吉尼亚大学哈拉汉（Hallahan）教授等指出，可以从以下几点入手：

（1）选择儿童感兴趣的话题，当他表达自己的想法、感受和体验时，运用其他词语或短语模式对之做出评论。

（2）开始谈话后，让儿童做主导，对儿童的话语表现出兴趣，如果适宜，表现出兴奋之情。

（3）不要问太多问题，并且当询问问题时，为了获得合适的解释要问开放性问题。

（4）给问题留出适当的等待时间，不要求快速地回答，给儿童足够的时间去组织答案。在谈话中留出一些令人舒适的开放空间，不要步步紧逼。鼓励轮流问问题，并且给出诚实和开放的回答。

（5）保持适当的音量、速度并且尽量使谈话轻松、幽默，除非话题很严肃不适宜幽默。

（6）避免对儿童的语言妄加批判或贬抑，因为如果儿童认为教师批判他或者纠正他的每处错误，他将会不再和教师谈话。

（7）儿童说话时不要打断他，并且仔细倾听他的想法，给予赞扬。

（8）尽可能多地为儿童提供在社会情境下使用语言的机会，并且当儿童尝试使用语言达成目标时给予适当的回应。

① 严磊．基于移动平台的3D虚拟口吃辅助矫正软件设计与实现［D］．北京：北京工业大学，2016.

（二）创造丰富的语言环境

儿童语言和交流技能建立和提高的基础是环境中的社会和交流情境。因此，在幼儿园，特别是在有语言和言语障碍儿童的融合班级中，一方面，教师需要创造一种社会氛围，让其他儿童及成人对语言和言语障碍儿童表现出的交流意图做出积极的反应，在这种环境中，教师和其他儿童成为合作伙伴。另一方面，教师应创设一个使每个儿童都能有更多机会说话的环境，也应该确保环境中有很多可以说的内容。一日生活中教师所设计的活动应能促进儿童有更多的交流机会，让儿童有足够的时间说他们想说内容。

拓展阅读

游戏治疗在儿童语言障碍康复中的应用[①②③]

游戏治疗产生于20世纪20年代左右，是心理学精神分析学派率先应用于儿童心理治疗的一种治疗方法，是一种最具自然动力的自愈过程，所有年龄段的儿童都可以通过游戏获得安全感、归属感、自尊感和自信感。游戏是儿童最自然的沟通媒介，对于语言尚未发展成熟的幼儿和语言障碍儿童来说更是如此。治疗师若能利用游戏与儿童进行积极有效的互动，并在其中融入语言治疗的方法，势必能起到更佳的语言干预效果。

游戏疗法的效果在国内外都得到了实验验证。学者宋成忠等（2012）对30名语言发育迟缓儿童以游戏形式进行理解、表达、操作性课程及交流等方面的康复治疗，结果显示，所有儿童经游戏形式的语言训练后，理解、表达及操作性课程与训练前比较差异均有统计学意义。学者黄翠兰（2019）以64例语言迟缓儿童作为研究对象，实施游戏治疗的方法，治疗后儿童在口头表达、复述、抄写、听、出声读、计算等方面的得分均明显高于治疗前。学者Craig–Unkef等（2002）考察了游戏治疗对语言发育迟缓和社交技能缺失儿童的干预效果，研究发现，所有儿童的平均话语长度、词汇量都有所增加，语用功能包括评论、陈述、回应、是/否问题、行动和要求澄清、谈话技巧以及与同伴互动的能力都获得了提升。

本章小结

本章聚焦语言和言语障碍儿童，先阐述语言障碍和言语障碍的含义、分类（语言障碍含不同程度和类型，言语障碍有构音、发声、流畅性障碍等），再介绍语言和言语障碍儿童的成因（生理、环境、心理因素）及评估方法（日常观察、检核表、标准化测验，评估需考虑多种因素）。语言和言语障碍儿童心理特征表现为认知偏差、情绪行为问题、人际交往困难及身体发展状况各异。干预方法多样，SRJ口部肌肉训练法分三步改善发音，行为主义方法依“模仿、模式和启动”针对不同障碍类型干预，自然主义方法强调教师促进儿童在自然情境中学习语言与创造丰富的语言环境，

① 温雯．游戏治疗在儿童语言障碍康复中的应用［J］．中国听力语言康复科学杂志，2021，19（1）：61–65.

② 宋成忠，马艳平，杨凯，等．游戏疗法在儿童语言发育迟缓训练中的应用［J］．世界中西医结合杂志，2012，7（2）：139–141.

③ 黄翠兰，肖厚兰，李婷．儿童中心的游戏治疗对语言迟缓的应用分析［J］．山西医药杂志，2019，48（10）：1147–1150.

游戏治疗也对其康复有积极意义。

思考与练习

1. 观察身边的幼儿，根据儿童语言能力参照表，记录一名幼儿在一段时间内的语言发展情况，分析其是否存在语言或言语发展迟缓的迹象，并说明判断依据。
2. 假设你是一名教师，班上有一名患有构音障碍的儿童，你将如何运用行为主义的语言干预方法帮助他改善发音问题？请详细制订一个干预计划。
3. 结合自然主义的语言干预方法，设计一个以“动物园之旅”为主题的语言学习活动，旨在促进语言和言语障碍儿童的语言发展，描述活动过程及教师在其中的引导策略。

拓展视频

口吃儿童

第十章 孤独症谱系障碍儿童心理与教育

学习目标

❶ 知识目标：了解孤独症谱系障碍的含义，了解孤独症谱系障碍儿童的成因、早期筛查与诊断等基础知识，掌握孤独症谱系障碍儿童的核心症状和伴随症状。

❷ 技能目标：能够识别典型孤独症儿童和阿斯伯格综合征儿童，能够根据孤独症谱系障碍儿童的特点选择合适的教育干预方法并能够正确地操作实施。

❸ 情感目标：形成正确的孤独症谱系障碍儿童发展观，接纳、尊重、爱护每一位孤独症谱系障碍儿童，愿意为孤独症谱系障碍儿童的全面健康发展做出自己的努力。

知识框架

- 孤独症谱系障碍儿童心理与教育
  - 孤独症谱系障碍儿童概述
    - 孤独症谱系障碍的含义
    - 孤独症谱系障碍儿童的成因
    - 孤独症谱系障碍儿童的早期筛查与诊断
  - 孤独症谱系障碍儿童心理特征
    - 社交功能障碍
    - 言语发展和交流障碍
    - 兴趣与行为异常
    - 其他心理和行为特征
  - 孤独症谱系障碍儿童教育干预
    - 感觉统合训练
    - 应用行为分析法
    - 结构化教学法
    - 图片交换沟通系统

案例导入

树儿2岁时还不会说话，多动，注意力不集中，不听指令，不和其他的小朋友玩耍，起初妈妈只是以为他说话晚，比其他孩子调皮而已。树儿3岁上幼儿园时，不到一周的时间，幼儿园的老师告诉树儿的妈妈孩子不对劲，从来不和小朋友一起做游戏，只是一个人蜷缩在角落干自己喜欢的事情，对老师说的话置若罔闻，不会用语言或者动作表达自己的需要，喜欢大喊大叫，老师提醒妈妈应该带树儿去医院看看。听了老师的话，树儿的妈妈慌了神，孩子真的有问题吗？孩子没得过大病，感冒都很少，这样健康的孩子怎么会有问题呢？带着疑问，妈妈带着树儿去了几所知名医院，得到的是同样的诊断——孤独症。

问题与思考：案例中的树儿都有哪些孤独症谱系障碍儿童的特征？作为一名老师，你该怎么做才能帮助树儿呢？

第一节　孤独症谱系障碍儿童概述

孤独症谱系障碍，是一个目前在国内外各界备受瞩目的名词。与视觉障碍、听觉障碍和智力障碍等有200多年发展史的传统特殊教育领域不同，孤独症谱系障碍的发展时间较短，但已从一个鲜为人知的特殊教育领域转变为一个得到相关学科密切关注、发展势头快速的新兴领域。

一、孤独症谱系障碍的含义

孤独症谱系障碍（Autism Spectrum Disorder，ASD），简称孤独症，因“autism”一词的翻译

不一，又称自闭症，这并不是单指某一类障碍，而是一系列具有相似症状和表现障碍的统称。该病于1943年首次由约翰斯·霍普金斯大学临床心理学家里奥·坎纳（Leo Kanner）确定，因此，孤独症也被称为“坎纳症”。近年来，对孤独症的研究不断深入，根据目前国际公认的诊断系统，即2013年美国精神病学协会发布的《精神障碍诊断与统计手册（第5版）》（*Diagnostic and Statistical Manual of Mental Disorders*，DSM-V），孤独症谱系障碍是一种出现于儿童发育早期的神经发育障碍，通常在3岁前症状已出现，主要包括两大核心症状：①持续性地出现社会沟通和社会交往障碍，具体表现为社交与情感的交互性缺陷、非语言行为交流缺陷、发展维持和理解人际关系缺陷；②兴趣狭窄和重复刻板的行为模式，具体表现为重复刻板的语言和行为、僵化固守惯例、固定局限的兴趣活动、感知觉反应异常。

孤独症谱系障碍具有多种发展形态各异的亚型，且严重程度由轻度到重度不等，具体可划分为典型孤独症（即坎纳症，Autistic Disorder）、阿斯伯格综合征（Asperger Syndrome）、雷特综合征（Rett Syndrome）、童年瓦解性障碍（Childhood Disintegrative Disorder）以及其他未分类的广泛性发育障碍。

拓展阅读

孤独症谱系障碍的研究历史

美国临床医学家里奥·坎纳通过对11名儿童进行临床观察，于1943年发表了题为《情感交流的自闭性障碍》的论文。这些儿童都具有以下共同特征：像退缩到一个壳里，不理会别人，逃避眼神交流，缺乏社会意识，言语受限或没有语言，表现出刻板的运动。他们也表现出千篇一律、顽固不变的特征，称之为一致性保持，即一种对保持日常习惯和活动的焦虑性和强迫性的坚持，除了他们自己以外，不允许其他人打破它。他们的父母形容他们“像在一个壳里”的“孤独的狼”“做事就像别人都不在场似的”“完全忘却他周围的一切”，天生没有能力与他人建立爱的关系。坎纳称这种障碍为儿童孤独症。

1944年，奥地利医生汉斯·阿斯伯格（Hans Asperger）也独自发表了关于《儿童期的自闭性精神病质》的研究论文。两人的论文在很多方面具有共同点，例如，都使用“孤独性”一词，并且都认为孤独症者的社会性障碍是天生的，且在成人期也会持续不变，并具有缺乏视线接触、言语与动作的刻板性、特殊的兴趣以及对变化的强烈抵抗等特征。但同时，二者在论文中对症状的描述又有不同之处，例如，阿斯伯格报告的患者比坎纳的患者具有较高的言语能力和独特的思维能力，但运动机能障碍更显著。

关于这一问题，罗娜·温（Lorna Wing）于1981年提出“阿斯伯格症候群”，用来区分与坎纳报告的典型症状不一致且有着高能力水平的孤独症者。

20世纪80年代，美国《精神障碍诊断与统计手册（第3版）》（*Diagnostic and Statistical Manual of Mental Disorders*，DSM-Ⅲ）中创立了一个新的诊断类别——广泛性发育障碍（Pervasive Developmental Disorders，PDD），早期婴儿孤独症则第一次被作为一项单独的诊断类型囊括其中。之后一段时期里，研究者们在广泛性发育障碍的范畴下不断对孤独症的亚型进行细化和标准化，以提供具有操作性的诊断标准。直到2013年备受国际关注的DSM-V发布，用“孤独症谱系障碍”代替了“广泛性发育障碍”，重新定义了这一病症，并重点突出了孤独症是一种“谱系”障碍的特点。同时，DSM-V根据严重程度，将孤独症谱系障碍依次分为需要支持（一级）、需要大量支持（二级）和需要极大支持（三级）。

二、孤独症谱系障碍儿童的成因

孤独症一般发病于3岁前，一旦发生便会伴其一生。关于孤独症谱系障碍的致病因素，至今尚未有明确的结论，且尚无有效的药物可以治愈。并且近年来西方研究者进一步发现，孤独症具有高度的异质性，这说明每一位孤独症患者的发病原因和机制具有很大的差异。儿童孤独症有很大的复杂性，医学界和心理学界多年来致力于研究孤独症的发病机制和危险因素，目前所知的主要有以下几点。

（一）基因和遗传因素

20世纪70年代以后，基因和遗传因素在孤独症谱系障碍儿童中的作用得到了一系列科学研究的证实，普遍认为孤独症致病的主要原因是染色体的异常，而这种异常是患儿家长在遗传过程中传带下来的缺陷基因所致。其中大部分研究都是通过双生子患病率的研究进行的，通过分析同卵双生子和异卵双生子患病率的差异，以确定遗传因素在其中的作用。例如，罗纳德等（2006）有关双生子的研究发现，同卵双生的婴儿患有孤独症的概率高达90%，异卵双生子患有孤独症的概率为0%～5%[①]。

目前，被发现的孤独症致病基因有数十种，如*CHD8*基因、*CNTNAP2*基因、*DeNovo*基因等。此外还发现孤独症并非仅由单一基因异常引起的，而是存在多个与孤独症关联的基因，但这些基因之间的相互作用如何，仍有待进一步探索。

（二）神经生理因素

近年来，脑结构和功能异常等神经生理因素在孤独症谱系障碍的致病原因中占据了越来越重要的地位，也得到了大量相关研究的证实。该类研究通过脑电图和脑功能成像进行，得出了以下结论。

（1）绝大多数的孤独症谱系障碍儿童的脑体积都异常增大。一般来讲，新生儿的大脑是正常的，异常增长会在1岁左右突然出现，且具体时间不定，儿童大脑早期迅猛增长之后，其增长速度会逐渐减小。此外，研究还发现，孤独症谱系障碍儿童在幼儿时期脑体积增大的程度越大、越早，此后的孤独症障碍越严重[②]。

（2）孤独症谱系障碍儿童脑区之间的协调性降低或脑神经联结不足[③]。例如，负责面孔加工的梭状回与双侧后扣带回、左楔状体、左杏仁核之间关联性下降导致了孤独症谱系障碍儿童的面孔识别障碍；大脑的激活状态以及各脑区之间的协同程度较低导致了孤独症谱系障碍儿童的语言障碍；眶额皮层与杏仁核之间的回路障碍导致了孤独症谱系障碍儿童的情绪匹配障碍。

（三）神经生化因素

有研究表明，孤独症谱系障碍儿童的大脑发育过程中，中枢神经系统内的神经递质紊乱，造成各神经元突触的信息传递功能异常，使得神经元在迁移过程中发生异常。例如，大量研究表明孤独症谱系障碍儿童体内5-羟色胺的含量高于普通儿童，由于该物质在调节睡眠、情绪以及身体

---

① Ronald A，et al. Genetic heterogeneity between the three components of the autism spectrum：A twin study［J］. Journal of the American Academy of Child and Adolescent Psychiatry，2006，45（6）：691-699.

② Courchesne E，Carper R，Akshoomoff N. Evidence of brain overgrowth in the first year of life in autism［J］. AmericanMedicine, 2003（290）：337-344.

③ Kleinhans，N.M.，et al. Abnormal functional connectivity in autism spectrum disorders during face professing［J］. Brain, 2008（131）：1000-1012.

温度上发挥着重要作用，因此有研究者认为这可以解释孤独症谱系障碍儿童在睡眠、情绪上的异常表现[①]。与此相关的还有对γ-氨基丁酸和谷氨酸的研究。

（四）其他因素

还有一些研究从免疫、母亲孕期、环境因素等方面试图揭示孤独症谱系障碍的病因。例如，近年来，大量研究者致力于探究母亲孕期危险因素与孤独症的关系，研究表明孕期危险因素与孤独症病因有密切联系，但无法找到固定单一或某几个与孤独症相关的危险因素。母亲孕期的高危因素包括父母生育年龄、母亲流产史、孕期精神刺激、孕早期患病、是否出现过感染、孕期服用药物、是否接触过有毒物质、孕期喝酒和吸烟、孕中期产检异常、妊娠期并发症等。

此外，还有一些研究者认为孤独症谱系障碍与汞、疫苗等环境因素有关，但这些研究和报道均以个案形式发表，还需进一步探索和验证。

总之，孤独症谱系障碍的致病因素到目前为止是一个仍待进一步破解的谜团，需要借助先进的研究技术，从不同的领域、视角进行探索和验证。但需要注意的是，孤独症并非心理疾病，它不是因为缺乏家庭的温暖和父母的关爱所致，而是一种以遗传和大脑结构异常为主要致病因素的病症。

三、孤独症谱系障碍儿童的早期筛查与诊断

目前孤独症尚无有效的药物用于治疗，研究表明，康复干预是当前有效的治疗方式，越早进行康复干预，获得的干预效果越好。因此，为了尽早进行康复干预，对孤独症儿童进行早期筛查与诊断是非常必要的。

（一）群体筛查工具

群体筛查是针对一般儿童中有风险的儿童进行的筛查。所用到的诊断工具包括：婴幼儿孤独症筛查量表、婴幼儿孤独症筛查量表（修订版）、婴幼儿孤独症筛查量表（中文版）、量化的婴幼儿孤独症筛查量表、1岁核查表、孤独症特质早期筛查表、父母担忧问题核查表、婴幼儿核查表、孤独症婴幼儿图片筛查量表、早期孤独症筛查量表、广泛发育障碍筛查测试Ⅱ-第一阶段、克氏孤独症行为量表等。

（二）重点筛查工具

重点筛查是针对发育迟缓或有发育迟缓风险的儿童进行的筛查。所用到的诊断工具包括：婴儿孤独症观察量表，孤独症行为核查表，沟通与象征行为发展量表，婴幼儿孤独症特质筛查量表，2岁儿童孤独症筛查量表，广泛发育障碍筛查测试Ⅱ-第二、三阶段，儿童孤独症评定量表。

（三）诊断评估标准

诊断评估是由专业评估师对孤独症高危儿童进行的进一步的孤独症障碍诊断。所用到的诊断标准及其量表包括：《精神障碍诊断与统计手册（第5版）》《中国精神障碍分类与诊断标准（第3版）》《国际疾病分类（第10版）》、孤独症诊断访谈量表（修订版）、孤独症诊断性观察量表等。

① 穆朝娟，王延祜．五羟色胺与孤独症［J］．国外医学．精神病学分册，2003（1）：62-64.

拓展阅读

孤独症谱系障碍诊断标准

《精神障碍诊断与统计手册（第 5 版）》

1. 在不同的情境中出现社会沟通、社会互动方面的特性缺陷。例如，当前或曾经出现过，并且不局限于下述表现：

（1）互惠性社会情绪缺损，包括异常的社会沟通方式、难以持续对话、难以发起或持续社会互动以及较少地与他人分享兴趣、情绪和情感。

（2）在社会互动所需的非言语沟通行为上存在缺陷，包括难以整合言语和非言语沟通、眼神接触和身体语言上存在异常或难以理解和运用手势以及面部表情和非言语沟通方面的全面落后。

（3）在建立、维持和理解关系上存在缺陷，包括难以根据社会情境调整行为，在分享想象性游戏和交朋友上存在困难，或者完全对同伴没有兴趣。

2. 局限、重复的行为、兴趣和活动模式，至少满足下列两点（当前或曾经出现过，并且不局限于下述表现）：

（1）刻板重复的动作、物体使用或言语（例如简单刻板的动作、排列玩具或敲击物体、模仿言语、异质性的短语）。

（2）坚守一致、固定的常规和程式化的言语和非言语行为（例如，对微小的变化异常不安、生活难以改变、严苛的思维模式、问候常规、每天必须走同样的路线或吃相同的食物）。

（3）具有高度局限、固定的兴趣，这种兴趣的强度和关注点上都是异常的（例如对不异常的物体全神贯注以及过于局限、持续的兴趣）。

（4）对感觉刺激反应过激，或者对于环境中的感觉信息过于感兴趣（例如对温度觉或痛觉不敏感，对特定声音或质地有与常人完全相反的反应，过度触摸或闻某个物体，眼睛长时间盯着光或运动的物体）。

3. 症状必在儿童发展的早期出现（有可能在社会需求水平超越能力需求水平时才完全显现，或者被之后生活中学到的策略所掩盖）。

4. 症状在临床上导致了儿童在社交、职业以及其他重要领域的严重缺陷。

5. 上述症状不能更好地被智力障碍或全面性发展迟缓解释。

第二节　孤独症谱系障碍儿童心理特征

社交功能障碍、言语发展和交流障碍、兴趣与行为异常是孤独症谱系障碍儿童的三大核心症状群。同时，孤独症谱系障碍儿童在心理和行为的其他方面也存在发育异常。

一、社交功能障碍

社交功能障碍是从坎纳开始描述且以后一直被广泛认同的核心症状，大多数孤独症儿童表现出极度孤独和社会退缩行为，具体有以下表现。

（一）缺乏社会交往动机

孤独症儿童缺乏社会交往的兴趣，这一点在婴幼儿时期就有明显的表现，对他人（包括亲人在内）表现出冷漠、无反应。婴儿期（1岁以内）的突出表现是回避与他人的眼神接触，对说话声音不感兴趣，对亲昵动作反应淡漠，很少有相应的眼神、姿势反应，这些现象很容易让家长怀疑孩子存在听力问题。外界的人和事物对于孤独症儿童来说，好像不存在似的，无法吸引他们的注意。

另外，普通儿童到了6个月以后会逐渐发展起对父母或其他亲人的依恋感。对孤独症儿童来说，这种对人的依恋关系很晚才会出现，有时干脆就没有。例如，他们对爸爸妈妈的呼唤声音会听而不闻，以致家长开始会误以为他们孩子的听力有障碍。与此同时，孤独症儿童却往往发展出对于某些物品的依恋关系。在他们确实感到害怕或难受的时候，孤独症儿童往往是宁可独居一处而不寻找成人的安慰和帮助。例如：有的孤独症儿童听到可怕的声音时会抱个枕头龟缩在墙角；有的孤独症儿童在哭叫时被成人抱起反而哭得更厉害，而成人将其放下时却很快停止了哭声。

（二）难以建立朋友关系

孤独症儿童对外界事物缺乏兴趣，常常沉溺在自己的世界里，很少有与同龄孩子的交流和接触。他们大多不能像普通儿童一样玩耍，虽然病情较轻的大龄儿童可能有与他人交往的愿望，但由于在活动兴趣或情绪反应上不能与他人产生互动，也会因为交往方式不恰当而导致行为的不适宜。例如，孤独症儿童很少直视对方的脸，回避眼神对视，当拥抱他们时，他们不会伸出手臂或用身子贴近对方，他们要东西也不主动去拿，而是抓住对方的手为他们做这件事。另外，普通儿童会通过模仿他人学习很多重要行为，而孤独症儿童普遍表现出模仿技能的缺乏，所以难以与普通儿童建立伙伴关系。

少数孤独症儿童虽然可能与父母、同伴建立一定的互动和情感联系，但仍然不主动参与同伴之间的集体活动。另外，个别孤独症儿童虽然看上去能够与同伴待在一起，但在游戏过程中多是被动参与，缺乏互动，也不会与他人分享玩具或食物。

例如，马蒂2岁时开始接受治疗，学习游戏和语言技能。他每天进入治疗室后就径直走向一辆黄色玩具校车，这是他最喜欢的东西之一。然而，他并不会让校车行驶，或者把玩具人物放进校车里。相反，他会不停地开关车门，不让他这么干，他就很不开心。如果给了马蒂一个无法开门的火车玩具，他就会把火车翻过来，转动车轮。虽然老师已经教会马蒂怎样正确地玩这些玩具，但他的第一反应仍旧是进行自我刺激行为：开关车门、转动车轮。

（三）情感和社会互动困难

由于孤独症儿童在感情理解和互动上存在困难，他们不懂得“察言观色”，不能理解他人的情绪表达，更加不懂得如何表达自己的情感，这些均反映出孤独症儿童在心理理论（Theory of Mind）方面存在严重的障碍。心理理论，即理解他人有不同于自己的思想、态度、观点的能力。大量研究表明，孤独症谱系障碍人群在这方面有缺陷，心理理论能力的缺失造成孤独症儿童完全不能理解他人与自己在信念、愿望和要求上的差别，尤其是在理解当下发生的社会情境时，他们无法揣测对方的内心想法和预期想法，因此也就无法理解为什么有人会做出不同于他们的选择或事情，这就给他们的社会交往造成了很大的困难。

例如，凯文是一个8岁孤独症儿童。有一次，他不停地试图与老师讨论一部电影中的场景，而这部电影老师并没有看过，当老师提出一个问题，凯文就会生气，坚持认为老师明明知道答案却还要提问。尽管老师已经十分努力地给凯文解释说她从来没有看过这部电影，凯文仍然滔滔不绝地说着自己的观点。当老师不回应时，凯文也会生气，因为在他的脑海里，每个人都知道他所知道的那些信息。

以上这些社会性发展特点最终导致了孤独症儿童逐渐与社会脱离，造成其社交功能的障碍。

二、言语发展和交流障碍

言语发展和交流障碍是孤独症的另一核心症状，这一症状在儿童早期就会表现出言语和沟通能力的落后，是引起家长开始注意到发生在孩子身上的孤独症的重要原因之一。坎纳医生很早就描述过，孤独症儿童说话就像鹦鹉学舌，有时会喃喃自语，有时会不停地重复同样的话。主要有以下表现。

（一）言语发展迟滞

言语发展迟滞，即言语发展的速度慢于同龄儿童，词汇量有限。研究表明，约有75%的孤独症儿童存在语言发育迟缓，约1/3的孤独症儿童终身没有口语能力，不能进行任何语言表达。然而，许多家长错将之认为是“贵人语迟”的表现，对孩子表现出的说话晚的问题没有引起足够的重视，殊不知这很可能就是患有孤独症的潜在表现之一，所以对于1岁左右的孩子语言发展迟缓，要引起家长的足够重视。部分孤独症儿童还可表现为言语功能的退化，即3岁之前会说话，但随年龄增长，口语反而减少了。

（二）语言理解能力差

孤独症儿童的语言理解能力明显受损，主要表现在听不懂指令。轻度孤独症儿童还能借助于背景信息或讲话人的手势明白某些简单语义，受影响的仅仅是对抽象概念和词义的准确理解。重度孤独症儿童根本不能领会他人说话的意思，即使在模仿或重复他人的话，也不能完全理解其含义。即使他们随着年龄的增长，学会了大量的词语，但在比喻、排比等语句上仍存在理解困难。孤独症儿童语言功能发育异常使得他们难以理解他人在社会沟通和交流中语言背后表达的意图、情感和行为，所以导致在参与社会互动时存在严重的缺陷，这种障碍给孤独症儿童的人身安全和社会性发展造成了严重的影响。

例如，绘本《柯蒂斯怎么了》中有这样的情节，老师说：“我气得快爆炸了！”但柯蒂斯却完全无动于衷，表现出很困惑的样子：爆炸？老师怎么会爆炸？老师并没有爆炸呀？所以，在与孤独症儿童进行语言交流时，尽量避免使用形容词、成语、歇后语等。

（三）语用能力受损

孤独症儿童在语言运用方面存在缺陷，即在社会和沟通情境下适当地运用语言方面的严重问题，经常表现出一些无实际交流意义的刻板、重复和模仿语言等。病情较轻、年龄较大的孤独症儿童可能有一定程度的口语发展，但即使这些言语功能发展相对较好的儿童，也很少向别人提问，难以维持交流，且常常有词语运用不当的表现。

在表达方式上，孤独症儿童说话往往漏掉相关的介词、连词和代词，对人称代词的使用尤其困难，分不清“你”“我”和“他”的含义差别，并很少用“我”来表达自己。如一些孤独症儿童要吃东西时，不会说“我要吃东西”，而是说“你要吃东西”。

在语音和语调方面，孤独症儿童会表现出语言的声调、重音、速度及节律等方面的异常。孤独症儿童说话的语调非常平淡，缺乏抑扬顿挫，也很少有表情配合，让人感觉到机械生硬。

另外，孤独症儿童还经常表现出回声式语言，这种语言的重复，具体又可分为即时语言重复和延迟语言重复两种情况。有些孤独症儿童，如阿斯伯格综合征儿童的机械记忆能力较好，能够不断重复自己听到的话，常常表现出“鹦鹉学舌”般的“即时语言重复”。还有一些孤独症儿童会表现出“延迟语言重复”，即经常重复较长时间之前听到的词语。

（四）非言语交流受损

孤独症儿童的非言语交流一般也明显受损，最突出的表现是不会用身体姿势、手势或模仿与他人沟通。比如不会用点头、摇头来表示“是”或“否”的意思。想要东西，通常就拉着成人直接走向目标，既不会用语言，也不会用手势表达。

但是，随着孤独症儿童能力的发展，一些孤独症儿童能够在较长时间内注意事物并且对细节有较多的认识，而且个别孤独症儿童能够开始对一些简单明了的手势和表情的含义有所理解，但通常在理解视觉语言方面的进步要比理解口头语言方面快得多。

三、兴趣与行为异常

将孤独症儿童称为“星星的孩子”的一大原因就是他们的兴趣与行为异于常人。高度狭隘、刻板的兴趣，造成孤独症儿童在兴趣的强度和关注度上是异常的，而兴趣狭窄异常、对生活中统一性的执着、重复性肢体动作等也使得孤独症儿童表现出一系列异常的行为。

（一）兴趣异常

孤独症儿童通常表现出兴趣狭窄、局限且非常奇特：①一般来说，他们对有生命的物体不感兴趣，对非生命物体却表现出强烈好奇。比如他们中有许多人对于与数字有联系的东西特别感兴趣，有些孩子甚至能背许多电话号码，或根据某个生日推算出其为星期几等。②他们对普通儿童喜欢的玩具和游戏活动大多不感兴趣，对个别玩具或某些物品的依恋却又异常固执，时刻不肯丢下。例如，观察一个瓶盖或转动的风扇，可以持续数十分钟甚至几个小时而没有厌倦感。③他们对物体的整体属性和功能不感兴趣，却喜欢反复摆弄物体的某些部件。例如，他们对骑三轮车的行为不感兴趣，但会花很长时间来转动轮子。

拓展阅读

电影《雨人》

1988年，达斯汀·霍夫曼凭借他在电影《雨人》中对一个患有孤独症谱系障碍的成人的演绎获得奥斯卡奖，这也让更多的人认识了“孤独症谱系障碍”。电影中霍夫曼所扮演的雷表现出许多重复性（也称自我刺激性）的行为及固定行为，这些特征在孤独症谱系障碍人群里很常见。例如，雷必须在某个特定的晚上吃某种特定的食物，也必须去某家特定的商店购买自己的内裤。另外，他还会像个机器一样不停地重复自己的需求，如果没有被满足，就会变得十分焦躁。他还会来回地摇晃身体，尤其在焦虑时或者处在一个崭新的情境下。

但同时，雷记忆力惊人，有“过目不忘”的本事，他可以准确报出飞行史上所有重大空难发生的航班班次、时间、地点、原因，他能迅速地数清掉落在餐厅地板上的246根牙签。他也能记得电话簿上任意一个读过的电话号码。他的心算速度不输计算器。雷是一名孤独症谱系障碍患者，他的病症分属于孤独症谱系障碍中的阿斯伯格综合征。

（二）行为异常

孤独症儿童的运动技能一般发育正常，但动作行为常常表现刻板、生硬、笨拙，例如，喜欢旋转、跳跃、经常摆头或摇晃身体等模式化的特殊行为。部分孤独症儿童还可能会表现出过度好动，或破坏性行为、攻击性行为及自伤行为。

刻板行为还表现在对生活中同一性的执着，即坚持一成不变。例如，出门要走固定的路线，毫无意义地重复问同样的问题，反复嗅闻、触摸物体。另外，他们的生活习惯和对环境的要求同样带有鲜明的刻板色彩，如长期严重偏食，玩具或物品必须固定摆放在某一位置，难以接受生活常规的改变等。由于这种刻板特性，当环境和生活情况发生改变时，孤独症儿童往往极不适应而出现严重的情绪反应，很多孤独症儿童在进入陌生场所或环境时会暴怒或号啕大哭，无论如何哄劝都难以平息。年龄大的孤独症儿童对生活中同一性的执着往往不仅不会消淡，反而会加强；而对生活中外界变化的反应也越为强烈。

四、其他心理和行为特征

除上述三大核心症状外，孤独症儿童在心理和行为的其他方面往往还存在明显的发育异常，如智力、感知觉、注意力、情绪异常等。

（一）智力低下和超常

智力障碍和孤独症是两个高度共患的发育障碍，最初人们在尚未明确诊断孤独症时，因为患者明显表现出的智力低下，所以将其同样视为智力障碍。但随着医学的进步，对孤独症所包括的多种障碍类型的陆续发现、认识以及逐渐深入，知道了并非所有的孤独症患者都表现出智力低下，而应准确地表达为孤独症儿童的智力变化很大，从极重度智力低下到智力超常都有。大约80%孤独症儿童有智力缺陷（其中大约50%的 IQ不足50分，30%的IQ处于50分到70分），剩下的20%智力在平均水平或高于平均水平，被称为高功能孤独症。

大概有10%的孤独症患者拥有“孤岛能力（Islets of Ability）”，指的是孤独症个体在数字计算、日期计算或某种艺术领域表现出与其能力不相符或超乎常人的能力。例如，前面提到的电影《雨人》中主人公雷就具有孤岛能力。电影《自闭历程》的主人公原型，自幼患有孤独症的美国动物学家、畜牧学家天宝·葛兰汀（Temple Grandin）同样也是孤岛能力的拥有者，她有异于常人的图像记忆能力，即以图像思维而不是以抽象的观念思维，这让她像照相机或录音机一样去记住内容，并以她独有的方式去认知世界——这使得她走上了畜牧业的研究道路。

整体来看，孤独症儿童虽然很有可能同时伴随着智力发展障碍，但与智力障碍儿童有着本质的区别，一些智力正常或超常的高功能孤独症儿童能够基本正常地进行学习和认知活动。对于孤独症儿童孤岛能力的形成机制究竟是怎样的，迄今为止，最有说服力的解释是大脑神经连接异常所致。

拓展阅读

孤独症儿童的孤岛能力

斯蒂芬·威尔夏（Stephen Wiltshire），1974年出生在英国伦敦，3岁被诊断患有孤独症，但他却有着惊人的记忆力和绘画能力。2001年，他登上英国广播电视台BBC的《天才的片段》节目，在拍摄过程中，他乘坐直升机飞过伦敦上空，然后在3小时内绘制完一幅细致完美的空中插画。描绘了约10.36平方千米范围内的景色，包括了12个历史景点和200个建筑。2009年，他只用1周左右的时间就完成了一幅长约5.5米的“纽约轮廓”，20分钟内，他便可以记住一座城市的全貌。

（二）感知觉功能异常

大多数孤独症儿童都表现出比较严重的感知觉过于敏感或迟钝的现象。这也是很多孤独症儿童身上存在一定程度的他人难以理解的自我刺激行为（自伤、摇晃身体等），也不喜欢他人触碰的主要原因。

感觉系统的障碍直接决定儿童的行为模式，对某种刺激反应过度的儿童，可能会表现出尽力躲避；而反应过低的儿童，则会主动寻找这种刺激。例如，对声音超级敏感的儿童会躲在安静的地方，避免自己被吓到。而一个触觉反应过低，或者前庭觉反应过低的儿童，因为不确定自己在空间中的存在感，会不停地跑动或不停地摇摆身体，以主动获得这种感觉信息。

1. 听觉

很多孤独症儿童的听觉异常敏感，同时他们的听觉似乎有相当大的选择性，一方面会对一般人不会注意的背景性声音，例如对水池里的流水声表现出明显的注意与强烈的反应，这导致他们对环境中某些稍微有些尖锐或响度较大的声音感到异常害怕，经常出现过激反应，如用手捂耳朵、被吓一大跳，或者不停地告诉别人“不要喊叫”。但与此同时让人感到不解的是，有另外一部分孤独症儿童对声音的感觉却非常迟钝，例如对他人呼唤其名字、家长和老师的指令等，甚至对汽车的鸣笛声毫无反应，有学者将这种带有选择性的声音反应称作“听觉过滤”。这严重威胁到了孤独症儿童的健康和安全。

2. 视觉

孤独症儿童有着独特的视觉信息处理模式，能够对视觉信息中的细节具有高度敏锐的觉察和记忆能力，部分孤独症儿童有着超常的视觉空间处理能力和精细视觉加工能力，他们用“照相机”一样的方式认知、记忆，这使得视觉通道成为他们接收外界信息、感知外部世界的重要渠道。另外，有些孤独症儿童对一些特定的物体表现出高度的敏感性。例如许多孤独症儿童对长形竿状物体似乎特别感兴趣，往往会抓住一支铅笔或一根筷子长时间地注视，然后似乎很兴奋地手舞足蹈。有些孩子倾向于把这些物体举到眼睛处近距离注视，以致家长们怀疑他们是否有特定的视力障碍。

3. 其他感知觉

除此之外，孤独症儿童在触觉、平衡觉、本体觉等方面均可能存在异常。例如，孤独症儿童大多不喜欢他人触碰自己，会以手拨开或闪躲，被人一抱住会全身僵硬等。在触觉、味觉与嗅觉方面，孤独症儿童似乎特别喜欢柔软光滑的物体，如绸缎被子或尼龙毯子等。有些孤独症儿童喜欢被裹在这些被子、毯子里，有些孤独症儿童喜欢在嘴里不停地含些小物体（如树叶等），有些孤独症儿童则习惯于把不熟悉的物体放到嘴边舔舔，还有些孤独症儿童则会嗅闻他们所不熟悉的物体。在痛觉方面，孤独症儿童表现出对压力或痛觉的不敏感，例如受伤了却没有疼痛反应，会用跳动来进行自我刺激等；还有可能出现前庭觉功能的异常，例如孤独症儿童大多非常喜欢旋转，可以旋转多圈却不会头晕，身体不停地摇晃，或无目的地甩手、头或身体其他部位。

（三）注意力不集中

多动、冲动以及注意缺陷多动障碍的核心症状在孤独症患者中发生率很高。首先，孤独症患者的视觉注意焦点与正常人不同。利用眼动仪的研究表明，孤独症患者不太关注环境中与人物整体、情境相关的主流信息，反而会将注意力集中在正常人不太关注的事物上，例如他们会更关注非社交性图像以及图像中的边边角角。同时，在对人脸的关注上，孤独症患者与正常人的注意区域也完全不同，他们更多地集中于关注面部非核心区域，即面部的下半部分。这在一定程度上能够解释为什么孤独症患者在与他人社会互动时，最显著的特征就是缺乏目光的对视和眼神的接触，即便有，也只是短暂的眼神停留，大部分情况下他们的眼神和目光都处于游离状态。

另外，孤独症儿童在注意的分配和转移上表现出明显的障碍，他们总是沉迷于自己感兴趣的活动中，而对外界环境的其他信息置之不理，这种对部分事物的高强度注意严重影响了孤独症儿童与外界的交流和沟通。

（四）情绪障碍

孤独症儿童在情绪障碍方面的突出表现为情感平淡、不协调及情绪不稳定。

1. 情感淡漠

一方面，孤独症儿童很难与他人建立密切的情感联系，即便对家长，往往也是视若旁人。另一方面，由于缺乏交往动机，孤独症儿童在特定的年龄阶段难以发展出恰当的交往欲望。他们往往活在自己的世界里，满足于自己某些非常规行为带来的快乐，而未能表现出与周围人交往的情感需求。

2. 易激怒和问题行为

易激怒是指当孤独症儿童感到愤怒、受挫或痛苦时言语和动作上的爆发。这里所指的问题行为是攻击性和自伤性行为。研究表明，68%的孤独症儿童有攻击性行为，25%以上有自伤性行为。另外，孤独症儿童时常自娱自乐，不明原因地时哭时笑，但对于真正危险的物体或场景，他们反而可能无动于衷，而一些并无伤害或无危险性的物体或场景，却让他们异常恐慌，以致表现出强烈的情绪反应。

总之，在认识孤独症儿童的心理和行为特征时，要牢牢把握三大核心症状，仔细观察他们的日常行为表现和社会互动情况，如果发现异常，家长和教师要及时沟通，尽早到正规医疗机构对他们进行诊断和干预。

第三节　孤独症谱系障碍儿童教育干预

相比普通儿童，孤独症儿童的心理发展差异较大，教师及相关专业人员应针对其心理发展特点，选择合适的教育干预方法，如感觉统合训练、应用行为分析法、结构化教学法、图片交换沟通系统。

一、感觉统合训练

感觉统合理论由美国南加州大学艾尔丝（Anna Jean Ayres）博士创立，并于20世纪70年代开始在世界各国传播，80年代传入我国。当前，感觉统合训练已成为我国学校、家庭及医疗机构广泛应用的干预技术。感觉统合训练是儿童康复训练中应用最广、影响力最大的干预技术之一，在儿童教育、儿童康复治疗领域占有重要的地位。

（一）感觉统合相关概念

人们感受世界、完成各种活动时往往不是凭借某个感觉系统或运动系统就可以完美实现，而是需要多个感觉系统在中枢神经系统的统一调控下进行，这就是“感觉统合（Sensory Integration，SI）”。它是个体生存与发展的基础能力之一，有着复杂的神经心理机制，对个体生活、学习的各个方面产生重要影响。个体早在出生前就已经开始各种感觉功能发展，出生后的新生儿具有相当的感觉能力，但他们还无法很好地组织这些感觉形成对个体自身和客体的有意义认识。在儿童早期发育中，一方面是各种感觉功能不断发展和完善，另一方面是各种感觉系统之间在功能上协调和整合，以便多角度、更全面地认识各种刺激。

感觉统合是指脑对个体从视、听、触、嗅、前庭等不同感觉通路输入的感觉信息进行选择、解释、联系和统一的神经心理过程，是个体进行日常生活、学习和工作的基础。感觉统合是一个信息加工过程。在这个过程中，脑必须以灵活的、不断变换的方式对各种感觉信息进行比较、选择、联系、增强或抑制，做出综合判断，形成可执行的指令。所以，感觉统合不只是感觉器官“感受刺激”的过程，而是脑对感觉信息的整合加工过程。尽管没有“统觉”一说，科学家也没有试图在中枢对此进行功能区划（皮层存在着特定感觉区域），但是感觉统合能力是较任何单一感觉能力更为高级、更为复杂的能力，影响着个体学习、生活的各个方面。

感觉统合失调（Sensory Integration Dysfunction，SID）是指个体的某一感觉系统、感觉系统之间、感觉系统与运动系统之间等的信息组织与整合不协调，导致信息统合过程发生异常，出现对刺激的不敏感或过分敏感、行为顾此失彼等现象。人们是通过感觉统合失调来认识感觉统合能力的。感觉统合训练面对的主要是各种程度的感觉统合失调问题。

感觉统合训练是指为提高个体感觉统合能力、减少感觉统合失调对个体生活、学习的负面影响而开展的有计划的训练活动，也称为感觉统合治疗。专业性、系统性以及实践活动组织化是感觉统合训练等干预技术实务过程的基本特征。在感觉统合训练领域中，“感觉统合游戏”这一术语也频繁出现，但是并未有确切的定义。根据一些文献及相关媒体的信息，感觉统合游戏是指通过游戏化的方式对儿童进行感觉统合训练。它与“感觉统合训练”并无实质性差别，只是因训练对象年龄及障碍程度不同而采取了不同的实施途径，或是将感觉统合训练内容游戏化运用于正常发育儿童的体质健康教育中。对于低龄儿童（6岁前）或感觉统合失调程度较轻的儿童，一般采取感觉统合游戏活动促进其感觉统合能力的发展；对于感觉统合失调程度较为严重的儿童，须在专业机构接受专业的、系统的感觉统合训练（治疗）。

（二）孤独症谱系障碍儿童感觉统合失调的特点

孤独症儿童在视觉、听觉、肤觉（触觉、温度觉、痛觉）、前庭觉、本体感觉的多个方面存在不同程度的异常，影响其感觉间的信息统整和整体把握感知对象。他们容易忽视视觉、听觉刺激的基本内容，但对某些特征性的声音或细节又非常关注。他们的肤觉过度敏感或迟钝表现，如不喜欢或逃避穿特定质地或款式的衣服，或偏爱某特定质地、款式的衣服，人际交往中的正常触摸会发出尖叫等异常反应，受伤时有时不表现痛觉反应。在前庭觉上，大部分孤独症儿童表现极不敏感，如喜欢看旋转物体、长时间做旋转类活动且无眩晕现象。该类儿童运动能力虽强，但本体感觉发展不完善，运动过程中往往出现各种多余动作，运动企划能力明显不足。

（三）孤独症谱系障碍儿童的感觉统合训练

孤独症儿童的多感觉通道异常决定了针对该类儿童的感觉统合训练，首先应进行感觉分领域的训练，丰富视觉、听觉、触觉、嗅觉、味觉、前庭觉、本体感觉各领域信息，有效刺激中枢感觉区。感觉分领域训练一定周期后，可根据儿童情绪状态和运动能力设计难度较大的感觉统合综合训练项目，一方面促进感觉间的统整能力，另一方面激发儿童寻求帮助的意识，促使儿童关注周围人物。伴有攻击性或自伤性行为的孤独症儿童，训练项目设定尚须考虑减少异常行为的训练内容。

轻度孤独症儿童根据其运动发展水平和感觉统整能力，可缩短感觉分领域训练时间，增加综合训练项目，加强其感觉间统合水平，训练中后期还可增加言语和认知等内容，进行高位统合训练。中、重度的孤独症儿童坚持长时间的感觉分领域训练后，适时尝试进行感觉统合综合训练项目。

孤独症儿童感觉统合训练的主目标是改善儿童触觉、温度觉和痛觉过度敏感或迟钝的异常状况，提高其前庭觉敏感性和本体感觉能力，发展感觉与动作的统整能力，提升运动企划能力，为改善儿童异常行为及其他障碍奠定基础。间接目标是通过各项训练，提高儿童对周围事物的关注度，改善其身体概念和空间概念，促进其社会交往能力的发展。

（四）感觉统合训练室

当前，感觉统合训练主要在儿童康复机构、特殊教育学校及部分幼儿园开展，感觉统合训练室（图10–1）是这些机构多种功能室的组成部分之一，其建设规划需要从机构康复工作的整体加以考虑。特殊教育学校根据训练需要考虑它与其他康复训练室、教室的位置关系，合理布局，便于利用，减少相互干扰。感觉统合训练室的室内规划涉及训练室面积及其功能室的总体布局，以及室内装修、功能区域划分等内部设计有关问题；要科学合理安排室内物理空间，确保训练环境符合儿童的心理、行为特点，以及训练设施的有效利用。感觉统合训练室配设的设备种类较多，有大型设备，如浪桥（A字形铁架）、滑梯、海洋球池等，占地面积大，位置相对固定；也有大量的中、小型设备，如阳光隧道、各种型号的球类等。所以，感觉统合训练室的场地面积比较大，须在120平方米以上。如条件许可，场地面积可拓展至200平方米左右，训练空间将不再拥

图10–1 感觉统合训练室

挤。下面以吊台和滑板为例说明感觉统合训练设备的作用及其操作方法。

吊台（图10-2）主要用于前庭觉功能训练。如与其他设备结合使用，可训练儿童的注意力视感知—动作协调能力。儿童取卧、坐等体位在睁眼或闭目状态下进行多向度荡摆、旋转。训练形式可以是主动训练，也可以是被动或助动训练。训练水平高的儿童可以在荡摆或旋转训练的同时完成躯体其他动作或儿童间的互动活动，如传接球、搭积木、抽插插件等。

滑板（图10-3）用于视、听、触、本体感觉、前庭功能等的整合训练及身体动作协调性训练等。与滑梯结合使用，完成多向度、多体位的训练。可以卧趴板上，双手滑行；可以仰卧板上，双手抱头，双下肢推板滑行；也可以分腿坐倒滑（可头顶沙包），在惯性下维持盘坐；还可以一脚踩于车上，另一脚滑行；以及用滑板搬运货物。

图10-2 吊台

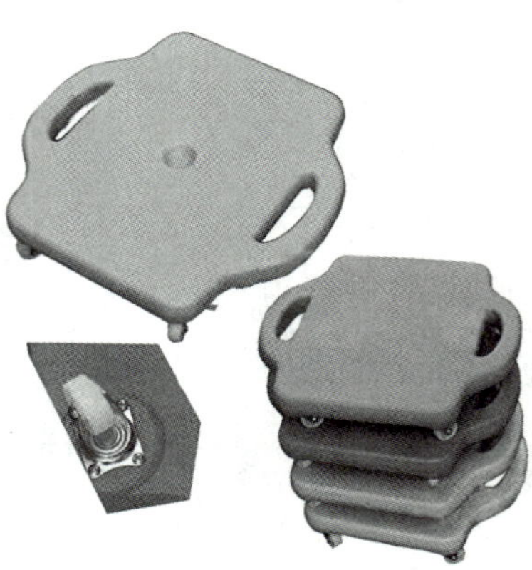

图10-3 滑板

二、应用行为分析法

应用行为分析（Applied Behavior Analysis，ABA）作为一种干预模式，于20世纪60年代由美国加利福尼亚大学洛杉矶分校的心理学教授伊瓦·洛瓦斯（Ivar Lovaas）针对孤独症最突出的行为障碍问题，基于传统的行为主义学习理论和操作条件作用而发展演变出的一套较为完整的行为训练技术和操作系统。

（一）应用行为分析的基础和原理

应用行为分析，指人们在尝试理解、解释、描述和预测行为的基础上，运用行为改变的原理和方法对行为进行干预，使其具有一定社会意义的过程，并使用实验来辨识行为改变的多元因素。

应用行为分析以正强化为主，促进儿童正常发展，辅之以行为矫正，纠正不良行为，其最基本的原理是刺激（S）—反应（R）—强化，即治疗者向患者提供一种或多种刺激，患者根据刺激做出一定的反应，治疗者对患者的正确反应提供强化物加以鼓励，对其不当行为则不提供强化物，另外教授恰当行为以替代问题行为。换言之，应用行为分析将复杂的任务（知识、技能、行为、习惯等）分解成许多小部分，而每一部分都建立在上一部分的基础上，回答正确或反应正确则以鼓励，成为“强化物”，而错误的反应则应被纠正忽略或重做。

（二）应用行为分析的实施基础和前提条件

功能性行为分析是应用行为分析实施的基础。功能性行为分析通常意义上来讲，是指问题行为的功能分析，即收集与问题行为发生有关的前提和结果的过程。换言之，功能性行为分析就是通过对环境条件、个人历史及其自身状况等方面的考察，而达到对问题行为的原因和功能的理解，进而为解决或改善问题行为提供有效的途径。功能性行为分析要求在治疗方案制订和实施之前客观地描述问题行为；运用观察分析问题行为发生的前提和后果；进而定期对观察的数据进行整理，从问题行为发生的频率、强度和持续时间等指标发现问题行为发生的规律和趋势，了解患者问题行为的基本状态，确定患者问题行为的基线水平。功能性行为分析就是试图去发现行为与环境事件的前后有怎样的关联。

任务分析法是应用行为分析实施的前提条件。任务分析法，即分析儿童学习某项行为机能所需要的每一个步骤和环节，然后对每一步骤或环节进行单独训练，最后达到对整体行为的掌握。

（1）课题分解。将一个行为分解成一系列单元行为（步骤），对每一个单元行为还可以继续分解，这样逐级将一个行为拆分为更小的、有先后顺序的行为链，强调各步骤要按照一定的顺序进行，使用连环法就是对这一原则的体现。

（2）步骤分析。在教儿童学习一个单元行为（步骤）时，将他们的反应按照趋近目标行为的程度分解为不同的阶段，强调对目标行为的趋近程度，这一原则体现的就是运用塑造法。

（3）儿童分析。在任务分解之后，对照具体的任务来分析儿童在这个任务中的强项和弱项。需要确定儿童已经会做什么了，需要学习的是什么，教师给予帮助的是什么，判断儿童的困难是什么，在能力、兴趣、行为习惯等方面是否有影响完成任务的因素，如何解决等。如图10–4所示，生活自理行为可分为穿衣服、上厕所、洗手等行为，洗手又可分为开水龙头、洗手、关水、擦手四个环节，洗手又可分为搓手、打香皂、冲手三个具体行为，冲手还可继续细分为几个具体行为。

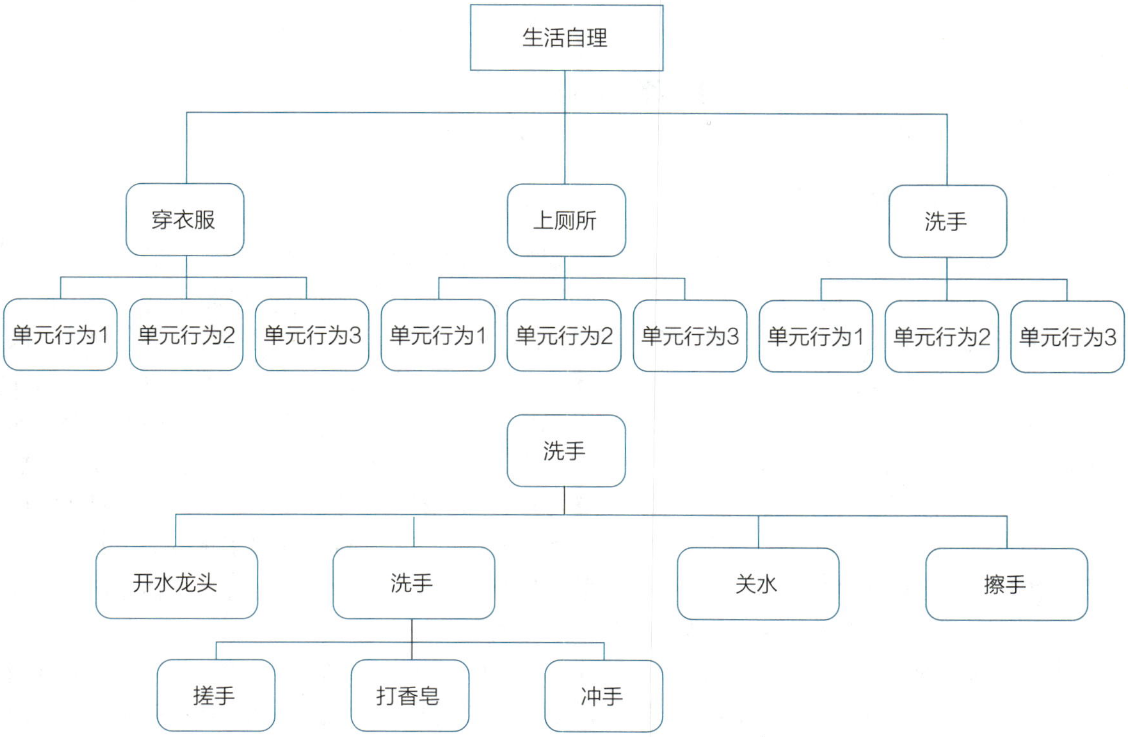

图10–4 任务分析法

（三）应用行为分析的基本操作公式

分解式尝试教学法是应用行为分析的基本操作公式。分解式尝试教学法又称“回合式操作教学法”或“离散单元教法”。分解式尝试教学法具体过程由三环节组成：①给孤独症儿童发出指令或要求；②促使孤独症儿童对指令或要求做出回答或反应；③结果（对孤独症儿童的反应强化或提示加强化）。一个操作的三个环节完成后，稍微停顿后再给出下一个指令（开始新的操作）。换言之，分解式尝试教学法的操作特点是先由干预人员给出一个简短明确的指令让孤独症儿童做出一个单一性动作，如果孤独症儿童根据指令完成这一动作则立即给予预选的奖励，否则就由干预人员给予适当的口头提示或必要的身体辅助，待其能自己完成该动作后再逐渐淡出提示或帮助。每一单元都应简短并与下一单元有一定的时间间隔。这是一种结构性较强的治疗方法。

分解式尝试教学法的五元素是指令、个体反应、辅助、强化、停顿。它们的操作顺序如图10–5所示，首先干预者发出指令，孤独症儿童若正确反应，干预者就给予强化，然后停顿。如果孤独症儿童错误反应或无反应，干预者就不予强化，然后停顿，再重新发出指令，接着给予辅助，孤独症儿童正确反应，干预者给予强化，然后停顿，进入下一回合。

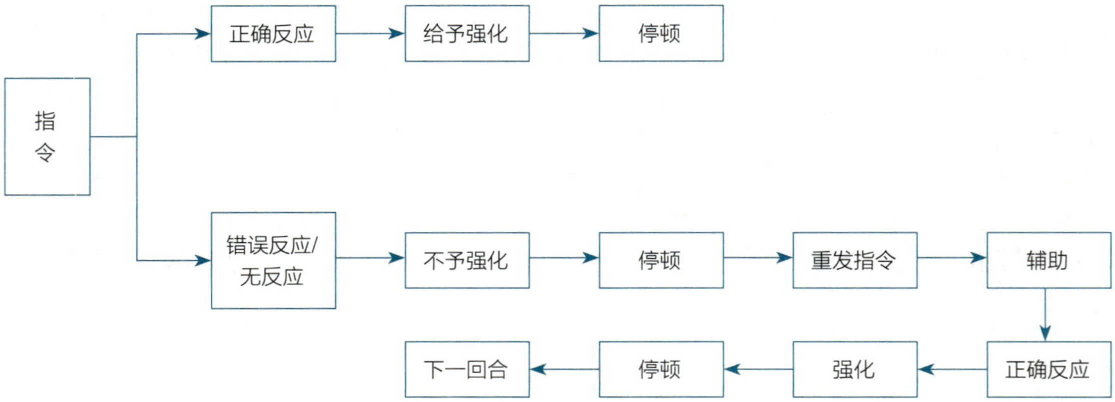

图10–5　分解式尝试教学法

（四）应用行为分析的实施要点

应用行为分析干预开始时，需要找一个视觉和听觉刺激很少的、相对固定的环境，排除各种干扰，避免儿童分心，使其尽早取得成功。比如，一对一的个别训练室，在那儿放一个小桌子和两个小椅子（椅子的高度必须以能相互对视为准），地上铺有地毯；房间布置要尽量简单，以暗色调为主，但光线要充足，周围不要有可以吸引儿童注意力的物品，甚至连墙壁也只要白墙即可，条件允许的话可在墙壁的适当位置安装能做观察用的单向透视镜；教学中可以根据需要增加指导者从旁协助教学；根据课程设计需要，室内可安置必要的教材教具。但是，教学必须尽快扩展到日常环境。这不但更为自然，而且可以把学习迁移到所有情境中。因此，治疗不应只在家里进行，也要在室外进行，社区、公园、市场之类的场所也可进行治疗。如果干扰分散了儿童的注意力，就要教育儿童集中注意力，不受环境干扰的影响。儿童必须学会在各种干扰物会自然出现的环境中学习，从而为在学校这样的典型环境中学习做好准备。

在开始训练的6～12个月，要求个别化；适用于参与、模仿、语言、认知、动作、生活自理等项目的训练；训练时一定要选准可以影响儿童行为能力发展的增强物；随着儿童在一对一的个别训练中行为的获得和儿童能力的发展状况，逐步将儿童带入小组或团体中做泛化指导，使得个别指导中所习得的行为得以在团体或生活实际中发展。要合理安排时间，高强度训练、强度较低但仍是结构化的活动、自由活动和在家的时间要保持平衡。除了一对一教学的时间，也应考虑教学质量和正式治疗之外时间的结构化程度。研究表明，许多儿童每周在家里接受30～40个小时的直接训练（即每星期6～7天的训练，每天5～6个小时），并维持至少两年，效果最好。每次训练的时间要根据儿童的年龄、整体水平（注意力、身体状况、情绪、刻板行为等）综合决定，通常在2～3小时效果最好，具体的训练时间单元可以安排如下：2.5岁以前的儿童，主要以活动为基础的教学，每次要10～15分钟；3～4岁的儿童，每次要15～20分钟；4～5岁的儿童，每次要20～25分钟；5岁以上的儿童，一般每次要30分钟左右；学龄前儿童，一般每次要35分钟；学龄期儿童，每次要40分钟左右。之后，要泛化技能、提供观察学习的机会，让儿童尽快开始加入小组或集体操作练习课。另外，如果儿童白天部分时间在学校，就要减少在家治疗的时间。

三、结构化教学法

结构化教学法是由美国北卡罗来纳大学精神科学系的一个专门研究、支援和推行孤独症儿童教育的部门在20世纪70年代制定的“孤独症与沟通障碍儿童的治疗与教育计划”（Treatment and Education of Autistic and Related Communication Handicapped Children，TEACCH）中提出来的。它是以孤独症儿童的生活自立为目标，综合诊断评量早期教育、学校教育、家庭教育以及职业教育等，发展出的一套教育治疗计划。这个计划是一整套十分系统的工作计划，历经几十年的应用，取得了很好的教学效果，该教育项目曾获得美国精神病学协会的成就金奖，被认为是一种杰出的服务、训练和研究模式，已得到世界的认可，我国台湾、香港地区很早就借鉴这套计划训练孤独症，国内其他地区近几年试用此方法的学校、训练机构也越来越多。

结构化教学法，也称系统教学法，就是根据儿童的学习特点，有组织、有系统地安排学习环境、学习材料及学习程序，让儿童按照设计好的结构从中学习的一种教学方法。它的基本思想是把教学空间、教学设备、时间安排、交往方式、教学手段等方面作系统安排，形成一种模式，使教学的各种因素有机地形成一体，全方位地帮助孤独症儿童进行学习。正规、系统的结构化教学法通常由以下五个重要的部分组成。

（一）视觉结构

视觉结构就是把学习环境、学习材料及工作程序作适当的安排，使儿童无须用语言，只用视觉的辨别便能明白和理解学习要求，如图10-6所示视觉结构包括三个部分：①视觉清晰显示。把学习中的重要的资料或物件部分清晰显示出来，以便儿童辨认，用标签标出学习的重要资料或物体部分，是视觉清晰的重点。②视觉组织。物件和空间的组织安排有序，使儿童能了解自己的工作范围和涉及的地点、材料、步骤等。③视觉指示。利用文字、图片把要完成的工作安排成为一个模式，说明工作的内容及步骤，以便儿童按照指示完成工作。

（二）环境结构

用清晰的界限为儿童划定不同的活动和学习空间，以便儿童了解活动、学习与环境的关系，掌握环境对他们的要求。在教室，除了有用来学习的空间，还可以划分出儿童自由玩耍的范围、个别辅导的范围以及工作程序表放置、衣物放置的范围等。如果教室的空间太狭小，无法安排很多的活动区域，则可作变通处理。安排环境结构时要尽量减少视觉和听觉的干扰，用清晰的界限为儿童建立不同的活动空间，如教学区、游戏区、生活区等，宜用文字标出，家庭训练新行为时

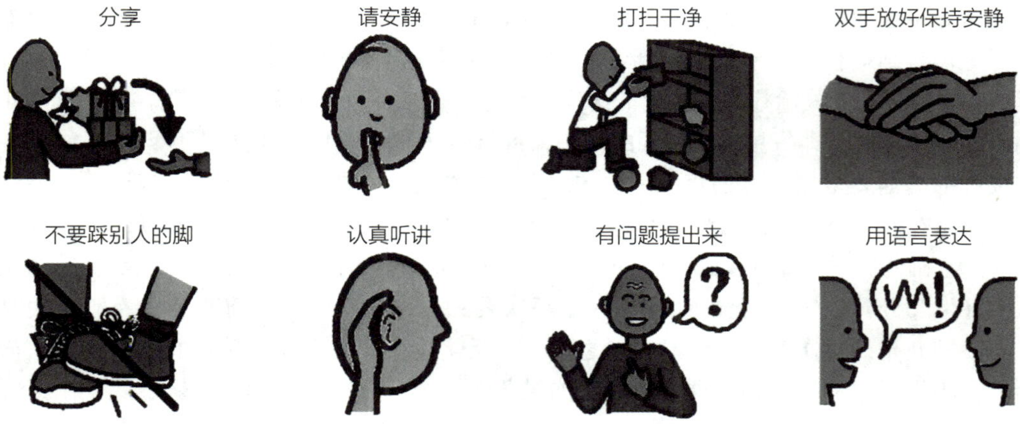

图 10-6　视觉结构示例——教室行为规范

也要适当规整环境；教学区桌椅摆放也要有序，可以用红、黄、蓝按系列、分深浅不同地摆放，使儿童一目了然地知道自己此时要做的任务在哪里，下一步该进行的任务去哪能得到。

（三）常规结构

在开始实施时，通过环境结构和每日程序表，使儿童对周围环境有一定理解后应学习常规，提高安全感和自信心，减少焦虑不安的行为。比如建立有事一定要告知老师的常规（可以举手、可以举牌或卡片、可以拉老师衣角……不同儿童做法有别），形成让某儿童一下课就找老师领任务的常规等。帮助孤独症儿童建立起有意义及有次序的行为习惯，无疑会给他们的学习和建立为他人接受的良好行为带来好处。一个有秩序及安排得当的学习环境，儿童就会按老师的要求做事。

常规结构的建立主要从以下几个方面着手进行：①建立做事先后顺序常规。②建立完成工作的常规，即通过训练让儿童建立起工作是会完成的，完成工作后就会有奖励或报酬的概念，以此来促使儿童努力完成任务。③建立从左到右、由上到下的工作步骤常规。孤独症儿童往往不知道一件工作从什么地方开始，这时用视觉信号做出指示，便于指导他们完成任务。④学会看个人时间表，通过训练培养孤独症儿童在每天活动开始之前看时间表的习惯，以便他们能了解个人活动的内容、时间及先后顺序，把精力放在要做的事情之上。⑤根据个人工作系统中的安排去工作。

（四）程序时间表

常见的程序时间表有两种：一种是全日流程时间表，即每日每项活动的时间表；另一种是个人工作时使用的工作程序表，这是针对孤独症儿童的特殊需要，按照个别化教育计划制定的程序表。其形式可以用图片、照片、物件和文字表述，长短规格、步骤的详略依儿童的能力而定。在一定时期内应相对固定，可以有全班统一的，也可以为个别学生单列，但两者不要有时间冲突。在此基础上公布每周的程序表，可看作是课表的变式。在实施中应尽可能本着“优化资源”的原则，减低劳动强度，如用塑料板和粘贴条制作可多次粘贴、组合式的程序表等。

（五）个人工作系统

个人工作系统是为儿童的需要而建立的一个独立的工作系统，包括结构化教学法的各要素——视觉结构、环境结构、常规结构及程序时间表，再加上特定的教学材料安排。孤独症儿童的教育具有独特性，集体环境的教育训练必不可少，而个别化的教育训练更需要。因此，无论是学校、训练机构还是家庭教育训练都必须充分考虑儿童的特殊要求，应为其设计有针对性的个人工作系统，来帮助他们学习新的知识和技能。设计个人工作系统是决定目标导向的结构化教学能否奏效的重要环节，又是技术性很强的工作。

设计个人工作系统的要求与技巧主要有：①以任务单的形式呈现，但设计形式要多样化，可用文字、图片、影像等表达。②开始、结束、任务和反馈等都用什么表示要标注清楚。③了解、熟悉和使用任务单需专门的学习过程，对于不认字的学生，一开始可采用集体认读或同伴协助等方式使其熟悉这种教学模式，一旦形成习惯后就需要在任务的可操作性上下功夫。④为节约教学资源和减轻人力负担，任务单最好采用可重复使用的粘贴式。⑤设计时虽应考虑其近期发展目标，也要考虑学生的兴趣爱好和年龄特征等。

由于结构化教学有组织、有系统地安排教学环境、材料及程序，具有视觉提示作用强、个人工作系统的针对性强、有利于独立自主完成学习等特点，在孤独症教学中被广泛使用，是引导和维持孤独症儿童进行书本知识的自我学习的有效方法，若新环境布置中采用视觉提示方法也可以促使他们尽快适应新环境，但针对孤独症儿童普遍缺乏交往能力、互动意识、自我规划意识等，该方法还有较大的局限性，应用不好反而容易造成新的刻板行为，因此要配合情绪放松与诱导、人际互动的情境教学、自主意识行为训练等，要力求避免机械的结构化教学，在概念教学中可借鉴认知建构主义、在情感沟通和社会适应能力培养中要借鉴人本主义的有益经验，这样才能不断完善、成为真正有助于孤独症儿童成长的好方法。

四、图片交换沟通系统

在针对孤独症儿童的教学中，激发儿童沟通的欲望是教学的当务之急，也是克服孤独症儿童核心障碍的重要突破点。目前，在提高孤独症儿童语言能力的干预措施中，运用最多的就是由美国邦迪（Andy Bondy）和弗罗斯特（Lori Frost）在20世纪90年代设计的图片交换沟通系统（the Picture Exchange Communication System，PECS）。这与其他的图片训练的最大不同在于：普通图片训练系统以训练孩子指认图片为主，此类方法在开始训练初期，会消耗大量时间教导孩子认识物品，而邦迪和弗罗斯特认为，在教导孩子指认图片或其他视觉符号时，如果教导的情境不是用来与他人交谈或交换信息，就不能达到功能性沟通的目的。因此，在使用PECS时，要求孤独症儿童要主动、清晰地将图片交给沟通的对象，让对方明白自己的需求。

根据邦迪和弗罗斯特的训练手册，PECS包括物品交换、扩充自发性能力、区辨训练、句型结构、接受性语言训练、反应性和自发性训练六个阶段组成（图10–7）。

阶段一：用图片交换对象。该阶段的目标是训练孤独症儿童建立起沟通的基本模式，让孤独症儿童看见一个想得到的物品，能主动拿出该物品对应的图片，交到训练者手中，来换取他们想要的物品。这一阶段需要两名训练者A和B，分别在孤独症儿童的面前和身后，刚开始，孤独症儿童并不知道要用图片去交换他想要的物品，当训练者发现他要去拿面前的物品，如糖果时，在他身后的训练者B可以握着儿童的手，帮助他用手拿起糖果的图片，并把图片递给训练者A。之后，训练者B要逐渐减少对他的辅助动作，慢慢让他学会自己独立完成尽可能多的图片交换。

阶段二：提高使用图片的自发性。这一阶段的目标是增加孤独症儿童沟通的自发性。这一阶段训练方法与阶段一相似，但不同的是，训练者A和儿童想要的物品的图片不在儿童面前，儿童要自己主动走向沟通板拿图片，然后找到训练者A，使用图片交换他想要的东西。

阶段三：辨认图片。这一阶段，沟通板上的图片种类会有所增加，不再仅是与儿童想要的物品相对应的图片，儿童需要在众多图片中找到与自己想要物品对应的图片，然后将图片交给训练者。随着训练的深入，图片数量也会增加，图片内容的性质也会有所改变，以此加大辨认的

图10-7 PECS示例

难度。

阶段四：组织句子。这一阶段，当孤独症儿童想要得到某件物品时，他要走到沟通板前，拿起写着“我要”的图片，贴在句子尺上，再拿起物品的图片，贴在“我要”图片的后面，拼成“我要某物品”的句子，然后拿起句子尺交到训练者手中。此阶段可以为孤独症儿童将来使用句子进行语言交流做好准备。

阶段五：回答问题。该阶段要求孤独症儿童学习对“你要什么”的问题进行回答。刚开始，训练者可以在问儿童“你要什么”的同时引导儿童将写有“我要”的图片和他想要物品的图片一起放到句子尺上，并交给训练者，回答训练者的问题。接下来，训练者可以逐渐延迟对儿童的提示，提问后不能马上指着“我要”的图片来提示儿童，而应该在儿童一段时间后仍没反应时再提供必要的辅助。

阶段六：回应和评述。当孤独症儿童学会回答“你要什么”的问题后，就可以进一步学习回答评论性和描述性的问题，例如“你看到了什么”“你听到了什么”等。与阶段五相似，最终让孤独症儿童学会独立用“我要”“我看到”“我听到”等图片与其他图片搭配放在句子尺上，组成一个完整的句子。

众多研究表明，PECS训练法重视诱发孤独症儿童的沟通动机，促进孤独症儿童主动发出请求的能力，对提高孤独症儿童的口语能力有显著的效果，并且扩大了孤独症儿童沟通的方式，使其更容易开始与他人沟通。并且该方法相对容易学习，对教师和父母在学校和家庭环境中都适合使用。

本章小结

近年来，随着孤独症的发病率逐年上升，及其独特的行为模式引起了学者和社会大众的广泛关注。孤独症儿童多在3岁前发病，学龄前阶段是孤独症谱系障碍儿童教育和干预的关键期。本章详细介绍了孤独症谱系障碍的概念、类型，孤独症儿童的心理和行为特征及学习特点，以及当今主流的几大干预方法。对于师范生来说，掌握以上理论知识，能对孤独症儿童进行有效的教育支持，将对每一名孤独症谱系障碍儿童的发展与社会融合具有重要意义。

思考与练习

1. 举例说明孤独症儿童表现出的三大典型的心理和行为特征是什么。
2. 分组练习一种孤独症儿童的干预方法。
3. 深入孤独症儿童康复机构或融合学校，观摩孤独症儿童的康复训练活动，注意观察了解孤独症儿童的情况，根据本章所学内容，制订合理的康复训练活动方案。

拓展视频

广泛性发育障碍分类

第十一章

学习障碍儿童心理与教育

学习目标

1. 知识目标：掌握学习障碍的定义、分类及学习障碍儿童的心理特征，了解学习障碍儿童的成因。
2. 技能目标：能够通过观察与评估工具初步识别学习障碍儿童的典型表现，设计并实施针对学习障碍儿童的教学调整策略。
3. 情感目标：消除偏见与误解，培养对学习障碍儿童的共情意识，树立潜能开发的教育信念，增强支持学习障碍儿童成长的信心。

知识框架

- 学习障碍儿童心理与教育
  - 学习障碍儿童概述
    - 学习障碍的定义
    - 学习障碍的分类
    - 学习障碍儿童的成因
  - 学习障碍儿童心理特征
    - 学习障碍儿童的认知特征
    - 学习障碍儿童的运动协调特征
    - 学习障碍儿童的社会情绪和行为特征
  - 学习障碍儿童教育干预
    - 学习障碍儿童的学校干预
    - 学习障碍儿童的家庭干预
    - 学习障碍儿童的家校共育

案例导入

小林是一名11岁的男孩，目前上五年级。小林性格活泼，对他人说话做出的反应也十分迅速。但作为班级的一员，他的成绩却长期在班里排名倒数。他会混淆数字，也经常在写汉字的时候遗漏笔画。小林的父母和老师想过很多办法帮他解决问题，但小林的成绩始终得不到提高，导致他经常受到批评，学习自信心也越来越低。

问题与思考：家长与教师应如何协同干预，以有效提升小林的学习能力，帮助其顺利适应学习节奏？

第一节　学习障碍儿童概述

学习障碍是一个涉及医学、生理学、心理学、教育学、语言学等诸多学科的名词。正因如此，出现了许多与之相近的术语，如学习困难、学业不良、学习无能等。什么是学习障碍？怎样对学习障碍进行鉴定与分类？学习障碍儿童的成因是什么？对这些问题进行深入探讨，有利于对学习障碍儿童进行科学的教育与训练。

一、学习障碍的定义

1963年，美国特殊教育专家柯克（Samuel Kirk）在纽约市一次家长团体举行的年会上，提出了“学习障碍”这一术语。他指出，学习障碍是指那些“能看、能听，没有显著的智力缺陷，但在行为和心理上表现出相当的偏差，以致无法良好地适应家庭生活，在学校中依靠通常的教学方法无法有效学习的儿童”。由此，柯克被誉为“学习障碍之父”。在特殊教育领域，学习障碍是最为人们所重视的。在学习障碍的研究领域，可以见到多种定义并存的现状。下面介绍几个有代表性的定义。

美国《2004年残疾人教育促进法》对学习障碍的定义是：学习障碍是指在涉及理解或使用语言、说话或写作的基本心理过程中存在一种或多种障碍，表现为听、说、读、写、拼写，或数学运算能力的受损，包括知觉障碍、脑损伤、轻微脑功能障碍、阅读障碍和发展性失语症。学习障碍不包括因视觉、听觉，或运动障碍以及智力障碍、情绪障碍或环境、文化、经济不利等因素所造成的学业问题。

美国《精神障碍诊断与统计手册（第5版）》中对“特殊学习障碍”定义如下：学龄阶段在阅读、书写、计算或数学推理技能上持续出现困难，其症状可能包括阅读不准确、速度慢、费力，书面表达不佳，对数字内容记忆差，数学推理不准确。当前的学业技能远低于其文化和语言要求的阅读、书写或数学的平均水平，个体的困难不是源于发育、神经、感官（视或听）或运动障碍，并对学业成就、职业能力或日常生活产生显著影响。特殊学习障碍的诊断经由对个体的发育、医学、教育、家族史、测验报告、教师观察以及学业干预的成效等临床评价。

全美学习障碍联合委员会对其的定义是：学习障碍是一个概括性的术语，指听、说、读、写、推理或数学能力的习得和运用方面有明显困难的异质性群体。学习障碍源于个体内部，可能是中枢神经系统功能失调所致。它可能发生在人一生的各个阶段。自我调节、社会认知、社会交往方面的问题常常伴随学习障碍存在，但是这些问题本身并不导致学习障碍。尽管学习障碍可能与其他障碍（如感觉损伤、智力障碍、严重的情绪障碍）同时存在，或同时受到其他外在因素的影响（如文化差异、教育的不充分或不适当），但学习障碍并非这些障碍或因素直接作用的结果。

鉴于对学习障碍定义的分歧，美国学者卡瓦勒（K. A. Kaval）和福尼斯（S. R. Forness）等提出了对学习障碍的操作性理解，将学习障碍的确认分为五步：第一步强调的是成绩不达标和能力—成就间的差异，这是构成学习障碍的一个必要条件；第二步将能力—成就差异集中于语言、阅读、书写、数学四个领域，各个学科的成绩在确定学习障碍中的意义并不完全相同；第三步聚焦于学习效率，包括学习策略（对学习材料的组织、构建）和学习速率（获取信息的速度），低层次的缺陷被整合到学习层面，以考察学生学习任务是否被有效分解、错误是否持续存在等；第四步将学习障碍与具体的加工缺陷联系起来；第五步采用排除法，确保问题并非由其他原因所导致。

国内有关学习障碍的定义也很复杂，所指的对象通常是以学业成绩低下为主要表现，因此，患有学习障碍的学生也被称为“差生”或“低成就学生”。他们的共同特点是：智力正常，但由于各自不同的原因，不能适应普通学校教育中的学习，最终导致学业不良。这种不良是可逆的，在一定的补救和教育条件下是可以转化的。这一概念较有代表性的定义是：有适当学习机会的学龄期儿童，由于环境、心理、素质等方面的问题，致使学习技能的获得或发展中存在障碍，表现为经常性的学业不良。这类儿童没有智力障碍，智商在70以上。

综上所述，学习障碍定义的共同特点是具有正常的智力，但由于不同的原因无法适应普通学校中的教学，最终导致无法达到与智力所匹配的学业成就。此外，在理解学习障碍的定义时，还需要把握以下几个方面：①学习障碍儿童存在学业成就低下的表现，尤其是在说、听、写、读和数学上；②学习障碍儿童的能力与他们的低成就之间具有显著的差异；③学习障碍的产生具有排他性，本质上不由任何其他原因造成，如视听损伤，经济、环境、文化落后或其他障碍等。

二、学习障碍的分类

学习障碍本身的复杂性，给分类带来了许多困难。以下是几种常见的分类。

（一）美国学者柯克和葛拉格（James Gallagher）的分类

1. 发展性学习障碍

发展性学习障碍是指儿童在生长发育过程中所显露出的心理和语言功能的偏离，这些功能正是学业学习的基础。发展性学习障碍又可分为两种：一种是原始性障碍，主要表现为注意力、记忆力、感知能力、知觉运动协调能力等方面的障碍，这些障碍可能会引起其他许多学习障碍，例如感知能力和记忆力的障碍可能导致儿童的阅读障碍，知觉运动协调能力障碍可能引起书写问题等。另一种是衍生性障碍，它是由上述原始性障碍所造成的某种高级能力方面的问题，主要包括思维障碍和语言障碍。

2. 学业性学习障碍

学业性学习障碍可能是由发展性学习障碍所致。学业性学习障碍是指儿童在各科学习或学习技能（如阅读、书写、计算等）方面存在的障碍。学业性学习障碍主要是通过学科学习表现出来的，它可能是由发展性学习障碍造成的，但两者之间并无绝对的因果关系。比如，有些儿童因感觉运动障碍造成了阅读困难；但有些儿童虽然存在感觉运动障碍，却能够很好地阅读。

（二）美国《精神障碍诊断与统计手册（第5版）》的分类

1. 阅读学习障碍

阅读学习障碍可能表现在以下几个方面：读字词的准确性、阅读速度或流畅性、阅读理解能力。需要特别说明的是，诵读困难作为一个替代术语，特指在文字识别的准确与流畅方面有问题、解码差，以及拼写能力差等学习障碍。

2. 书面表达学习障碍

书面表达学习障碍可能表现在以下几个方面：拼写的准确性、语法和标点符号的准确性、书面表达的清晰性或组织性。

3. 数学学习障碍

数学学习障碍可能表现在以下几个方面：数感、算术结果的记忆、准确或流利的计算、精确的数学推理。

（三）国内学者的分类

1. 发展性学业不良

发展性学业不良是指儿童在成长过程中，某些心理与语言功能的发展出现与正常发展过程相偏离的现象。发展性学业不良又可分为两种：一种是原始性缺陷，主要表现为注意力、记忆力、感知能力、知觉运动协调上的缺陷；另一种是衍生性缺陷，即由于上述原始性缺陷造成的某些较高级能力上的问题，主要表现为思考能力和语言能力上的缺陷。

2. 学业性学业不良

学业性学业不良是指儿童存在学科学习或学习技能（听、说、阅读、拼写、算术等）上的困难。学业不良是通过学科学习上的困难表现出来的，而学习技能上的困难又可直接影响或妨碍学科的学习。

3. 行为—情绪性学业不良

行为—情绪性学业不良是指儿童由行为或情绪问题导致的学业不良。这些儿童的行为—情绪问题主要表现在三个方面：一是品行问题，如公开的攻击性，对同伴或成人常常具有敌意、挑衅行为和破坏性等；二是不适应或不成熟行为，如漫不经心、懒散、缺乏兴趣、厌学等；三是个性问题，如过于敏感、自我意识缺乏、自卑感强等。

三、学习障碍儿童的成因

学习障碍的致病因素非常复杂，通常包括以下几个方面。

（一）生理因素

生理因素是目前最受重视的导致学习障碍的因素之一。据估计，大约有15%的学习障碍儿童具有某种程度的中枢神经系统功能失调问题。

1．脑损伤

在儿童出生前、出生时和出生后这几个不同的阶段，都可能因各种原因造成脑损伤或脑功能损伤。儿童遭遇脑损伤后，可能会出现机体性的损伤，也可能会产生神经动作系统的问题。例如，他们会出现步态迟缓、笨拙、精细动作技能较差等现象，还有可能出现易激惹、注意障碍、多动等现象。值得注意的是，脑损伤和学习障碍之间并不存在必然的关系。脑损伤对儿童学习和行为的影响存在非常大的差异，它取决于许多因素，比如损伤的原因、损伤的部位、损伤的程度、损伤发生的时间（儿童的年龄）以及损伤后的康复情况等。由于儿童大脑细胞的可塑性较强，脑损伤后，尽管受损的细胞无法再生，但未受损的脑细胞之间可能会因此建立新的联结，对受损脑细胞起到补偿和替代的作用。因此，如果脑损伤的范围较小，损伤不严重，在外部适当的刺激之下，脑功能可以部分或全部恢复，这种情况在儿童早期发育时尤其显著。

2．脑结构异常

个体在胎儿期可能会受到来自母体的饮食、药物、毒物、传染病、基因倾向、激素、心理压力等因素的影响而导致脑结构异常。这表现在个体左右脑半球大小的差异或神经细胞的错位上。研究发现，有些学习障碍者大脑左半球发育不充分，右半球过度发育。这种对脑功能产生影响的脑结构差异还可能会遗传给后代。

3．大脑功能偏侧化

人的大脑功能是有分工的，一般而言，大脑的左半球主导语言和复杂的自主性动作，右半球主导空间视觉和非语言的听觉分析。有学者提出，部分阅读障碍者就是因为左半球失势而造成知觉形象颠倒。例如，将“p”与“q”、“NO”与“ON”弄混淆，这种现象被称为“镜影现象”。研究者发现，部分学习障碍儿童的大脑优势半球不明显。他们的左右半球的主导功能未能很好地建立起来，在加工信息的过程中，往往过度依赖某一侧半球而不能很好地激活另一侧半球。假如过度依赖右半球，就会在完成与语言分析有关的任务时发生困难，如阅读、拼写、集中注意力、记忆、数学应用题、写文章等有困难；如果过分依赖左半球，则表现为空间知觉方面的障碍，如出现推理、想象困难，无法有条理地记笔记等。

4．脑神经障碍

脑神经障碍包括脑神经功能障碍、脑神经通路障碍以及脑神经系统代谢障碍。

（1）脑神经功能障碍。人的大脑共有12对脑神经，个体通过它们去感知外部刺激。任何一对脑神经功能出现障碍，都会对学习活动的有效进行产生阻碍。比如听神经障碍会影响听觉与前庭器官的平衡作用，视神经系统的损坏将影响视觉的感知过程。

（2）脑神经通路障碍。据推测，脑神经通路障碍也是学习障碍的病理因素之一，其中包括末梢神经系统与中枢神经系统的联结障碍以及大脑左右半球神经束（胼胝体）的联结障碍，例如，若胼胝体发生障碍，大脑左右半球的信息就无法交换，大脑就无法实现其统合的功能。

（3）脑神经系统代谢障碍。研究者发现，有些表现为注意力缺陷的学习障碍，是脑细胞多巴胺新陈代谢功能失常的结果。脑神经系统负责调节脑部对刺激的敏感度以及注意力活动的程度。如果该系统新陈代谢功能失常，会使个体无法适当地控制其注意力，表现为注意力分散、冲动等。

5. 大脑皮质病变

神经心理学的研究显示，脑部特定区域的功能与个体的心理和行为有关，比如：额叶病变会引起视觉搜索障碍、性格与社会行为的改变、顺序记忆衰退等；颞叶病变会引起听觉辨认障碍、选择性注意缺陷、语言障碍、记忆衰退等；顶叶病变会导致左右失向、空间阅读困难、空间性计算障碍等。

6. 其他生理因素

其他生理因素包括：①慢性营养不良。这可能源自儿童自身的体质，也可能是由于不当的家庭养育方式。这类儿童常有明显的偏食现象，或过于瘦弱或过于肥胖，他们往往难以坚持较长时间的学习，容易感到疲劳。②慢性疾病。儿童中常见的慢性病有支气管哮喘、慢性胃炎、慢性副鼻窦炎、扁桃体肥大等。患有慢性疾病的儿童常常因就诊、休养等而缺课过多，难以跟上正常的学习进度，进而产生学习障碍。③轻度视、听障碍。轻度视、听障碍的儿童往往受到教师和家长的忽视，他们常常因看不清或听不清而不能充分理解教学内容，导致学习障碍。④身心疾病。所谓身心疾病，从症状上看是生理问题，但常常源自心理问题。这种疾病常见于少年期（13～15岁），其典型的症状是偏头痛、十二指肠溃疡、抽搐、支气管哮喘等。患有身心疾病的儿童常常感到身体不适，不能集中精力学习，进而导致学习障碍。

（二）生化因素

体内生化系统的不平衡，也会导致学习障碍。

1. 神经化学物质传递异常

大脑中生化不平衡可以从尿、血液或脑脊髓液中神经代谢物数量的减少而被检测出来，某些药物可以改善不平衡的状况而减轻学习障碍。

2. 维生素缺乏

有研究者认为，学习障碍儿童中有部分儿童是由于无法正常吸收维生素而导致的，因此建议，对于这些儿童可以采用强化维生素治疗的方法。

3. 内分泌腺功能失调

某些激素分泌失调也可能引起儿童早期大脑损伤或身体状态的改变，由此导致学习障碍。例如，由于甲状腺功能失调，患者的甲状腺皮质激素分泌过多或过少，造成生化系统的不平衡，降低儿童学习的有效性。有证据表明，甲状腺皮质激素分泌过多是引起注意力障碍的原因之一，而甲状腺皮质激素分泌过少则会造成儿童精神低落，影响学习动机。

4. 低血糖

脑的代谢需要一定量的葡萄糖供给。如果吃得过少，体内的血糖量远低于正常水平，大脑便不能保持正常的警觉和清醒。处在这种状况下的儿童容易感到疲倦、精力不足，难以完成正常的学习任务。尽管到目前为止，使用药物或饮食来改善学习障碍的效果并未得到充分的体现，但可以肯定的是，生化因素与学习障碍儿童某些不当的行为反应之间存在着某种关联。

（三）遗传因素

许多研究指出，遗传是导致学习障碍的因素之一。美国学者史利尔（Sliver）在556个具有神经生理异常的学习障碍儿童中发现了家族遗传的因素。有关双胞胎的比较研究发现，同卵双生子均为学习障碍的比例明显高于异卵双生子。此外，研究发现学习障碍还可能与性染色体异常有关。例如：第23 对性染色体异常模式为（X，O）的儿童会出现视觉动作的协调问题，在智力测验中操作部分的得分偏低；第23对性染色体异常模式为（XXX）的儿童往往在多项认知能力上有普遍低下的现象；第23对性染色体异常模式为（XYY）的儿童在智力测验中语言部分的得分较低，阅读能力发展迟缓。

（四）心理因素

在学习障碍儿童中，有相当一部分是由于心理因素造成的。

1．动机

动机，是指激起行为的原动力，它是直接推动一个人进行活动的内部动因或动力。学习动机不足，是许多儿童学习障碍的原因之一。没有学习动机，完全依靠自然学习很难取得成功。

2．情感

学习障碍儿童往往表现出如下的情感问题：焦虑程度较高，在日常生活中容易忧虑，产生情绪波动。这种焦虑一旦产生，会造成儿童注意力不集中，干扰学习能力的发挥，造成恶性循环。儿童也由于连续的失败，缺乏成功的体验，失去对某门课程学习的信心，继而采取回避的态度，学习障碍由此产生。

3．个性与意志

注意力散漫、意志薄弱、情绪不稳定等不良的学习习惯，会造成学校学习适应不良，引起学习障碍。

此外还有环境因素，主要来自家庭、学校与社会三个方面。

拓展阅读

数学学习障碍的特点

数学学习障碍（Mathematical Disabilities，MD），是学习障碍的一个类型，这类儿童的最主要特点就是数学学习成绩低下。盖里（David Geary）综合了认知心理学与神经心理学对数学学习障碍者基本算术技能的研究，将数学学习障碍分为三种亚类型：语义记忆型数学困难（Semantic Memory MD）、程序型数学困难（Procedural MD）和视觉空间型数学困难（Visuospatial MD）。

1. 语义记忆型数学困难，也就是人们通常所说的复合型数学困难，这种亚型的特点在于数学困难与阅读困难并存，数学信息提取不准确，提取反应时间较长。

2. 程序型数学困难，主要特征是不成熟的策略、数学问题解决中出现执行错误、形成算术概念的迟滞。

3. 视觉空间型数学困难，主要特征是不能恰当地排列数字信息、符号运用混乱、数字易遗漏或颠倒、对空间相关的数字信息产生误解。

目前，关于语义记忆型数学困难的研究最多，而关于视觉空间型数学困难的研究最为稀缺。

第二节　学习障碍儿童心理特征

由于学习障碍儿童是一个高异质性的群体，每一个体的特征都是独特的，很难有一致的、足以代表所有对象的特征表现。

一、学习障碍儿童的认知特征

人是通过各种感觉器官来接收外界环境的刺激，并以某种方式处理信息的。但同样的信息刺激经过不同个体的认知处理后会变得不同，有些学习障碍者正是由于脑功能的问题，在信息加工过程中出现了偏差，产生了认知障碍。学习障碍儿童的认知特征包括以下六个方面。

（一）知觉特征

视知觉有障碍的儿童难以对视觉刺激进行知觉整合，常常没法把所看见的东西视为一个整体或单一体，而是将知觉对象弄得支离破碎，具体表现为区分视觉形象困难、知觉形象背景困难、寻找隐蔽的图形困难、空间判断困难、方向感差、视觉想象力差等。这类儿童会将有方向特征的数字、拼音或字母等混淆，产生镜像书写，如“b–d”；他们对符号与字的辨认困难，常常表现出书写或辨认的问题，如混淆“今”与“令”；在阅读或做算术题时，容易将不同的文字混在一起，或出现漏读、漏做等现象，给人以粗心马虎的印象。听知觉有障碍的儿童一般在模仿发音上没有什么问题，但对声音的分析能力较差。例如，他们难以区分音调的差异或主音与伴奏音的不同，因此在语言学习等任务中有明显的障碍。这类儿童在听觉记忆中往往采用逐一记忆的方式，难以将声音组合成有意义的单元，所以记忆的速度较慢，记忆的量也较少。同时，他们对声音的知觉速度也比一般儿童慢。正因如此，听知觉被认为是预测学生阅读成绩的重要变量。

（二）智力特征

尽管学习障碍儿童智力属于正常范围，但众多的研究者仍就学习障碍儿童的智力结构特征进行了研究。结果显示：①学习障碍儿童总智商偏低；②学习障碍儿童的言语智商明显低于其操作智商。

（三）注意特征

注意问题是学习障碍者存在的普遍问题，注意障碍与学习障碍有一定的重叠。注意障碍包括注意缺陷多动障碍以及注意缺陷障碍两类。

注意缺陷多动障碍是一种阻碍个体集中注意力、调节活动水平以及抑制行为等能力的综合征。这是学习障碍儿童中比较常见的一种障碍类型。注意缺陷多动障碍通常在学龄前或学龄早期表现明显，一直持续到青春期，有以下三种亚类型。

1. 注意不良

在学习或其他活动中不能仔细注意到细节；保持注意困难；心不在焉，似听非听；难以完成作业或活动；逃避需要持续努力的作业或任务；经常遗失作业或活动所需物品；分心；健忘。

2. 多动

坐立不安，手或脚动个不停，似乎有个机器在驱动；擅自离开座位；很难安静地游戏或活动；过度运动；说个不停。

3. 冲动

经常在他人（老师）问题尚未问完时便急于回答；很难按次序等候；打断他人的活动或喜欢插嘴。

做出注意缺陷多动障碍的诊断至少需要观察到6个症状，持续时间至少为6个月，发生在7岁以前，而且这些症状要在至少2个情境中出现过（例如，在学校、家中）。

注意缺陷是一种不伴有多动的注意障碍。注意缺陷儿童能够安静地坐下来，在抑制行为上也没有什么问题，但表现出明显的心不在焉，在注意力集中方面有很大的困难。由于他们没有多动症状，因此，与注意缺陷多动障碍的表现有一定的差异。他们显得害羞，常常有社会退缩行为。

（四）记忆特征

一般来说，学习障碍儿童在记忆的广度、精确性、短时记忆、机械记忆和意义记忆方面都不及普通儿童。他们缺乏自主的复述与背诵，难以将短时记忆转化为长时记忆。同时，他们缺乏对记忆材料的组织能力，在记忆策略的使用上比普通儿童差，通常因视觉和听觉记忆不理想而影响学习进程。学者胡永崇曾对学习障碍儿童的记忆问题作了如下总结：由于特定大脑神经功能的缺失而影响记忆能力；由于缺失语音信息的反馈与监控，因此对语文材料的记忆能力也有缺失；由于缺乏主动使用学习策略的能力而影响对材料的记忆。

（五）语言与思维特征

许多学习障碍儿童在幼儿阶段就表现出语言发展迟缓的问题。他们普遍存在语言及思维能力相对较低，思维的发展水平和速度都低于同龄儿童，思维的独立性差，在进行思维判断时往往仅凭直觉，冲动性居多的表现。研究发现，阅读障碍儿童往往在语言理解方面有一定的困难，包括对语言的知觉、发音的回忆、话语的理解等。他们在语言的运用方面也不及普通儿童，这种差异到中学阶段更加明显。

（六）元认知特征

元认知，就是关于认知的认知，是个体对自身认识活动的自我意识和自我监控。研究表明，学习障碍儿童在元认知整体水平上显著低于普通儿童。随着儿童年级的增长、学习科目的增多，要求儿童根据学习的具体情况有效选择和利用一些学习策略。而学习障碍儿童的元认知发展有明显的不足，主要体现在以下两方面。

（1）元认知知识的不足，不能很好地对外界信息进行分析，并根据外界情境主动选择和使用有效的学习策略。例如，研究者发现，学习障碍儿童在回答阅读理解问题时，不能像普通儿童一样有效地使用推理策略；有些学习障碍儿童已经掌握了某些解题技能，但在实际解题过程中却不能自觉地使用。

（2）元认知调节能力的不足，使学习障碍儿童不能积极、准确地监控其问题解决活动。例如，在学习过程中往往机械地重复学习的内容，难以对信息进行深入的加工。

二、学习障碍儿童的运动协调特征

学习障碍儿童的另一特征是其运动协调能力低于同龄儿童的平均水平，它表现在涉及整个躯体动作的粗大运动协调，以及涉及身体或四肢小肌肉群参与的精细运动的协调方面的问题。有些学习障碍儿童获得扔、拿、跳、跑等能力的时间较晚，表现为笨拙、蹒跚或经常摔跤，打破或弄翻东西，走路姿势不正确等；他们常常不能正确估计空间位置，平衡能力差，缺乏移动中的节奏感。同时，在书写和其他精细运动技能上也常表现出困难，比如写字时无法成一直线，字与字之间太密或太宽，画图能力不佳，扣纽扣或系鞋带等能力发展缓慢等。

三、学习障碍儿童的社会情绪和行为特征

社会情绪和行为问题是学习障碍儿童表现突出的问题之一，其主要表现如下。

（一）自我概念与成就归因

与普通儿童相比，学习障碍儿童的自我概念有明显的差异，他们对自我、学业等方面的评价比较消极。许多学习障碍儿童存在不良的归因方式，他们倾向于将自己的失败归因于稳定的、内部的、不可控的因素，认为学业失败是由于自己的能力低，而不是由于努力的程度不够；他们倾向于将成功归因于不稳定的、外部的因素，如运气和命运。因此，在他们看来，成功具有一定的偶然性。

（二）社会认知与同伴关系

学习障碍儿童在理解非语言交往和解决社会问题方面的能力较弱，他们难以对社会线索或情绪做出适当的理解，对建立并维持适当的人际关系、解决人际冲突等缺乏适当的技巧，因此，学习障碍儿童常常表现出不合群、孤僻、受同伴的接纳度低等现象，有些学习障碍儿童从幼儿阶段便受到同伴的排斥，而这种不当的人际关系会随年龄增长而愈加显著。研究发现，部分学习障碍儿童表现出来的心理行为问题主要如下：存在低自尊、情绪障碍、抑郁、攻击性等社会行为问题，缺乏社会技能，缺少合作性和领导能力；比一般儿童有更多的违纪行为；焦虑水平高，有严重的抑郁问题。

第三节　学习障碍儿童教育干预

学习障碍儿童之间差异性大，具体学习障碍类型不同，自身潜在能力也不同，教师及相关专业人员应考虑每一个学习障碍儿童的具体情况，有针对性地选择合适的教育干预策略，同时需注意学校家庭间的协同配合。

一、学习障碍儿童的学校干预

学习障碍儿童在学习中面临着学习动机不足、缺乏有效的学习策略、思维能力缺陷、学业失败等一系列问题，而普通学校的班级教学则要求他们具备基本的听、说、读、写能力，解决问题的能力，获得新知识的能力以及相应的学习动机。针对学习障碍儿童的情况，可运用以下几种教学策略。

（一）一般教学策略

一般教学策略包括调整教学材料、调整教学过程、提高学习障碍儿童的自尊与自信。

1. 调整教学材料

调整教学材料包括：使用电影、视频及其他声像资料补充或代替课本阅读；利用电脑补充或代替课本阅读；在课本上标记出关键词、定义以及重要的信息；删减课本部分内容，形成新的教学材料；编写学习提纲或学习指南。

2. 调整教学过程

调整教学过程包括：教会学习障碍儿童预习教材，使他们熟悉教材结构和学习内容；采用多水平、多材料的方法，例如帮助学习障碍儿童准备一份提纲；明确教学要求，准确地解释重要信息，引导学习障碍儿童学会概括；在课堂教学过程中，注意观察学习障碍儿童的反应，通过提问、课堂练习等方式获得反馈；把学习障碍儿童安排在异质的合作学习小组里，使之更方便地掌握教学内容；为学习障碍儿童提供足够多的时间，保持耐心；及时肯定学习障碍儿童的进步。

3. 提高学习障碍儿童的自尊与自信

提高学习障碍儿童的自尊与自信包括：关心其学业之外的各方面活动；为其提供成功的机会等。

（二）直接教学策略

对于学习障碍儿童的教学，特别是小组环境下的教学来说，直接教学是一项有效的教学策略。教师采取明确的小步策略，在教学过程中充分掌握学习障碍儿童的每一步发展情况，并依据情况调整教学进程，最后逐步撤销直接的帮助行为，使学习障碍儿童能独立学习，习得知识。直接教学的步骤如下。

1. 复习已学过的知识

在直接教学中，学习障碍儿童需要清楚他们是被期望主动学习的，他们将严格依照步骤来学习。教师应明确学习障碍儿童已熟练掌握先备知识和技能，并将他们已经有的知识技能和即将呈现的教学内容联结起来。

2. 阐述教学目标

教师说明教学目标是为了简单明了地告诉学习障碍儿童本课的教育目的，以及应该达到的预期结果。

3. 呈现新知识

教师应对新授知识进行合乎逻辑的组织，使其结构清晰；讲授过程中应突出重点和难点，必要时可以复述；在介绍新概念时，可通过适当的例子帮助说明。教师也可以通过示范的方式组织教学，在适当的时候，为学习障碍儿童提供实践的机会。教师在教学过程中要注意维持学习障碍儿童的注意力。

4. 探测与反馈

教师应要求学习障碍儿童针对教学内容适时做出简短回应，以便了解教学目标的达成情况，并根据反馈的情况调整下一个教学步骤。通常采用的方法有练习、提问和反馈。练习包括教师指导和学习障碍儿童独立完成的两方面内容。教师可将新授内容分成若干小部分进行教学，每个部分的教学过程有充分的练习机会。在指导练习时，教师应注意监控学习障碍儿童的情况。提问也是一种课堂练习的形式，教师从学习障碍儿童的反应中了解他们对该部分内容的掌握程度。教师应根据练习和提问的结果，向学习障碍儿童提供适当的反馈，便于他们及时修正错误。

5. 提供独立练习的机会

教师在确定学习障碍儿童的确能够独立练习时，适量地布置独立练习任务，并在独立练习期间适时给予纠正，以保证学习障碍儿童将所学知识进行有机的整合。

6. 提供分散练习和复习的机会

教师通过布置课后作业，使学习障碍儿童有机会进一步练习所学知识。教师也可引导学习障碍儿童复习已学的知识点，以达到巩固的目的。

（三）元认知策略

元认知（Metacognition）是主体掌握的关于自己心理状态、能力、任务、目标、认知策略等方面的知识，以及认知主体对自身各种认知活动的计划、监控和调节。常见的元认知策略包括：①计划，包括计划学习时间、设置适当的学习目标、浏览学习材料以及分析完成学习任务的策略等；②自我监控，包括监控学习过程、自我提问等；③评价，分析监控的结果，做出适当的评价，并据此调节自己的学习行为。

（四）合作学习策略

合作学习是一种促使涉及不同能力水平的学习障碍儿童在一起工作解决问题的教学策略，是一种旨在促进学习障碍儿童在异质小组中互助合作，达成共同的学习目标，并以小组的总体成绩为奖励依据的教学策略。必要时，学习障碍儿童可向老师寻求帮助。恰当地运用合作学习，会有积极的结果。那些掌握了解决问题所需技能的学习障碍儿童，可以帮助有困难的学习障碍儿童；在此过程中，也加强了他们自己对问题的理解。合作学习的形式是伙伴教学。一个有能力的学习障碍儿童与一个需要帮助的学习障碍儿童合作完成特定的任务。伙伴教学依靠的是辅导者和被辅导者之间的交互作用，是一种辅导式教学，应当受到关注。同伴关系在合作环境下的成败会决定学习障碍儿童进一步的社交取向，成功的合作学习有助于促进融洽的同伴关系的建立，反之则可能导致相互间的隔阂。

（五）归因训练策略

归因训练旨在帮助学习障碍儿童建立积极、合理的归因方式，增强学习动机。常用的训练方法有以下两种。

1. 直接训练法

训练者向学习障碍儿童呈现积极的归因评语，要求他们在完成任务时大声向自己复述，并反复练习以达到自觉的程度，直至能够自发使用积极的自我评语进行归因。

2. 间接训练法

训练者根据学习障碍儿童完成学习任务的情况，向他们提供归因评语和信息反馈。比如，当学习障碍儿童取得成功时，训练者及时给予积极的归因评语：“你考得很好，这是你努力的结果。”当学习障碍儿童失败时，训练者同样及时给予归因反馈：“你这次虽然没有考好，但只要你继续努力，一定会有进步的。”通过这种训练，学习障碍儿童可从训练者的评语中逐渐学会对自己的成败做出积极的归因。

（六）策略整合

策略整合起源于堪萨斯大学学习研究中心的策略整合模型，广泛应用于学习障碍儿童的教学中。首先由教师根据学习障碍儿童的学习任务选择适当的策略，再通过一系列的教学过程完成策略的整合。策略整合的步骤是：确定教学的基线，激发学习障碍儿童学习新策略的动机；说明策略的基本原理和使用范围，明确策略学习的目标和记忆策略的方式；示范策略使用的具体方法；提供在不同情境下的练习机会，提高学习障碍儿童使用策略的信心和熟练程度；提供反馈，帮助学习障碍儿童学习如何有效地使用策略；鼓励学习障碍儿童将所学策略应用到新情境中，达到知识迁移的目的。

二、学习障碍儿童的家庭干预

学习障碍儿童不仅需要学校和教师的干预，更加需要家庭的干预。

（一）家庭责任

家庭是儿童人格形成与发展的一个重要影响因素，家庭环境氛围、父母教养方式、父母的评价等都影响着儿童人格的形成。

从家庭环境来说，过去的研究表明，学习成绩优良的儿童与学习障碍儿童的父母在文化程度、职业及教养方式等方面存在明显的差异，学习成绩优良者，父母的文化程度与职业地位均高于学习障碍儿童。而学习障碍儿童更多地生活在父母关系紧张的家庭环境中。

父母的教育态度会影响子女对其自己生理特征、道德伦理价值观、自我能力、自我形象和作为家庭成员的胜任感、与人交往中的价值感、自我信任感等的理解，这种理解的结果会决定儿童是接纳自己、相信自己还是拒绝自己、否定自己。父母教育态度的一致性、父母期望、父母关系和家庭结构对学习障碍儿童亲子关系和师生关系均有较大影响，尤其是父母教育态度、父母关系对其自我概念发展举足轻重，父母期望与其行为问题显著相关。

父母教养方式也是决定学习障碍儿童健康人格发展水平的重要因素之一，情感温暖的教养方式有利于促进健康人格的发展；惩罚严厉、过分干涉和拒绝否认的教养方式对健康人格的发展有较大的消极影响。

父母对孩子学业、运动能力和亲子关系的评价与孩子对自己的评价呈紧密的正相关。学习障碍儿童在形成自我认知的过程中表现出一种狭隘的倾向，容易误会社会性暗示，对信息做出不准确的解释，依据关系并不很大的个别方面形成对某方面的自我认知和评价。因此，在对学习障碍儿童学习动机与情绪的发展进行教育矫正时要从家庭入手，作为教师，需要与家长保持定期的联系，多与家长沟通，做好家长教育工作，不仅要让家长了解家庭对于改变学习障碍儿童的自我概念、社会技能和行为问题的重要性，更重要的是让家长了解怎样的家庭环境有利于儿童人格与情绪的健康发展，以及如何才能为儿童创造良好的家庭环境。

（二）家长作用

1. 积极关注与接纳，了解学习障碍儿童的情感需要

家长应该随时注意孩子在学习中的点滴进步，并给予及时的鼓励；帮助孩子在课堂学习之外寻找并建立一种个人优势，如体育运动、音乐、美术等，让孩子获得必要的自信与自尊，尤其要注意的是不能夸大孩子的缺点，或因为孩子学习不好而全盘否定孩子，这样会给孩子建构自信、自尊的心路历程上增加沉重的负担；鼓励孩子勤奋学习，喜欢自己，接纳社会。

2. 正确识别学习障碍儿童的不良情绪，引导他们及时疏解与调整

家长不仅要正确识别孩子的情绪，同时也要引导孩子阅读自己的情绪类型，告诉孩子怎样是快乐、怎样是愤怒、什么是敌意、什么是伤心。家长应鼓励孩子与自己分享情绪的感觉，要让孩子知道，情绪本身没有好坏之分，情绪是受身体内部心理与生理共同影响产生，但情绪需要管理，要学会适当地释放或表达自己的情绪。

3. 帮助学习障碍儿童提高自我管理的能力及责任感

学习障碍儿童的父母时常会抱怨孩子作业拖拉，对于这些孩子，教师首先要鼓励家长了解孩子所面临的困难，在理解孩子的基础上教给他们解决问题的策略与技巧，提高他们的自我管理能力。家长可以帮助孩子确立规律性的时间表，使孩子能够逐渐做到独立完成家庭作业和自我记录。家长还可以用自然结果去处理孩子的叛逆情绪，让孩子明白做作业是他们自己的事，家长不能代替他们承担责任。当家长看到学习技能和自我管理能力的提高有助于孩子实现将来的学业目标时，他们会更愿意与教师合作，并在家庭中创设一种有利于孩子学习的环境。

（三）接受综合干预

对学习障碍儿童宜采用综合干预措施进行矫治。可以尝试认知行为疗法为基础的心理健康教育和具体的心理辅导相结合的综合干预，并矫正不良的家庭教育模式，提高父母心理素质，从而使学习障碍儿童的行为有所改善。有学者用考试焦虑诊断问卷筛出中、重度考试焦虑的学生，对其进行综合性的集体心理治疗，包括宣泄、认知、放松训练等，结果发现，治疗有效。对学习障碍儿童用绘人测验和韦克斯勒儿童智力量表测查表明，绘人测验并不完全反映儿童的操作智力，

学习障碍儿童可能存在“构图思维能力”的某种障碍。有学者用一系列智能学具对学习能力障碍儿童进行三个半月的干预试验，结果表明，患儿精细运动能力、手—眼—脑协调能力、学习能力以及智商均有明显提高。

感觉统合治疗被认为是一种对学习障碍儿童干预的有效方法，可提高儿童的各种适应行为及其视觉、听觉等功能的正常发挥，改善儿童的学习成绩、运动协调和语言功能。也有学者认为，它不能完全代替其他的治疗方法，如心理辅导和学习能力的训练。采用感觉统合治疗方法是根据儿童所存在的生理心理问题，即感觉和动作发育不良，给予相应的刺激，特别是大量前庭刺激的输入，使前庭功能得以改善，一定程度上起到了对因治疗的作用，治疗中取得家长的配合和给予个别心理指导十分重要。有研究对481例感觉统合失调的患儿进行感觉统合治疗，结果表明，患儿在感觉统合评定量表得分、瑞文标准推理测验的成绩均有明显提高，注意力测验的错误率明显降低，感觉统合失调、运动协调、注意力集中及情绪稳定总的改善率为87.7%～99.6%，学习成绩提高改善率为56.2%。

三、学习障碍儿童的家校共育

学校和家庭相互配合，教师和家长共同协作，采用有效的策略，帮助学习障碍儿童学习，会取得更好的效果。

（一）增强学习自信心，培养学习兴趣策略

学习自信心和学习兴趣紧密联系在一起，有了学习自信心有助于增强学习兴趣，学习兴趣的增强反过来可以提升学习自信心。自信心是个体获得成功的重要心理保证，学习障碍儿童存在一个比较突出的问题就是学习自信心不足。要增强学习自信心，就要使学习障碍儿童相信学习不是一件困难的事情，在学习方面自己一定能做好，即使出现挫折，也只是暂时的，相信通过努力一定可以克服。兴趣作为人的一种带有趋向性的心理特征，是一种自觉的动力，学习障碍儿童如果提高了学习兴趣，能够更好地提高学习效率。这就要求，学习障碍儿童首先要提高对知识重要性的认识，激发内心的探索学习欲望，为产生认知兴趣提供基础；同时，要学会在积极的情绪中增强学习兴趣，善于发现自己学习中的闪光点，对于学习中取得的进步和成绩体会到快乐和成就感，以此促进学习兴趣的不断提高。

（二）明确学习动机策略

动机作为人们活动的内部动力，是一个十分重要的非智力因素。个体或群体在从事一定的活动时，往往总是从一定的动机出发的。学习动机虽然不直接参与学习障碍儿童的认知之中，但是，从教育心理学的角度来讲，学习动机的唤起有助于促进学习，从而能够帮助学习障碍儿童克服学习障碍。一方面，家长和教师要帮助学习障碍儿童把学习过程与学习结果有机结合起来，不能过于看重学习结果而是要把学习看成一个过程，注重在学习过程中得到提升，避免由于过分看重学习的手段性而导致学习压力过大，产生急躁、焦虑或厌学情绪。另一方面，要引导学习障碍儿童在参与学习时不能给自己制定过高的目标、对自己提出过高的要求，而要根据自己的实际情况，恰当界定自己的学习目标，避免由于学习目标过高或过低降低学习积极性，出现学习障碍。

（三）养成良好学习习惯策略

良好的学习习惯对儿童的学习效果意义很大，一定程度上决定着儿童的学习效果，因此，家长和教师要注意帮助学习障碍儿童养成良好的学习习惯。首先，要增强学习自觉性。上课时能够注意力集中，认真听老师讲课；下课后能够按照老师要求预习、复习功课，按时完成作业，今天的事

情不拖到明天。其次，要增强自主学习能力。要让儿童认识到，既然存在学习障碍，就要付出更多的努力，平时注意节约时间，在保证休息的基础上，抽出时间学习功课，遇到不明白、不清楚的问题及时向老师请教、跟同学讨论，通过勤奋刻苦的自学，努力赶上其他儿童。再次，要注意帮助学习障碍儿童总结学习经验，根据自己的实际情况发现适合个体实际的学习方法，以此来提高学习效率，增强学习效果。最后，对因生理缺陷而出现学习障碍的儿童来说，要能够以坚强的意志同生理缺陷做斗争，注重培养良好的心理素质，以积极、乐观的态度对待一切，努力克服学习障碍。

当然，学习障碍儿童摆脱学习障碍困境，单纯依靠自身努力是不够的，需要各方面力量特别是学校、家庭等一起努力。对于学校来说，要真正把“促进每一个儿童的发展”作为教育目标，按照“因材施教”的原则，关注儿童的心理状况和发展实际，公正平等地对待每一个儿童，实现分类分层教学，对学习障碍儿童多一些关心、理解，少一些讽刺、挖苦，为学习障碍儿童营造一个良好的学习环境。对于家庭来说，要摆脱攀比心态，端正对儿童学习的认识，不要给儿童太多的学习压力，并通过和谐的家庭关系，保证儿童在家庭中获得良好的学习氛围。总之，各方面形成合力，加强对学习障碍儿童的关心，为他们提供平等、良好的学习机会，将有助于学习障碍儿童摆脱学习障碍的困境。

拓展阅读

学习障碍儿童的早期干预[①]

学习障碍儿童的早期干预包括教育干预、认知行为干预以及药物干预。

1. 教育干预。教育干预的总体目标是建立知识和技能以发展自主性。常规程序包括：①制订个别教育计划；②制订个别指导计划；③做好普通学校的特殊教育等。在共同教学模式中，学习障碍儿童在通识教育课堂上听课，一名通识教育教师提供整体教学内容，另一名特殊教育教师根据需要设计和提供更密集的干预措施和学习策略。一项研究显示，对学习障碍儿童可能有益的特定教学方式包括在困难领域提供额外时间进行练习，控制任务难度，对主题进行更详细的阐述以及在小组环境中工作。此外，基于认知和元认知策略的计算机互动课程、视频和动手项目已被证明有助于数学理解和表现。

2. 认知行为干预。对于阅读障碍的治疗，主要是增加阅读时间，通过儿童和家长或老师一起阅读绘本，帮助其逐步建立起阅读的信心，提高阅读速度。分享阅读的核心在于指读，这样有助于儿童将语音与字形联系起来，同时将注意力集中在文字上。患有数学障碍的儿童需要额外的时间来改善工作记忆和认知功能。执行功能训练、认知辅导和认知行为疗法（Cognitive Behavioral Therapy，CBT）可有效提高学习障碍儿童的技能，已经发现认知辅导在提高数学成绩、影响神经可塑性和改变儿童的大脑功能方面是成功的。工作记忆训练显示，数学技能有所提高，特别是在涉及视觉空间工作记忆时。注意力训练可能有助于提高反应时间、感觉（视觉、听觉）选择性和注意力转移。行为干预在解决学习焦虑方面也很重要，干预措施包括系统脱敏和CBT。大多数情况下，小学早期对书写障碍的干预侧重于发展精细运动技能。增加手部协调性和力量的运动活动，包括描摹、走迷宫、玩黏土以及手指敲击和揉搓、握手等练习。认知行为干预还包括教授儿童正确的握笔姿势和良好的书写姿势。进入初中和高中阶段的书写障碍学生可能还需要在更复杂的写作部分获得帮助，包括做计划、起草和修改。

① 曹爱华. 儿童学习障碍的早期筛查、诊断与干预［J］. 中国儿童保健杂志，2023，31（6）：590–594.

3. 药物干预。目前尚无特殊药物能够治疗学习障碍，通常给予促进脑功能、增智类药物，包括脑复康、脑复新、γ—氨基丁酸等口服治疗。保证充足的维生素和微量元素补充。对于伴有注意缺陷多动障碍的学龄学习障碍儿童，可给予哌甲酯或托莫西汀治疗；对于伴有情绪障碍、人际紧张、冲动和攻击行为的学习障碍儿童，则可给予小剂量维思通或其他类抗精神类药物。

本章小结

随着社会的发展，人们对于学习障碍儿童的关注度越来越高。学习障碍儿童并非智力不足，不是所谓的“笨小孩”，每一个生命都应被认真对待。本章详细介绍了学习障碍的定义、分类，学习障碍儿童的成因、心理特征，以及当今社会主流的教育干预方法。对于师范生来说，熟练掌握以上理论知识，能够对学习障碍儿童有更加深刻的理解，在今后的教学过程中采取积极有效的教育干预方法，挖掘每一个学习障碍儿童的学习潜能，将对学习障碍儿童融入社会具有重大意义。

思考与练习

1. 请简述学习障碍定义在国内外的主要差异，并分析这些差异对学习障碍儿童早期识别与干预的影响。
2. 从认知、运动协调、社会情绪和行为特征三个方面，分析学习障碍儿童的特征表现对其与同伴交往的具体影响，并提出至少两项改善措施。
3. 家校共育中，结合增强学习自信心与兴趣策略，为一名学习障碍儿童制订一份为期三个月的个性化家校共育计划，明确学校、家庭每周的主要任务与活动安排。

拓展视频

学习障碍儿童
的特征

第十二章 其他障碍类型儿童心理与教育

学习目标

1. 知识目标：掌握情绪障碍、注意缺陷多动障碍和脑瘫儿童的含义、分类与心理特征及其教育需求。

2. 技能目标：能够运用科学工具评估儿童的特殊需求，并设计、实施个性化的教育干预策略，包括行为疗法、认知训练和正向支持等方法。

3. 情感目标：培养对情绪障碍、注意缺陷多动障碍与脑瘫儿童的同理心和包容心，树立尊重差异、支持多样性的教育理念，增强对特殊儿童教育工作的责任感和使命感。

知识框架

- 其他障碍类型儿童心理与教育
  - 情绪障碍儿童心理与教育
    - 情绪障碍儿童概述
    - 情绪障碍儿童心理特征
    - 情绪障碍儿童教育干预
  - 注意缺陷多动障碍儿童心理与教育
    - 注意缺陷多动障碍儿童概述
    - 注意缺陷多动障碍儿童心理特征
    - 注意缺陷多动障碍儿童教育干预
  - 脑瘫儿童心理与教育
    - 脑瘫儿童概述
    - 脑瘫儿童心理特征
    - 脑瘫儿童教育干预

案例导入

小E今年8岁，是一名正在读小学二年级的小男孩。他性格活泼，与家人在一起时比较好动，但是不愿与陌生人接触，也很少与同学相处。一旦进入教室，他就开始喊头痛、头晕，注意力不能集中，无法正常听课，甚至向同学和老师乱发脾气；但是一回到家里，各方面都恢复正常，学习状态也比较好，成绩处于中上等。他始终认为自己“不行”，一旦考试失败或者未达到期望，即使父母未做任何批评，也会痛哭流泪、食欲减退，声称“对不起父母”，为此曾两次离家出走，甚至想自杀。

据了解，小E家人都非常希望小E将来能够出人头地，为家庭争光，因此从小就向其灌输学习和成绩至上的思想。起初当孩子出现情绪失控等一系列表现时，小E的父母并没有充分意识到问题的严重性，仍然强迫孩子学习、再学习，后来当症状比较明显，比如有自杀的念头、不愿上课时，父母才主动找医生咨询，先后服用了一些治疗成人抑郁症的常用药物，但效果不太明显。

问题与思考：小E的情绪障碍是由什么原因导致的？作为一名教师，你应该如何帮助小E？

第一节　情绪障碍儿童心理与教育

随着社会经济的飞速发展，生活和工作压力也与日俱增，越来越多的人饱受着心理和情绪上的困扰，原本应享受快乐童年的儿童也没能幸免于难，儿童情绪障碍日渐成为国内外学术界研究的一个重点，也是全社会关注的热点问题。

一、情绪障碍儿童概述

（一）情绪障碍的含义

对于情绪障碍这一概念，国内外目前尚无统一的认识和界定，在学术研究中出现了许多不同的术语，如情绪障碍、情绪与行为障碍、情绪或行为障碍、情绪缺陷、社会性或情绪障碍等。有的学者将情绪和行为障碍分开，分别下定义；有的学者从医学的角度出发，认为这是一种心理疾病；有的学者则从教育学的角度，认为这是一种可矫正的情绪不稳和行为不良。

美国《障碍者教育法案》中对情绪障碍的定义是：情绪障碍儿童可能具备以下一种或多种特征，并持续较长的时间程度较为严重，已经对其学业和生活产生了不利的影响。

（1）既不是由智力、感官残疾，也不是由健康条件引起的学习低能。

（2）不能与同龄人、伙伴、家长、教师建立或维持令人满意的人际关系。

（3）在正常的情况下，也会出现过度的情绪困扰和令人难以接受的行为方式。

（4）长期伴有不愉快的心境和抑郁、沮丧、压抑感。

（5）有无意识的抵触行为和不合群的孤僻感。

《中国精神障碍分类与诊断标准（第3版）》中，将情绪或行为障碍分为多动障碍、品行障碍、情绪障碍三大类。多动障碍分为注意缺陷多动障碍、多动症合并品行障碍、其他或待分类的多动障碍；品行障碍分为反社会性品行障碍、对立违抗性障碍、其他或待分类的品行障碍三小类；情绪障碍分为儿童分离焦虑症、儿童恐惧症、儿童社交恐惧症、儿童广泛焦虑症、选择性缄默症、儿童反应性依恋障碍等几类[①]。本节讨论的是我国情绪或行为障碍中情绪障碍这一类群体，是指以焦虑、恐惧、抑郁、强迫为主要表现，包括强迫症、癔症在内的一组疾病。

（二）儿童情绪障碍的分类

儿童情绪障碍的种类很多，下面介绍六种常见的儿童情绪障碍。

1．儿童广泛焦虑症

儿童广泛焦虑症又称儿童广泛性焦虑障碍，主要表现为烦躁不安、整日紧张、无法放松。例如，易激怒，常发脾气，好哭闹，注意力难以集中，自觉脑子一片空白，担心学业失败或交友遭到拒绝，感到易疲倦、心力交瘁、精疲力竭；肌肉紧张感；食欲不振、恶心或其他躯体不适，睡眠紊乱（失眠、易醒、想睡又睡不深）等。这种焦虑与担心出现在两种以上场合、活动或环境中，儿童往往明知道焦虑不好，但无法自控。

2．分离性焦虑症

分离性焦虑症主要表现为儿童与其依恋对象分离时产生过度焦虑情绪。例如：害怕依恋对象一去不复返，过分担心依恋对象可能会遇到伤害；过分担心自己会走失、被绑架，被杀害或住院，以致与依恋对象离别时，因不愿意离开依恋对象而不想上学或拒绝上学；非常害怕一个人独

① 刘秀珍，许家成，徐胜．我国情绪与行为障碍的研究进展［J］．绥化学院学报，2013（7）：116–121.

处，或没有依恋对象的陪同绝不外出，宁愿待在家里，没有依恋对象在身边不愿意上床就寝；反复做噩梦，内容与离别有关，以致夜间多次惊醒；与依恋对象分离时或分离后出现过度的情绪反应，如烦躁不安、哭喊、发脾气、痛苦、淡漠或社会性退缩；反复出现头痛、恶心、呕吐等躯体症状，但无相应的躯体疾病。儿童分离焦虑障碍一般发病于6岁前，导致其日常生活和社会功能受损。

分离性焦虑情绪可视为一种正常反应，个体在不同的年龄阶段都可能出现程度不等的分离焦虑。儿童的分离焦虑障碍可能导致在学校被拒绝，这反过来可能导致学习困难和社会孤立。严重的分离焦虑会影响个体的学习状态和社会适应。在新入园的幼儿中常常能见到他们拒绝分离、坐立不安、哭泣、抱怨身体不适、要求接近依恋对象如打电话等与分离焦虑相关的行为。

3. 儿童恐惧症

儿童恐惧症是指儿童对日常生活中一般的客观事物或处境产生过分的恐惧，而且持续强烈的恐惧情绪反应超过了实际情况所存在的危险程度，虽然经过安慰解释，但仍然不能消除恐惧，甚至出现回避、退缩而影响日常活动。当惊恐发生时可伴有脸色苍白、心悸、出汗、尿频、瞳孔散大等自主神经症状。另有一类儿童主要表现对学校的恐惧，强烈拒绝上学，长期旷课，对上学表现出明显的焦虑和恐惧，并常诉说自己有病，但查不出其疾病所在，同时也无不良行为表现，这种现象称为学校恐惧症，其原因可能与对学校相关事物的恐惧、学业上的失败、对学习的厌倦或害怕与母亲分离有关。

4. 儿童社交恐惧症

儿童社交恐惧症又称儿童社交性焦虑障碍，多见于5～7岁儿童，是指儿童对新环境或陌生人产生恐惧、焦虑情绪和问题行为。主要表现为与周围环境接触时，反复出现过分的敏感、紧张、恐惧、胆怯、害羞、退缩，因而不愿到陌生环境，害怕去公共场所。与陌生人（包括同龄人）交往时，存在持久的焦虑，有社交回避行为。与陌生人交往时，儿童对其行为有自我意识，表现出尴尬或过分关注。对新环境感到痛苦、不适、哭闹、不语或退缩，与家长或熟悉的人在一起时，社交关系良好。儿童的社交恐惧症严重影响了社交功能导致交往受限。严重者在任何社交或公开场合都会感到强烈恐或虑，并且在陌生人面前、可能被他人仔细观察的社交或表演场合，会产生持久的恐惧，害怕自己的行为或紧张的表现会引起羞辱或难堪，甚至有些患者对到商店购物、参加聚会、打电话、询问他人都感到困难。在没有得到及时治疗的情况下，随着社交焦虑程度的加剧，可能会进一步演变成社会孤立、抑郁、酒精成瘾或药物滥用等严重问题。

社交恐惧症还会影响个体的创造力倾向，害怕否定评价和社交回避及苦恼因素与创造力倾向中的冒险性、好奇心、想象力及挑战性因素呈显著负相关。在认知方面也会造成不利影响，对执行功能中的工作记忆和认知灵活性均有负性影响①。

5. 选择性缄默症

选择性缄默症是指起始于童年早期，在特定场合，如学校或陌生人面前，沉默不语，而在其他环境中说话正常或接近正常，其言语理解和表达能力正常，缄默时，常伴有焦虑、退缩、违抗等情绪。

6. 儿童反应性依恋障碍

儿童反应性依恋障碍是一种以长期的社交关系障碍为特征的儿童精神障碍，儿童长期表现为一种不恰当的应对方式，如过度抑制、过分警惕或明显的矛盾反应，如对养育者的安抚同时表现出既亲近又冷淡，既回避又抗拒，或缺乏情感反应、退缩、情绪紊乱，对自己或他人的痛苦表现

---

① 苏莹．223名小学生社交焦虑与创造力倾向的相关性研究［J］．中国校医，2010，24（5）：348-350.

出攻击反应，或恐惧性过度警觉。

选择性缄默症和儿童反应性依恋障碍属于儿童社会功能障碍，多与生活环境异常有关，如严重的教养方式不良，心理或身体的虐待或忽视等。

（三）情绪障碍儿童的成因

生理遗传、后天环境、儿童自身的个性等多种因素都可能导致儿童的情绪障碍。

1. 生理因素

一些脑功能研究结果显示，与正常发展的儿童相比，一些患有情绪障碍的儿童，其脑电波波动存在异常。目前有关生理因素方面的研究表明，严重的情绪障碍可能伴有脑功能失调，但并不是所有的脑功能失调都会产生情绪障碍。

此外，严重的营养缺乏也可能导致情绪障碍。例如，维生素的严重缺乏会影响情绪的稳定性。其他病理因素，如高血压、甲状腺功能亢进等也可能导致情绪障碍。随着科学的进步，越来越多情绪障碍的生理方面的病因被发现，而且发现可以通过药物对它们进行有效的控制。抑郁症、焦虑症、注意力缺陷多动症等均可以利用药物有效地进行控制和改善。

受遗传因素影响，若父母患有精神疾病，其子女出现各种情绪问题的风险会明显增高。而且，患病父母异常的个性、情绪和行为方式也会使子女模仿，表现出不良的情绪和应对方式。对于儿童焦虑症来说，研究表明其具有很大的遗传倾向，染色体上特定区域的某些特殊基因与儿童焦虑有密切关系。一项基于6岁双生子样本的研究发现，分离焦虑的遗传率为73%，在女孩中遗传率会更高[①]。另外也有研究表明，惊恐障碍、广泛焦虑症、恐惧症都具有显著的家族聚焦性，基因在很大程度上解释了这种家族聚集现象[②]。所以，如果儿童的家族中有患焦虑症的长辈，那么就需要对这些儿童的焦虑情绪予以较多关注。

2. 家庭因素

研究表明，儿童的情绪障碍与其家庭教育有着较密切的关系，许多个案在进行致病原因分析时，需要心理学专家的帮助，同时教师和家长仍起到很重要的作用，教育方案需要由教师和家长来共同制订，并主要依靠教师和家长来执行，足以见得家庭在培养儿童健康情绪情感上的重要性。

家庭是人类繁衍成长的港湾，对儿童产生着至关重要的作用。对于有情绪障碍的儿童而言，他们的家庭功能往往是受损的，这直接或间接地导致了问题行为的发生。通过对情绪障碍案例的总结可以发现，情绪障碍儿童的家庭往往存在以下特点，这些因素交织在一起，相互作用，共同对儿童的情绪问题产生影响。

（1）家长本身存在一定的情绪障碍，家庭教养方式不当。父母是孩子的第一任老师，也是最重要的社会学习对象，他们的一言一行会极大地影响儿童的思想和行为。家庭教养方式分为民主型、溺爱型、放任型、专制型和不一致型。民主型教养方式与儿童焦虑水平呈显著负相关，而父母不良的教养方式中的严厉惩罚、过度保护、拒绝否认、过度控制、焦虑性教养行为与儿童焦虑水平呈显著正相关[③]。而且父母的消极教养行为在焦虑代际传递间起中介作用，焦虑的父母在亲子互动中表现出较多的拒绝、批评与斥责，诱发了儿童较高水平的焦虑情绪。另外，如果家长身

① Joe K，Praltz M C，Silvia S，et al. The separation anxiety hypothesis of panic disorder revisiter：a meta-analysis［J］. American Journal of Psychiatry，2013，170（7）：768-781.

② Hettema J M，Neale M C，Kendler K S.A review and meta-analysis of the genetic epidemiology of anxiety disorders［J］. American Journal of Psychiatry，2001，158（10）：1568-1578.

③ 魏金妍. 3～6岁幼儿父亲教养行为与幼儿焦虑的状况及其关系研究［D］. 天津：天津师范大学，2016.

染酗酒、赌博等恶习，势必会对儿童的身心发展起到极大的负面影响，导致儿童日后出现品行障碍。此外，有些家长过于溺爱孩子，对孩子不合理的要求一味迁就，使得孩子骄纵任性，难以管教；还有些家长则完全相反，过于苛刻和严厉地对待孩子，一旦孩子达不到自己的期望值就恶言相向，甚至棍棒相加，这种简单、粗暴的教养方式也很容易滋生孩子的逆反心理，使情绪障碍更加严重。

（2）父母离异，子女被遗弃或无家可归。父母离异对儿童和青少年负面情绪有较大影响。父母离异对儿童来说是一个突发事件，会影响儿童的情绪。父母婚姻破裂，子女缺乏双方的关注和接纳，易表现情感困惑和冷漠。单亲家庭对儿童的过度保护、关注和干涉，导致的子女焦虑、抑郁和强迫情绪同样显著。无家可归的孩子发病率较高。

（3）家庭成员之间感情淡漠，家庭功能不完整。这类家庭最主要的特征是缺乏家庭温暖，家庭成员之间缺乏良好的沟通和交流。儿童感情上的需要得不到相应的满足，从而影响情感的发展和良好的行为模式的建立。有些家庭父母感情不和，终日争吵，不能很好地发挥家庭的教育功能。由于父母离异或父母早逝等造成的不完整家庭，以及感情不够融洽和睦的再婚家庭也很容易造成儿童的情绪障碍。有部分儿童之所以会表现出一些问题行为，仅仅是因为他们想要得到父母、亲人的关注。父母的婚姻质量是衡量家庭环境的重要因素，婚姻关系不良的家庭，儿童缺乏安全稳定的生长环境，是产生儿童情绪障碍的危险因素。研究表明，父母婚姻质量与儿童焦虑状况关系密切，父母婚姻质量越好，儿童产生焦虑问题的可能性越小。父母婚姻关系的恶劣，会使儿童产生不确定感，从而产生焦虑。

另外，家庭社会经济地位也是影响儿童情绪的因素之一。在贫困条件下，儿童的身心发展可能会受到资源不足的影响，同时贫困也可能导致上述的家庭不完整、家长的情绪问题及家庭成员之间关系的紧张，这也会进一步加剧儿童情绪障碍的发展。

3．学校因素

有情绪障碍的儿童由于自身的认知特点和特殊的行为表现，往往很难与同伴建立和维持良好的同伴关系，常常是大家厌恶、躲避的对象。因为在学校集体中无法得到应有的认同和温暖，一些儿童开始厌恶集体和学校生活。他们诸如违反课堂纪律、欺负辱骂同学、考试成绩落后等负向的行为往往会加剧与同学、老师的紧张关系，进而又导致其情绪问题的恶化，形成恶性循环。在学校教育环境中，教师的态度和同伴关系对儿童情绪发展的影响最为明显。既没有朋友，又得不到赏识，自然会助长这类儿童的消极情绪。

4．社会环境因素

社会环境也在不同程度地影响着儿童、青少年情绪的发展。国外已有的调查资料表明，凡是经济萧条、失业率上升、社会治安条件差的时期，学校中情绪问题的比例也有上升的趋势。有的学者从生态学的观点来探讨社会环境对儿童的身心发展所产生的影响，把这种不良的社会环境称为“心理污染”。此外，随着科学技术的进步，各类传媒和娱乐设施的增多，互联网的扩展，多元文化和多元价值观的出现，也容易增加儿童和青少年的内心冲突，导致情绪障碍的滋长。

5．个性因素

个性因素包括性格、气质、能力和个性倾向性等因素。研究表明，特殊人格特征往往是导致相应精神疾病的基础。个性心理因素与儿童和青少年情绪障碍相关联，儿童和青少年个性发展不稳定，易受到各种因素的影响而出现情绪问题，如恐惧、焦虑、担忧、抑郁和强迫等。

目前普遍认为气质是影响儿童焦虑的关键因素之一。大量研究表明，儿童气质中的抑制控制是导致焦虑的高危因素，行为抑制的特征是异常害羞，并以极度担忧、恐惧和退缩来应对陌生的社会和非社会环境，有行为抑制气质的儿童患多重焦虑和恐惧症的风险增加，以及三年后会出现更多的焦虑诊断①。

另外，消极情绪性也会对儿童的情绪障碍产生影响。消极情绪性指的是个人经历强烈消极情绪、易怒、沮丧、恐惧以及高情绪反应的倾向。儿童的消极情绪与焦虑具有密切联系，学前期有更高消极情绪水平或更高害羞水平的儿童在小学低年级时表现出更高的焦虑水平和更低的同伴胜任力。

拓展阅读

情绪障碍的习得性无助理论的解释

张锋、黄希庭等用习得性无助理论分析了课堂教学情境下产生情绪障碍的成因。

由于情绪障碍学生在学业上反复受挫，是老师和同学眼中的问题制造者，被当作差生对待，很难得到他人的肯定和赞许，因此这些学生就开始怀疑自己的能力，觉得自己难以应付课堂学习任务，成就动机随之降低，特别是在面临困难任务的时候。这反过来会导致学业退步，使他们觉得自己做任何事情都不能克服困难取得成功。于是，这些学生就形成了习得性无助的行为模式，导致他们不能对自己的能力做出正确的判断和评估，甚至完全放弃学业任务。这些学生在课堂上就会表现出不专注于学业任务的问题行为，相应的学业缺陷问题也随之产生。

国内有研究表明，数学作业的成败和有无奖赏两种现象对初中数学学业不良学生的习得性无助倾向有显著的预测作用。尤其是这些学生一旦在数学学习中受挫，便会感到较强的习得性无助感。这就使得他们回避困难，在失败面前自暴自弃、丧失自信。于是，这些学生对完成数学作业就不尽心尽力，表现出漫不经心而不专注于任务的行为。

（四）情绪障碍儿童的早期筛查与评估

不同国家和地区因分类标准的不同，对情绪障碍儿童的筛查和评估方法也不尽相同。对于日常与儿童接触最多的家长和教师来说，以下介绍的方法能够在早期有效觉察到儿童异样，及时关注，做好初步的筛查，若有必要，转介至正规的机构进行评估。

1. 情绪障碍儿童的早期筛查

教师是最熟悉儿童的人之一，大多数情绪障碍儿童都逃不过教师的眼睛，教师的非正式判断是筛查儿童情绪问题的一个有效且可靠的方法，能够为评估提供各种资料。值得注意的是，儿童年龄越小，就越难判断其是否属于情绪障碍。

（1）对问题儿童的非正式观察。教师每天对班上所有的儿童进行观察，很容易就分辨出有特殊问题的儿童。此时并没有正式或系统性的专业评估人员的介入，需要教师客观、系统地收集儿童的相关信息，并界定这些问题的原因。在此阶段，教师已经觉察到儿童的问题和困难，可以在教育环境中初步尝试一些干预策略来减轻儿童的问题情绪表现。

教师可以采用轶事记录法对儿童进行观察并记录，以提供有关儿童特定行为的文件记录，及时并客观地记录，能够有效地降低回忆时的错误提取和对行为的适度负面判断。

① Broeren S, Newall C, Dodd H F, et al. Longitudinal investigation of the role of temperament and stressful life events in childhood anxiety [J]. Development and Psychopathology, 2013, 26 (2): 437-449.

（2）对疑似情绪障碍儿童进行筛查。经过教师的初步干预后，仍然持续有问题的儿童就进入筛查阶段，教师可以使用一些评量工具，如核检表、等级评定表，在教室里对儿童进行评量，如表12–1所示。

教师还可以对家长进行访谈，因为父母也是获取儿童信息的重要来源之一，这是进行早期筛查和诊断的重要步骤。访谈家长时，教师需要注意的是：对儿童的状况应客观描述，不能有负面的语气，从而引起家长的防御或敌意而影响访谈结果。

表12–1 儿童社交焦虑量表[①]

请指出每句话对你的适用程度：0—从不；1—有时；2—总是

1. 我害怕在其他孩子面前做没做过的事	0	1	2
2. 我担心被别人取笑			
3. 周围都是我不认识的小朋友时，我觉得害羞			
4. 我和小朋友一起很少说话			
5. 我担心其他孩子会怎么看待我			
6. 我觉得小朋友们取笑我			
7. 我和陌生的小朋友说话时感到紧张			
8. 我担心其他孩子会怎样说我			
9. 我只同我熟悉的小朋友说话			
10. 我担心别的小朋友会不喜欢我			

评分结果：0～5分，充满自信；5～8分，有时不自信；8～12分，不自信；＞12分，退缩倾向。
备注：针对6岁以下儿童，可由教师读给儿童听，让儿童自己做判断。

2. 情绪障碍儿童的正式评估

经过教师的筛查后，对于极有可能是情绪障碍的儿童，在这个阶段，专业的评估人员会让儿童在教室以外的情境进行评估。有明显情绪障碍的儿童会被转介进行心理评估，从而确定问题类型。所以在此阶段之前，所有的资料都将成为评估的参考。以广泛性焦虑障碍为例，《中国精神障碍分类方案与诊断标准（第3版）》中提出的儿童广泛性焦虑症的诊断标准是[②]：

（1）症状标准。以烦躁不安、整日紧张、无法放松为特征，并至少有下列7项中的2项：①易激怒，常发脾气，好哭闹；②注意力难以集中，自觉脑子里一片空白；③担心学业失败或交友受到拒绝；④感到易疲倦、精疲力竭；⑤肌肉紧张感；⑥食欲不振，恶心或其他躯体不适；⑦睡眠紊乱（失眠、易醒、嗜睡却又睡不深等）。焦虑与担心出现在2种以上的场合、活动或环境中。明知焦虑不好，但无法自控。

（2）社会功能明显受损严重。

（3）病程起病于18岁以前，符合症状标准和严重标准至少已6个月。

（4）排除表现不是由于药物、躯体疾病（如甲状腺功能亢进），以及其他精神疾病或发育障碍所致。

---

① 钱志亮．特殊需要儿童咨询与教育［M］．北京：北京师范大学出版社，2006.

② 王辉．情绪与行为障碍儿童的心理行为特征及诊断与评估［J］．现代特殊教育，2008（2）：35–38.

拓展阅读

儿童焦虑的测量工具①

尽管研究者们已经认识到在儿童中识别不同焦虑症状的重要性，但是基于心理测量学的方法建立的专门评估儿童不同类型领域的测量工具并不丰富。

儿童行为量表（The Children's Behavior Checklist）是阿肯巴克（Thomas Achenbach）于1983年编制的量表，适用于4～16岁儿童、青少年的行为问题评定，后续相继出版了适用于2～3 岁婴幼儿的行为评定量表，用于筛查儿童的情绪与行为问题。

儿童社交焦虑量表（Social Anxiety Scale For Children）是美国拉格雷卡（Anne La Greca）于1988年编制的用于评价儿童社交障碍的量表，共10个项目，涉及社交焦虑引发的认知、情感及行为问题的测量。

儿童焦虑性情绪障碍筛查表（The Screen For Child Anxiety Related Emotional Disorders），由比尔马赫（Boris Birmaher）于1997 年编制。2012年，学者陈洁琼的研究对该量表在小学生群体中的应用进行了修订，包含26个项目，有躯体化或惊恐、广泛焦虑、分离焦虑和社交恐怖四大类。

斯宾塞（Susan Spence）等于2001 年根据儿童焦虑量表（The Spence Children's Anxiety Scale），将其修订成学前儿童焦虑量表（The Preschool's Anxiety Scale，PAS），用于学前儿童焦虑水平的测量。王美芳等于2009年对该量表进行了中文版的信效度检验，目前该量表在大量有关幼儿领域测量的研究中均有所应用。2010年，爱德华（Edwards）等对PAS进行了修订，修订后的学前儿童焦虑量表（The Preschool's Anxiety Scale—Revised，PASR）共28 个项目，包括分离焦虑、社交焦虑、广泛性焦虑和特定焦虑四大类。杨凯玲于2020年在其研究中检验了中文版 PASR的信效度，结果显示中文版PASR有较好的聚合效度和效标效度，同时也有较好的信度。

二、情绪障碍儿童心理特征

我国一部分有情绪障碍的儿童在普通学校接受教育，由于他们不当的情绪变化，很容易让老师、同学、家长将他们贴上“差生”的标签，对其自身自我观念的形成、人际关系的发展等产生负面的影响。此外，情绪障碍儿童的在校不良经历也会给他们以后的人生历程带来很多消极影响，如社会适应不良、就业困难甚至违法犯罪等。下面从认知、智力、行为和社会适应四个方面阐述情绪障碍儿童的心理特征。

（一）认知发展

多数情绪障碍儿童表达能力欠缺，经常说一些与情境无关的事情。许多情绪障碍儿童难以理解和使用社会情境中的语言，出现沟通障碍。在兴趣与注意力方面，多数情绪障碍儿童无法静坐，容易被事物分心，白日梦过度，记忆力差，注意力短暂，好像没听见，昏昏欲睡，对事物缺乏兴趣。

情绪障碍儿童在学习过程中存在注意力不集中的问题，学习的坚持性差，他们难以把注意力高度聚焦在学习内容上，在学习过程中易受干扰而分散注意力，造成目标行为或任务中断，导致

① 杨凯玲．幼儿焦虑研究——工具修订与现状调查［D］．成都：四川师范大学，2020.

他们容易放弃当前未完成的任务而开始另一项任务。

情绪障碍儿童学习的主动性差，容易出现习得性无助，往往因为自身的不良情绪而造成任务完成失败，而当他们面临失败时，可能会比其他的儿童产生更大的情绪波动，有些儿童甚至可能表现出攻击性、破坏物品等外倾性问题行为，有些儿童则表现出沮丧、焦虑、抑郁、退缩等内倾性行为，无论是哪种行为表现，都会对儿童的自尊与自信产生消极的影响。

（二）智力特征

有关情绪障碍智力方面的特征，是一个有争议的话题。如果用智力正态分布来衡量的话，情绪障碍儿童的平均智商为90，多数属于学习困难和轻度智力障碍。但美国研究者考夫曼对此提出了质疑，提出因测验工具的不尽完善，加上测验实施的困难，智力测验的结果并不一定完全反映出被测者的智力，情绪障碍儿童常常因情绪困扰，无法在智力测验中表现出拥有的智力水平。

情绪障碍儿童往往在学业上也不成功，他们无法发挥出正常的学习潜能，无法达到匹配其实际年龄的学习水平。重度情绪障碍儿童多数在阅读和数学方面特别差，究其原因，一方面由于情绪障碍使他们无法专注于学习任务，而将大部分时间用在与学业无关的事情上；另一方面随着学业的失败，他们的情绪障碍可能会进一步加重，形成恶性循环。

（三）行为表现

除了外倾的破坏、攻击，内倾的退缩、逃避外，情绪障碍儿童还可能对事物表现出敏感与过度的反应，常常因小事造成情绪、心理甚至生理上的不适。比如有的情绪障碍儿童觉得自己很丑，没有能力做好任何事，感觉生活好无助；有的情绪障碍儿童可能会觉得别人都不喜欢他，拒绝与他人交往，拘谨与淡漠。这些情绪障碍儿童可能还会因为恐惧或焦虑，抱怨有身体上的疾病，如胃疼、恶心、头晕、呕吐等。

（四）社会适应

部分情绪障碍儿童自理能力不足，无法料理自己的生活，甚至衣食住行等基本需求都无法满足。多数情绪障碍儿童互动能力欠佳，经常发脾气，攻击他人，通常不受同伴欢迎，无法与周围人建立友好关系。他们更喜欢独来独往，不加入同伴的游戏，只对特定的人开口。大多数情绪障碍儿童可能出现退缩行为，表现出社会性孤立，缺乏游戏的能力，有的还会产生莫名的沮丧而造成自杀。

情绪障碍儿童的控制能力较弱，常发脾气，对外界事物表现出漠不关心，经常喜怒无常，且不合情境及时宜，如有自伤、攻击、破坏等行为，也可能重复做一些如摇头、抓头发、摆身等动作，渐渐成为习惯性动作而难以控制。

情绪障碍儿童对合作学习反应淡漠，不会协作，主观意识强烈，常常歪曲教师和同伴的意见。大多数情绪障碍儿童存在师生关系和同伴关系协调上的困难。有外倾行为特征的儿童，无法遵守班级秩序，难以集中注意力学习和完成作业，而内倾行为特征的儿童，经常表现出一些退缩和消极的行为，他们害怕与人交往、与教师或同伴目光接触，逃避与教师和同伴之间的人际交往。

三、情绪障碍儿童教育干预

近年来，情绪障碍逐渐向青少年阶段蔓延的趋势日益明显，因此，从儿童早期开始，正确识别、科学预防、教育干预，对于促进儿童心理健康有重要意义。

（一）儿童情绪障碍早期干预的重要性

1. 阻断向青少年期持续发展

随着社会的发展，儿童的心理问题日益突出，情绪障碍是特殊教育领域中正在面临的挑战，也是儿童早期教育领域中一个棘手的问题。儿童在成长过程中几乎都经历过害怕、担心和焦虑的情绪，这是由于机体在受到有害刺激时，丘脑下部——肾上腺皮质系统活动显著增强，血液中肾上腺皮质激素短时间内明显上升而引发的心理应激反应，主要表现为回避、麻木以及高度警觉状态，或者情绪的不稳定。但如果儿童长期的情绪异常被忽视，不能及时给予干预措施，就会导致儿童情绪障碍的发生。虽然在学前阶段我们很难真正鉴别出情绪障碍儿童，但是，为了避免儿童将这种情绪问题变成一种学龄期乃至青少年期的持续性的、严重的问题，学前阶段的干预是十分必要的。这不仅有助于帮助这些儿童充分发挥自身的潜能、树立正面的自我观念、发展良好的人际关系、促进自我的健康发展，同时也对预防和减少青少年犯罪、营造和谐社会具有深远而重大的影响。因此，教师和家长应及时关注存在情绪障碍的儿童，并及时给予干预和支持，以帮助儿童更好地应对未来的挑战。

2. 注重干预方法的综合性

影响儿童情绪问题发生的因素彼此之间的关系复杂、交互作用，因此在对情绪障碍儿童进行干预时，要注重全面分析，综合多种方法干预。由于定义上尚且存在的不确定性和复杂性，在对情绪障碍儿童进行干预时，应特别重视其个体差异，量身定制课程以符合其特定的需求，尽量做到因材施教。

回顾近年来的文献资料可以发现，人们越来越重视从教育的角度来认识和干预情绪障碍儿童，强调发挥他们的潜能，实现其可教育性。除了教育，家庭的重要性在儿童早期的干预中也日益凸显，许多个案表明，在情绪障碍儿童的教育过程中，从致病原因分析到家庭教育方案的制订，都需要心理学专家的帮助；但教师和家长仍起到很重要的作用，教育方案需要教师和家长来共同制订，并主要依靠教师和家长来执行。研究表明，儿童的情绪障碍与家庭教育有着较密切的关系，但也不能把它完全归因于家庭问题。情绪障碍儿童不但需要药物治疗、心理治疗、行为治疗，还需要家庭治疗。对儿童情绪障碍进行干预是一项系统工程，需要多角度、全方位地采取有效手段和措施，而且学校、家庭和社区要共同参与、相互配合、形成合力、全面分析才能及时发现儿童存在的问题并进行早期干预和矫治。

（二）情绪障碍儿童的干预方法

目前对于情绪障碍儿童采取的干预方法主要有药物治疗、行为治疗、音乐治疗、家庭治疗、认知训练等。

1. 药物治疗

药物治疗是儿童情绪障碍干预的一个重要手段，目前所采用的药物多为抗焦虑和抗抑郁的药物，以帮助患儿减轻焦虑、恐惧情绪。用药剂量应遵医嘱，治疗时间依症状缓解情况而定。近年来，在临床的使用过程中，抗焦虑和抗抑郁药物疗效确切，如抗抑郁药物对减轻焦虑、紧张、恐惧等症状有良好的效果，还有较好的镇静、调节睡眠的作用。

对于中、重度情绪障碍的儿童来说，药物治疗十分必要，并且药物治疗也是一种有效的治疗方法，短期内如果药物用量得当，能够有效缓解某些症状，但长期来看，药物的副作用是必须考虑的一个重要问题。目前药物治疗儿童情绪障碍的不良反应大，想要从根本上改善情绪障碍，还应该从行为上采取矫正的方法。

2. 行为治疗

行为治疗基于巴甫洛夫和斯金纳建立的条件反射理论，通过强化、消退、惩罚等具体方法来帮助情绪障碍儿童消除或建立某些行为，从而达到治疗目的。经典的方法有以下几种。

（1）系统脱敏法。主要是诱导儿童缓慢地暴露于导致焦虑的情境，并通过心理的放松状态来对抗这种焦虑情绪，从而达到消除情绪障碍的目的。系统脱敏法包括三个步骤：①排列出焦虑的等级层次表；②进行放松训练，以全身肌肉能迅速进入松弛状态为合格；③进入系统脱敏过程，进行焦虑反应与肌肉放松技术的结合训练。

（2）放松疗法。放松疗法的基本原理是，放松状态下大脑皮层的唤醒水平下降，兴奋性降低，全身肌肉放松，紧张情绪得到缓解，以增进身心健康。放松训练的基本步骤有：①选择一个安静整洁、光线柔和的房间，让儿童舒服地躺在沙发上，闭上眼睛；②体验紧张、放松的感觉然后逐步进行主要肌肉的紧张和放松练习。

（3）代币法。代币法是一种通过奖励（即强化）而形成某种期望出现的适应性行为的方法，即当儿童出现某种预期的良好表现时，立即给予奖励，使该行为得以强化。教师或家长以代币作为奖励，强化儿童的期待行为，然后儿童可以用获得的代币换取自己喜欢的东西。采用代币法要注意将代币与儿童感兴趣并想得到的东西联系起来，并建立一定的代币兑换规则。

3. 音乐治疗

音乐治疗是指将音乐以人为的控制方式使用在患有情绪障碍的儿童身上，以帮助他们治疗、复健、教育与训练，起到一定的辅助作用。当儿童情绪不稳定时，可以通过播放一些舒缓的音乐引起他们的注意，让其在舒缓的音乐中放松。还可以让儿童跟随音乐做简单动作，达到控制情绪的目的。

4. 家庭治疗

家庭认知行为治疗与父母训练是已有的两种应用较为广泛的家庭干预模式。研究表明家庭干预对治疗儿童的情绪障碍与个体治疗作用相同，甚至优于个体治疗。国内有学者对儿童的情绪问题的家庭疗法进行了回顾，发现从1995年以后，相关研究逐渐增多，治疗模式也逐渐不同，其中一个显著的特点是外显障碍（例如行为障碍、注意缺陷性多动、反抗行为）的研究要多于内隐障碍（如抑郁、焦虑障碍）。特别是对于有生理症状的情绪障碍儿童，不但需要药物治疗、心理治疗、行为治疗，还需要家庭治疗。然而目前，国内外对于儿童情绪障碍家庭干预的实验研究仍然相对缺乏。有关这方面的研究几乎都集中在父母训练的有效性上，并且大部分是关于患有精神分裂、抑郁、自杀、学习障碍等儿童的家庭干预，针对儿童常见问题（如行为障碍、多动症、恐怖、焦虑、孤独症等）的研究较少。

拓展阅读

结构家庭疗法在儿童情绪障碍治疗中的作用[①]

家庭因素在儿童情绪障碍的发生方面发挥着极为重要的作用，有研究者尝试运用结构式家庭治疗技术解决儿童行为问题。家庭治疗理论认为家庭系统内任何成员所表现的行为，都会受到系统内其他成员的影响，个人行为影响家庭系统，家庭系统也影响个体成员，结构家庭治疗是根据每个家庭的具体情况给予不同层次的关系调整治疗，帮助提

① 马会斌，李振宇，孙丽娟．结构家庭疗法对儿童分离性焦虑症的疗效分析［J］．中国民康医学，2014（8）：35-36.

高患者的家庭功能，使其逐步适应变化的家庭和社会，从而重新自我定位，回归到相应的角色。

学者马会斌等（2014）对结构家庭疗法在儿童分离焦虑症中的疗效进行了研究，将18例12～14岁焦虑症患者随机分为实验组和对照组各9例，两组患儿均给予常规治疗（健康教育、支持性心理治疗）和药物治疗的基础上，实验组另外采取结构家庭疗法，每周做家庭访谈一次，每次1小时，由心理治疗师与临床医生联合进行，持续3个月，内容包括耐心听取患儿倾诉、启发患儿探讨发病的原因以及如何改变病态的家庭关系模式，并对患儿家属给予必要的心理健康教育指导，指导和协助患儿与家属重建有利于身心健康的家庭关系。该研究印证了结构家庭疗法对分离性焦虑障碍患儿有较好的治疗效果，同时对患儿的家庭功能也有一定的改善。

5. 认知训练

情绪障碍儿童的情绪异常衍生出一系列社会性与学业性行为方面的问题，具体表现为社会行为、情绪控制、学业技能的缺乏。学者朱体壮、李秀娟等对目前国内外针对情绪障碍的相关干预方法进行了系统的梳理和介绍，发现这些干预方法通常都聚焦于技能方面的训练。针对技能的训练主要包括三个方面的内容：一是增强社交技能；二是教会情绪障碍儿童以恰当的方式抒发情绪和表达情感；三是加强学业方面的能力。

目前，国内外对情绪障碍儿童的技能训练研究，主要集中在儿童的行为和认知上，通过对这些训练进行教育干预，让儿童获得某种观点和行为，以改善情绪障碍儿童技能缺乏的问题。情绪障碍的社会技能训练一直是情绪障碍教学的重要课程，其课程内容重点包括强调训练儿童的基本沟通、情绪控制、压力处理、合作训练与问题解决、冲突处理等项目，情绪障碍的情感性技能训练一般由情绪的评估与辨识、情绪的表达与管理、延迟满足、克制冲动、减轻压力和情绪运用这六个方面的内容来实施。研究表明，大多数情绪障碍儿童在学业上表现出比所在年级水平低一年或一年以上。因此对情绪障碍儿童进行教育与辅导的策略，除了行为部分的辅导外，也应提供具体有效的学习策略和环境，以提升其学业能力，增进自我概念。

拓展阅读

儿童和青少年焦虑患者认知行为治疗——Coping Cat①

儿童和青少年焦虑患者认知行为治疗——Coping Cat是一种针对儿童、青少年焦虑症的治疗方法。该方法的实施疗程为16周，包括六个基本组成部分：心理教育、生理管理、认知重建、问题解决、暴露和预防复发。第一阶段的会谈首先建立双方和谐的关系以及了解焦虑的特征（心理教育），在后来的会谈中，儿童学习焦虑管理技能，目标有四个方面：①识别焦虑的感受和生理反应；②识别焦虑的认知和积极的挑战；③发展问题解决技能的应对方案；④评价应对反应和自我奖励策略。

在第二阶段的会谈中，儿童使用在第一阶段会谈中已经学会的技能，将系统的、分级的、控制的练习暴露在引发焦虑的情境中。

① 董晓星．认知行为疗法在儿童焦虑症治疗中的应用［J］．国际精神病学杂志，2013（3）：189-192.

肯德尔（Philip Kendall）于1994年运用Coping Cat方法对7～13岁的儿童进行系统化的认知行为治疗的对照试验，结果显示，对照组仅有5%患者好转，实验组有64%患者好转，并且治疗效果维持时间超过2～5年。

第二节　注意缺陷多动障碍儿童心理与教育

一、注意缺陷多动障碍儿童概述

（一）注意缺陷多动障碍的含义

注意缺陷多动障碍（Attention Deficit Hyperactivity Disorder，ADHD），又称多动症，是儿童期最常见的神经精神障碍，主要症状为注意缺陷、多动和冲动，通常在婴幼儿阶段出现但常在入学后才被发现。

总的来说，注意缺陷多动障碍，是一种“注意缺失障碍”或者“脑功能轻微障碍”。注意缺陷多动障碍发生于儿童时期，与同龄儿童相比，存在明显的注意集中困难、注意持续时间短暂、活动过度及冲动为主要特征的一组综合征。此类症状儿童的智力通常是正常或者接近正常的，但伴随认知障碍和人际交往障碍①。

拓展阅读

1994年，美国精神病学协会明确地界定了注意缺陷多动障碍儿童的三种类型（图12-1）：

1. 注意缺陷型

注意缺陷型障碍儿童最主要的症状是频繁地、不自觉地走神。这种症状可能出现得比较晚，多发年龄在6～14岁，而且一般男孩多于女孩。美国精神病学协会研究表明，儿童注意缺陷表现为，在连续的6个月内“经常”或“很频繁”地存在以下9项中的至少6项症状：①在学习或生活中不能注意细节或经常犯粗心的错误；②在做事或游戏活动中很难保持注意力；③别人与他讲话时，不留意听，经常走神；④常常不能听从指示去完成功课、家务或工作任务（不是由于违抗行为和对指示不理解）；⑤经常对组织性的工作或规划

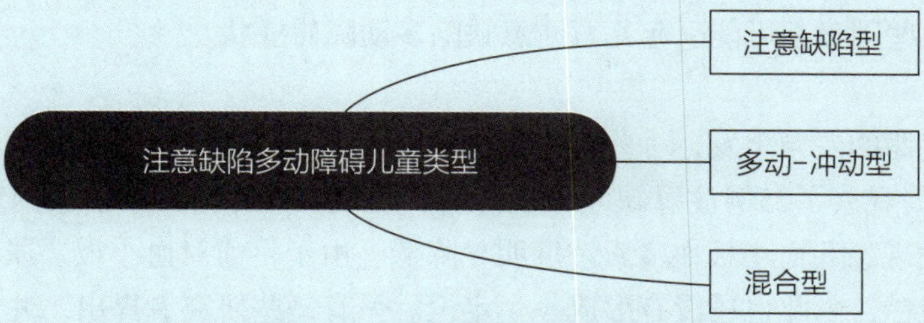

图12-1　注意缺陷多动障碍儿童类型

① 冷方南. 儿童多动症临床治疗学［M］. 北京：科学出版社，2019.

活动感到困难；⑥逃避、不喜欢或不情愿参加需要持久保持注意力的活动，如家庭作业、上课、体育活动等；⑦在日常活动中健忘；⑧很容易分散注意力（多因外界刺激）；⑨丢失学习或活动中的必需品。

2. 多动–冲动型

多动–冲动型障碍儿童很难安静下来，时常表现出坐立不安、话多、不耐烦等现象。而且这类儿童还可能有睡眠障碍、容易尿床、爱发脾气等。相比较而言，多动–冲动型障碍儿童比注意缺陷型障碍儿童数量少，一般见于学龄前和小学低年级。这类儿童一般学业的问题不是很明显，就是好动。但是这样的儿童因为好动而影响秩序，所以经常受到教师和家长的批评、指责，负面评价比较多。

3. 混合型

混合型障碍儿童表现出以上两种类型兼有的症状，是最为常见的多动症障碍类型，此类儿童在注意缺陷多动障碍儿童中所占的比例大约在85%。

（二）注意缺陷多动障碍儿童的成因

了解注意缺陷多动障碍儿童的致病因素是采取恰当教育措施的前提。长期以来，研究者们从不同的角度和领域对儿童注意缺陷多动障碍致病因素做了广泛的探讨。纵观众多的研究，引起儿童注意缺陷多动障碍的因素主要有以下几个方面。

1. 遗传因素

对注意缺陷多动障碍儿童及其家庭的调查研究发现，不少注意缺陷多动障碍儿童的父母在年幼时也有多动症状，此外在其家族中成人患有癔病、病态人格及酒精中毒的居多；而有些调查研究发现非血缘关系养子的养父母比有血缘关系的三代以内的近亲患有注意缺陷多动障碍的比例更低。因此，有专家认为儿童注意缺陷多动障碍的发病率与遗传因素有着极为密切的关系，双生子的研究也进一步证实了这一点。流行病学和双生子研究发现，常见的分子遗传变异复合可预测一般人群中的注意缺陷多动障碍的特征。但是，由于研究条件的限制，遗传因素是怎样影响儿童的注意缺陷多动障碍还没有确切的答案。

2. 母亲孕期及哺乳期因素

研究发现孕期或哺乳期从事污染职业、胎儿宫内窘迫、胎儿宫内发育迟缓、产程/产力不足、剖宫产、母乳喂养等与注意缺陷多动障碍发病密切相关；剖宫产、胎儿宫内窘迫及胎儿宫内发育迟缓是儿童注意缺陷多动障碍发生的危险因素，其患注意缺陷多动障碍的可能性显著高于无此因素的儿童。这些因素都可能引起儿童注意缺陷多动障碍症状。

3. 生理因素

从神经介质代谢的差异出发，一些专家认为儿童注意缺陷多动障碍发病率与单胺代谢有关。科尔曼（Coleman）观察了25例注意缺陷多动障碍，发现88%的患儿血小板内5–羟色胺减少；温德（Wender）则发现患儿血小板血清素浓度明显降低。由于目前对血小板、尿内单胺类及其代谢物的研究还十分粗糙，因此也还没有形成一个定论。另有一些研究者提出，儿童注意缺陷多动障碍与儿童摄入的糖量及食物有关，比如维生素缺乏、食物过敏、糖代谢障碍。还有的学者根据铅中毒病人也有活动过多、注意力不集中症状，推测该障碍可能与锌、铁缺乏、血铅增高有关。此外，可乐、咖啡、食物添加剂也可能增加儿童患该障碍的危险性。

4. 社会心理因素

许多学者认为，儿童注意缺陷多动障碍不仅仅与生理上的原因有关，而且也与家庭环境和教育方法有着密切的关系。父母和教师对儿童溺爱或苛刻有可能引起儿童注意缺陷多动障碍。对儿童溺爱使儿童从小养成任性、不能形成控制自己行为的习惯；对儿童苛刻则使儿童长期处于紧张状态，情感受到压抑，最后导致行为异常。而父母和教师缺乏教育方法或爱心、耐心和责任心，也易造成儿童注意缺陷多动障碍症状的加重。

（三）注意缺陷多动障碍儿童的早期诊断

对于注意缺陷多动障碍儿童的诊断标准，目前我国采用较多的有两种，它们分别是世界卫生组织出版的《国际疾病分类（第10版）》以及中华医学会精神科分会制定的《中国精神障碍分类与诊断标准（第3版）》。除了让家长和教师进行量表的填写外，研究中还辅之以医生诊断、会谈确定等方法来对量表结果进行补充①。

拓展阅读

如果怀疑孩子患有注意缺陷多动障碍，孩子符合以下症状，可以考虑寻求专业帮助：

1. 孩子较其他同年龄儿童明显地多动、注意力不集中，容易冲动，时间持续至少6个月。
2. 邻居、亲戚等局外人认为孩子非常好动、易冲动，缺乏自控。
3. 比其他孩子的父母投入更多的时间和精力去管理孩子和保证他的安全。
4. 因为多动、易怒或有攻击行为，其他孩子不愿意和他玩耍。
5. 幼儿园或学校老师经常把孩子的行为问题报告给父母。
6. 父母经常向孩子发脾气，过后又后悔自己过度严厉伤害了孩子；或者觉得筋疲力尽、心力交瘁，甚至感到对孩子无能为力。

下面分别对这两种诊断标准进行介绍。

1.《国际疾病分类（第10版）》

1989年，世界卫生组织出版了《国际疾病分类（第10版）》。该标准把注意缺陷多动障碍称作多动障碍（Hyperkinetic Disorders），其中关于该症状的诊断内容如下：

（1）诊断标准。

①不能集中注意力。下列症状至少具备6条，持续时间至少6个月，达到适应不良的程度，并与患儿的发育水平不一致：

常常不能仔细地注意细节，或在做功课和其他活动中犯漫不经心的错误；

在完成任务或做游戏时常常无法保持注意；

别人对他讲话时，常常显得没在听；

常常无法始终遵守指令，无法完成功课、日常杂务或工作中的义务（不是因为违抗行为或不理解指令）；

组织任务或活动的能力常常受损；

常常回避或极其厌恶需要保持精神努力的任务，如做家庭作业；

常常遗失某种活动的必需品，如学校的作业、铅笔、玩具或工具；

① 苏林雁．多动症儿童的科学教养——写给多动症儿童的父母［M］．北京：人民卫生出版社，2018.

常被外界刺激吸引过去；

在日常活动过程中常常忘事。

②多动。下列症状至少具备3条，持续时间至少6个月，达到适应不良的程度，并与患儿的发育水平不一致：

双手或双足常常不安稳，或坐着时常蠕动；

在课堂上或其他要求保持坐姿的场合离开座位；

常常在不适当的场合奔跑或登高爬梯（在少年或成年时期，可能存在不安感）；

游戏时常不适当地喧哗，或难以安静地参与集体活动；

表现出持久的运动过分，社会环境或别人的要求都无法使其显著改观。

③冲动性。下列症状至少具备2条，持续时间至少6个月，达到适应不良的程度，并与患儿的发育水平不一致：

常在提问未完成时，答案即脱口而出；

在游戏或有组织的场合常不能排队按顺序等候；

经常打扰或干涉他人（如冲撞别人的交谈或游戏）；

常说话过多，不能对社会规则做出恰当的反应。

（2）诊断说明。

①基本条件：起病年龄早，小于6岁，症状持续超过半年。

②必须具备的临床表现：注意缺陷和活动过度这两大类必须同时存在，缺一不可。

③可协助诊断的常见症状有：易冲动，行为鲁莽，做事不顾场合，不顾后果，不重视学校和社会的规范，学习困难，运动协调性差。

④排除标准：排除其他行为障碍、情绪障碍或明显智力低下者；排除某些器质性障碍，如各种脑炎、脑病、脑肿瘤等；排除功能性精神病，如精神分裂症、焦虑症、躁狂症等。

2.《中国精神障碍分类与诊断标准（第3版）》

2001年，中华医学会精神科分会制定的《中国精神障碍分类与诊断标准（第3版）》，在着眼于中华文化背景的基础上，吸取了《国际疾病分类（第10版）》的可取之处，使它非常适合中国本土的相关症状的诊断与鉴别。《中国精神障碍分类与诊断标准（第3版）》将注意缺陷多动障碍的症状概要描述为：发生于儿童时期（多在3岁左右）；与同龄儿童相比，表现为同时有明显注意集中困难、注意持续时间短暂，及活动过度或冲动的一组综合征；症状发生在各种场合（如家里、学校和诊室），男童明显多于女童。

（1）症状标准。

①注意障碍。下列症状至少具备4条：

学习时容易分心，听见任何外界声音都要去探望；

上课很不专心听讲，常东张西望或发呆；

做作业拖拉，边做边玩，作业又脏又乱，常漏做或做错；

不注意细节，在做作业或其他活动中常常出现粗心大意的错误；

丢失或特别不爱惜东西，如常把衣服、书本等弄得很脏很乱；

难以始终遵守指令完成家庭作业或家务劳动等；

做事难以持久，常常一件事没做完，又去干别的事；

与他说话时，常常心不在焉，似听非听；

在日常活动中常常丢三落四。

②多动。下列症状至少具备4条：

需要静坐的场合难于静坐或在座位上扭来扭去；

上课时常有小动作，或玩东西，或与同学讲悄悄话；
话多，好插嘴，别人问话未完就抢着回答；
十分喧闹，不能安静地玩耍；
难以遵守集体活动的秩序和纪律，如游戏时抢着上场，不能等待；
干扰他人的活动；
好与小朋友打斗，易与同学发生纠纷，不受同伴欢迎；
容易兴奋和冲动，有一些过火的行为；
在不适当的场合奔跑或登高爬梯，好冒险，易出事故。

（2）严重标准。对社会功能，如学业成绩、人际关系等，产生不良影响。

（3）病程标准。起病于7岁前，多在3岁左右，符合症状标准和严重标准至少已6个月。

（4）排除标准。排除精神发育迟滞、广泛发育障碍、情绪障碍。

在我国，《国际疾病分类（第10版）》和《中国精神障碍分类与诊断标准（第3版）》是两种常用的诊断标准。它们之间存在很多共同点，例如，发病年龄均为7岁前、病程要求均为6个月，鉴别诊断均排除精神发育迟缓、广泛发育障碍、情绪障碍。有研究表明，不同国家或地区因文化的不同而对注意缺陷多动障碍的界定有显著差异。在临床上的应用研究证明，《中国精神障碍分类与诊断标准（第3版）》对注意缺陷多动障碍的描述更符合我国习惯，比《国际疾病分类（第10版）》更适合我国的文化背景。

二、注意缺陷多动障碍儿童心理特征

由于身心发展障碍，注意缺陷多动障碍儿童的认知水平、社会适应、语言发展等方面的能力与普通儿童都有较大差距。在日常生活与学习的过程中，教师如果能够了解注意缺陷多动障碍儿童的典型表现以及心理特征，不仅可以为专业评估与诊断提供支撑，也能为制定合适的教育干预措施提供有效的依据。

（一）典型表现

学龄前的儿童普遍精力充沛、活泼好动，个别“熊孩子”更是喜欢热闹、喜欢活动。很多家长会发现自己的孩子特别调皮，精力旺盛，在家里一刻都消停不了；在幼儿园也是如此，在教室里总是东张西望，不能够集中自己的注意力。

案例分析

小A，男，某幼儿园大班的小朋友。在幼儿园常规活动中，总是做出各种“小动作”，不是推搡前面的小朋友，就是原地转圈圈。在集体教学活动中，坐不到5分钟，就会扭来扭去。但是小A特别喜欢画画，每次在进行绘画活动时，都能够安安静静地把画画完。

小B，男，某幼儿园大班的小朋友。在幼儿园常规活动中，小B的行为和小A的行为有很多相似之处。在幼儿园的集体教学活动中，无法安静地坐下来听老师讲话。冲动任性，在排队的时候，总是走在队列之外；被老师批评之后能安静一会儿，但维持不到5分钟，又恢复了原样。

案例中的小A和小B到底是多动症还是活泼好动呢？

活泼好动和注意缺陷多动障碍是完全不同的两个概念，而一部分精神发育迟滞儿童（智力发育障碍）也伴有无法集中注意力、多动。通常情况下注意缺陷多动障碍会影响儿童的学习成绩，给人以智力低下的假象，两者也可能会造成混淆。所以，了解和掌握注意缺陷多动障碍儿童的典型表现是我们分辨注意缺陷多动障碍和活泼好动、智力发育障碍最重要的依据。

1．注意缺陷

注意缺陷为注意缺陷多动障碍儿童最主要的表现之一，患儿主动注意减退，被动注意增强，表现为：注意力不集中，上课不专心听讲，易受环境的干扰而分心，注意对象频繁地从一种活动转移到另一种活动；做作业时不能全神贯注，做做玩玩，粗心草率；做事有始无终、丢三落四、常半途而废；做作业拖拉，不断地以喝水、吃东西、小便等理由中断，做作业时间明显延长。轻度注意缺陷障碍儿童，可以对自己感兴趣的活动集中注意，如看电视、玩电脑游戏等。

2．活动过多

活动过多主要表现为：过分不安和（或）小动作多，常常来回奔跑或小动作不断，在教室里不能静坐，常常在座位上扭动或站起，严重时离开座位走动，或擅自离开教室，话多、喧闹、插嘴、惹是生非，影响课堂纪律，多动有以下两种类型。

（1）持续性多动患儿的多动性行为见于学校、家中等任何场合，情况较为严重。

（2）境遇性多动患儿的多动行为仅在某种场合（多数在学校），而在另外场合（家中）不出现，各种功能受损较轻。

3．冲动任性

冲动任性主要表现为：情绪不稳，易激怒，任性，自我控制能力差，即使知道会导致不良后果仍然抑制不住自己的行为；常伴有并无明确目的的快速、不精确的行为动作，表现幼稚，易受外界刺激而过度兴奋，易受挫折；行为唐突、冒失，不考虑后果，出现危险或破坏性行为，事后不会吸取教训。

4．感知觉障碍

感知觉障碍主要表现为：拿筷子、握笔书写、扣纽扣、系鞋带、做手工操作等动作笨拙，“手—眼”协调性差，“视—运动”功能障碍，“视—听”转换障碍，空间位置障碍，左右分辨困难，眼球轻微震颤，阅读时眼球运动不协调，认字时把相近的字混淆，如6与9、b与p之间区分困难。

5．学习困难

学习困难主要表现为：学习成绩差，患儿智力是正常或基本正常的，其学习困难的原因与注意力不集中、多动有关。出现学习困难的时间，决定于智力水平及注意缺陷多动障碍的轻重程度，智力水平中下的严重注意缺陷多动障碍儿童在学龄早期就可出现学习困难。智力水平较高、注意缺陷多动障碍较轻的，可在初中阶段才出现学习困难。

（二）心理特征

注意缺陷多动障碍儿童的认知发展、智力发育、语言发展和沟通能力等方面与普通儿童相比有较大差距，了解注意缺陷多动障碍儿童的心理特征有助于对其进行有效的干预与治疗。

1．认知发展

注意缺陷多动障碍儿童有轻度的智力损伤，从而导致阅读、拼写、数学或书写方面的学习障碍，学业成就感也不高。同时，注意缺陷多动障碍儿童的元认知能力，特别是计划能力也受到损害，时间感差，时间估计和再现不准确，对错误的认识敏感度也不强，从而也导致工作记忆比较弱，目标导向性行为中的创造力受到阻碍。例如，有研究表明注意缺陷多动障碍儿童在某些涉及注意力、短时记忆及视觉运动的项目方面有损害，这些儿童处理听觉信息比处理视觉信息更困难，注意缺陷多动障碍的小学生学习困难发生率远比无注意缺陷多动障碍的小学生学习困难发生率高。

2. 智力发育

由于注意缺陷多动障碍儿童存在学习困难、注意力不集中等问题，最初被认为是一种智力异常的表现。基于这一认识，研究者曾对注意缺陷多动障碍儿童的智力进行了广泛的探讨。从智力测验的结果来看，注意缺陷多动障碍儿童的智力正常或基本正常，但与普通儿童相比依然在一些方面存在不足，例如从韦克斯勒儿童智力量表测验的结果来看，注意缺陷多动障碍儿童的总智商、言语智商以及操作智商均低于普通儿童，而言语智商较低是造成这类儿童学习较差的原因之一。除智商较普通儿童低之外，这类儿童的智力结构也发展较不平衡，特别是多动的行为表现以及注意力方面的缺陷使得教师容易产生较低的评价，对儿童的学业发展有消极的作用。智力结构发展的不平衡也将进一步导致情绪和行为问题，这容易形成儿童在情绪、行为、学业上的恶性循环。

3. 语言、言语与沟通

注意缺陷多动障碍儿童的言语受到不同程度上的损伤，少数注意缺陷多动障碍儿童的中枢神经听觉过程存在一定障碍，导致他们语言发展的时间比较缓慢，语言内化的速度也比较迟缓。因此，他们很少遵守语言的规则进行表达，对于观点的组织、整理能力也比较差，无法有效表达他们的想法，语言的问题解决能力受损。同时，注意缺陷多动障碍儿童普遍存在过多交谈的现象，且他们的语言逻辑推理较弱，有时还表现出对抗性的特点。注意缺陷多动障碍儿童在与其他同龄儿童或教师之间的交流往往不遵守交往规则，有时会答非所问或者有问无答等。这种现象既有可能是身体的缺陷，也有可能是社会技能的发展迟滞。但是，注意缺陷多动障碍儿童的沟通交流障碍并不严重。

4. 社会适应能力

注意缺陷多动障碍儿童活动过度，如进入幼儿园后不能按正常要求时间坐在凳子上，喜欢捣乱，扰乱正常的上课秩序；注意缺陷多动障碍儿童情绪不稳定，意志薄弱，如一不高兴就发脾气、哭闹，所以他们会经常和别的儿童发生矛盾。因此，注意缺陷多动障碍儿童往往表现出个性倔强，不愿受别人制约或排斥其他儿童，很难与其他儿童友好相处。

拓展阅读

顽皮与注意缺陷多动障碍?

关于注意缺陷多动障碍的鉴别，往往会被顽皮、捣蛋之类与品行有关的形容词所掩盖，很多教师与家长希望对注意缺陷多动障碍儿童晓之以理或通过惩罚来改变其不良的行为模式。但是，这些做法往往因为不对症而收效甚微。那么，顽皮与注意缺陷多动障碍究竟有什么差别?

1. 注意力方面。普通的男童虽然好奇、好动，但遇到感兴趣的新鲜事物时，不仅会聚精会神地去听、去看、去做，还讨厌别人的干扰；而注意缺陷多动障碍儿童几乎没有什么注意力，玩什么都是心不在焉，无法做到做事情有始有终。

2. 自我控制能力方面。顽皮的儿童在陌生环境里能约束自己，可以静坐等待，而注意缺陷多动障碍儿童则没有这种自我控制的能力，坐不住，静不下来。

3. 行为活动方面。顽皮的儿童好动一般都是有原因、有目的的，而注意缺陷多动障碍儿童的行为多具有冲动性，缺乏目的性。

4. 药物观察方面。顽皮的儿童服用镇静药物，可以产生催眠的作用，注意缺陷多动障碍儿童服用这类药物之后，不仅不会安静，反而更加兴奋和多动，这是两者最重要的区别。

三、注意缺陷多动障碍儿童教育干预

由于注意缺陷多动障碍儿童的感知觉、社会适应、语言、言语、沟通、认知等能力存在缺陷，他们的学习特点和普通儿童明显不同，学习内容除了基本的知识和技能外还包括针对自身缺陷所进行的补偿性教育内容。因此，注意缺陷多动障碍儿童对学习环境的要求较高。教师在教学的过程中，只有结合他们发展和学习的特点才有可能取得更好的教学和干预效果。

（一）注意缺陷多动障碍儿童的学习特点

注意缺陷多动障碍儿童是指发生在儿童期内、行为表现与其年龄极不相称，以注意力明显不能集中、活动过多、任性冲动和学习困难等为主要特征的一种综合征。注意主要有两种：一种为主动注意，即按主观意志把精力集中到某一事物上以达到某个目的，完成某项任务。因此，主动注意需要意志和毅力。另一种是被动注意，指的是客观事物由其自身的特点吸引了人的注意力，于是可以随意地、不费劲地把注意力转向和集中到这些事物上。注意力障碍是注意缺陷多动障碍儿童的必备症状，主要表现有以下三个特点。

（1）被动注意占优势、主动注意力不足。注意缺陷多动障碍儿童上课时注意力不集中、思想常开小差，对老师的提问茫然不知或答非所问，做作业容易受外界无关刺激而分心。平时做事也是丢三忘四（主动注意力不足）；对有趣的电视节目、书刊、新奇的游戏等则会全神贯注或相对集中注意力（被动注意占优势）；重度注意缺陷多动障碍儿童则无论主动或被动注意都表现明显不足。

（2）注意强度弱、维持时间短暂、稳定性差。为完成某项任务除需主动注意外，尚需有相应的注意强度和时间。注意缺陷多动障碍儿童的注意力不能高度集中、注意时间短暂，且极易疲劳和分散注意力。

（3）注意范围狭窄、不善于分配。普通儿童能在同一时间内清楚地掌握注意的对象和数量，而注意缺陷多动障碍儿童不善于抓住注意对象的要点和重点，注意范围狭窄，如做作业容易漏题、串写、马虎潦草。

（二）注意缺陷多动障碍儿童干预训练

在进行治疗以前，治疗目标选择要恰当，一般选择核心症状或严重行为问题作为治疗目标，如果选择目标不恰当会使治疗无的放矢或适得其反。在确立目标时要根据儿童特点进行，并安排不同的进度，先从简单、容易的开始，一步步慢慢进行，不可操之过急。

下面着重介绍听觉注意力训练和工作记忆训练。

1. 听觉注意力训练

听觉注意力训练每天10分钟，由家长监督训练情况，必须每天坚持训练，效果明显。训练的主要方法如下：

（1）数字传真。训练方法：根据儿童的特点和不同阶段变换任务难度。家长将每个数字读一遍，儿童听完后立即报出来。

例如：家长读“68715”，儿童听完后报出“68715”。

（2）报数字。训练方法：家长读数字，要求儿童听完后立即倒背出来。可以从3位数开始，根据儿童特点逐渐提高任务难度。家长说“301”，儿童说“103”，然后可以依次加大难度。

例如：452，389，756，436，267，522，423，791，3846，2175，5276，8429，2985，1673，4892，6871，29843，48684，59712，87563，48925，67429，85347，24683。

（3）听报词语训练。训练方法：家长读词语，要求儿童听完后立即报出来。

例如：快乐和悲哀，暗淡和明亮，宁静致远，凛冽的寒风，壮的枝，飘扬的国旗。

（4）倒报词语。训练方法：家长读词语，要求儿童听完后倒着报出来。

例如：愉快，照顾，勇于探索，沟通心灵，夏天的太阳，漂亮的鹿。

（5）听字训练。训练方法：家长读短文，儿童认真听，当听到一个“一”字就用笔在纸上打一个“V”，家长读完后统计“一”字的个数，直到儿童记录的个数与短文中“一”的个数相同为止。

例如：一个下雪的冬天，母鸡萝丝出门去散步。她挺着胸，抬着头，大摇大摆地走出家门。不料，一只饥饿的狐狸在萝丝家门口，只见他瞪着铜铃似的大眼睛，耳朵翘得半天高，像两座小山似的，还吐着长长的舌头，心想：好一只肥鸡，今天可以饱餐一顿了。

（节选自绘本《母鸡萝丝去散步》）

（6）词语思维。训练方法：家长每念一个词语，儿童认真听，当听到电器就马上举起右手。

例如：课桌，洗衣机，篮球，电视机，自行车，书包，电冰箱，作业本，空调，电风扇，电话，被子，杯子，钢笔，手机，羽毛球，打火机，飞机，刀剑，箱子，台灯，电脑，洗衣液，铅笔。

2. 工作记忆训练

工作记忆是人类记忆非常重要的一部分，是能让我们暂时保存一段时间的记忆。工作记忆的运行时间很短，通常短于1分钟。工作记忆有问题的儿童经常被诊断为注意力障碍，所以工作记忆方面的训练有助于注意缺陷多动障碍儿童的干预与治疗。

在工作记忆训练中，反应抑制的训练格外重要，反应抑制分为视觉反应抑制和听觉反应抑制。训练中要求注意缺陷多动障碍儿童尽量减少冲动反应和遗漏反应，提高反应的准确率和效率，目的是提高注意缺陷多动障碍儿童冲动反应和延迟满足能力。

（1）视觉反应抑制训练。

①色彩查找练习。可做如下训练：

在1分钟内找出下面水果中红色的水果共有多少个，用红色铅笔圈出来。

在1分钟内找出下面水果中黄色的水果共有多少个，用黄色铅笔圈出来。

在1分钟内找出下面水果中绿色的水果共有多少个，用绿色铅笔圈出来。

例如：香蕉，苹果，荔枝，火龙果，葡萄，杏子，梨子，西瓜，哈密瓜，草莓，柠檬，杨桃，石榴，柿子，樱桃，椰子，橙子，橘子，柚子。

②图形方位辨别练习（上中下、左右）。可做如下训练：

在1分钟内辨别出“○”所在方位。

在1分钟内辨别出“□”所在方位。

在1分钟内辨别出“△”所在方位。

例如：

○□△□△

□○□△○

△□○□△

（2）听觉反应抑制训练。听觉抑制训练与视觉抑制训练方法有相似之处，只需将视觉训练材料换成听觉材料。听觉工作记忆训练方法如下。

①听觉辨别训练。包括：辨别不同的人的声音；辨别不同的演唱形式；辨别不同乐器的音色；辨别音高的练习。

②旋律记忆训练。包括：简易旋律训练；歌曲咏唱训练；歌曲表演训练；歌唱拍打训练。

③配乐朗诵训练。包括：节奏配乐朗诵训练：乐曲配乐朗诵训练；配乐交流朗诵训练。

（三）行为治疗技术的方法

行为治疗技术近年来一直用于各种特殊儿童的行为矫正，并取得了非常好的效果。

1．正强化

在使用正强化之前，首先要了解注意缺陷多动障碍儿童的具体症状，然后再确认需要矫正的目标行为。选出的目标行为应是注意缺陷多动障碍儿童当前最需要解决的行为问题，并且可以观察与评价其程度，还可以进行反复强化。如大多数注意缺陷多动障碍儿童都有注意力不能维持的问题，往往影响生活的各个方面，如学习成绩下降、丢三落四。此时的治疗目标就不应是生活中某方面具体的问题，而应从根本问题入手，将治疗目标定为训练注意力维持。

使用正强化应根据注意缺陷多动障碍儿童的具体情况，选择合适的强化物，以达到有效的强化与矫正目的。强化物可以简单地分为物质性强化物、社会性强化物和活动性强化物三种。物质性强化物有糖果、点心、书、金钱等；社会性强化物主要有口头表扬、拥抱、鼓掌等；活动性强化物主要包括郊游、去公园、逛街、看电影、聚会等。所选择的强化物对注意缺陷多动障碍儿童要具有一定的价值或是其喜欢的东西。对于注意缺陷多动障碍儿童，常用的强化物有糖果、看电视、玩耍、穿自己喜欢的衣服等。

实施正强化法应注意与注意缺陷多动障碍儿童进行沟通，使其能够积极配合治疗。在给予强化物时，一定要告诉注意缺陷多动障碍儿童被强化的具体行为是什么，这样才能做到有的放矢。如表扬时应说“你今天上课做到了认真听讲”而不是“你学习很努力”。在实施强化时还应注意避免注意缺陷多动障碍儿童出现饱厌现象，要适当控制强化物的分配数量，或更换所用的强化物，保证强化物在整个治疗中都具有最大的有效性。

2．负强化

负强化同样是具有积极意义的，不仅可以使个体为了避免厌恶的刺激而表现出良好行为，而且还可以使个体改过自新，形成良好行为。跟正强化一样，负强化也强调及时性。要想收到预期效果，负强化就必须建立在客观公平、公正的条件下。也就是说无论任何时候、任何情况，对不良行为的批评和取消批评的行为都是一样的。

3．惩罚

生活中的惩罚，如罚钱、坐牢等，带有伤害性和报复性；惩罚疗法中的惩罚，只针对具体的行为，保护患儿的身体和心理安全。常用的惩罚方法是暂时隔离法。暂时隔离有3个原则：10个字，10秒钟，1岁1分钟。其含义是：在注意缺陷多动障碍儿童出现不良行为之后，家长用不超过10 个字的语言在10 秒钟之内让孩子进入隔离室，隔离的时间标准是1岁隔离1分钟。这种方法多用于2 ~ 12岁的注意缺陷多动障碍儿童。

对于注意缺陷多动障碍儿童来说，惩罚方式应尽量温和，如不可以吃零食、不可以和小朋友玩耍等，不宜采取打骂、恐吓等粗暴方式，以免对他们造成伤害或产生逃避行为。一般而言，惩罚只能部分地减少或暂时抑制注意缺陷多动障碍儿童的不良行为，并不能使之完全消除。全面彻底地消除注意缺陷多动障碍儿童的不良行为，往往还需要辅助其他行为治疗的方法。

4．消退

注意缺陷多动障碍儿童的多动行为往往会引起人们的注意，倘若这时对其不理睬或不给予过多的注意，患者可能就会逐渐减少多动行为。

应用消退法矫正不良行为时，进行消退的行为必须是具体的，每次应只选择一个行为进行消退治疗，不能一下子矫正所有的不良行为。消退常与正强化结合起来使用，对注意缺陷多动障碍儿童出现的不良行为不予关注，而对其表现良好的行为则进行强化或奖励。在家长、教师或治疗师实施消退法时，注意缺陷多动障碍儿童周围所有可能接触到的人都应尽可能地积极配合治疗，大家一起对注意缺陷多动障碍儿童出现的不良行为予以漠视，减少对其不良行为的关注，如同其未发生一样，但是应阻止注意缺陷多动障碍儿童的危害性行为，如殴打、攻击他人或自己。

第三节　脑瘫儿童心理与教育

脑瘫，是一种常见的小儿疾患，主要表现为运动障碍和动作协调困难。近年来，随着儿童医疗康复事业的不断发展，人们对脑瘫儿童也抱有很大的期望，这给脑瘫儿童的早期干预工作带来新的挑战与要求。

一、脑瘫儿童概述

（一）脑瘫的概念

脑瘫是脑性瘫痪（Cerebral Palsy，CP）的简称，最早由英国医生李德（William John Little）于 1841年发现。1888 年，波杰斯（Burgess）首次应用“脑性瘫痪”一词。“脑性瘫痪”一词的使用仅仅有百余年历史，但对此病的描述却由来已久。它的定义也是随着对此病的不断认识而逐渐统一的。

引用我国《中国脑性瘫痪康复指南（2022）》中的定义，脑瘫是一种发育障碍性疾病，它是一组持续存在的中枢性运动和姿势发育障碍、活动受限症候群，这种症候群是由于发育中的胎儿或婴幼儿脑部非进行性损伤所致。脑瘫的运动障碍常伴有感觉、知觉、认知、交流和行为障碍以及癫痫和继发性肌肉、骨骼等问题。

异常姿势是指脑性瘫痪儿童身体的各种姿势异常，稳定性差，在运动或静止时姿势别扭，左右两侧不对称，双拳紧握，双上肢内旋、外展，双下肢内收、交叉，越紧张越严重。

运动障碍是指脑性瘫痪儿童的运动能力低于同年龄普通儿童，运动自我控制能力差。障碍轻的只是手、脚动作稍显不灵活或笨拙；严重者甚至双手不会抓握东西、竖头困难、不会翻身、不会坐起、不会爬、不会站立、不会行走、不会正常地咀嚼和吞咽等。

脑性瘫痪概念的核心内容为：①引起脑瘫的脑损伤为非进行性的；②引起运动障碍的病变部位在脑部；③症状在婴儿期出现；④有时合并不同程度的智力低下、癫痫、心理行为异常、感知觉障碍及其他异常；⑤除进行性疾病所致的中枢性运动及正常小儿暂时性的运动发育迟缓。

（二）脑瘫的分类

根据生物学、解剖学、病因学及功能受损程度的不同，可以将脑瘫分为不同的类型。

1．按照运动特性进行分类

（1）痉挛型：此类型的脑瘫患儿比例最大，占60%～70%，主要特点为肌肉紧张、挛缩、肌张力高，运动时有“折刀”样反射，起立步行两腿呈交叉肢位、脚尖着地、膝盖内旋、足部内翻，关节活动范围窄等。

（2）手足徐动型：发生率约占 20%，主要表现为难以用意志控制的全身性不自主运动，当进行有意识运动时，不自主、不协调及无效的运动增多，如当患儿伸左手去拿物体时，往往右手也开始不自主地运动，面部扭曲，舌头外伸。

（3）强直型：发病率较低，主要特点为全身肌张力显著增高，身体异常僵硬，运动减少，甚至长期固定于一个姿势。

（4）共济失调型：主要特点为平衡功能障碍，患儿在没有支撑的情况下很容易摔倒。

（5）震颤型：主要指身体的某部分，在一个平面内不能随意地、节律性地摇动。

（6）肌张力低下型：又称弛缓型，通常指重症患者肌张力低下、无力，随意运动、不随意运动都缺乏。

（7）混合型：大多数脑瘫患儿都有弥漫性脑损伤，单纯一种脑瘫类型较为少见，一般都是几种类型混同出现的。

2. 按照瘫痪部位进行分类

（1）单瘫：一肢受累。

（2）偏瘫：同侧的上肢和下肢受累。

（3）截瘫：两侧下肢受累。

（4）双侧瘫：主要是两侧下肢受累，两侧上肢受累较轻。

（5）三肢瘫：通常是一侧上肢和两侧下肢受累。

（6）四肢瘫：四肢受累。

（三）脑瘫儿童的成因

脑瘫儿童的发病过程复杂，很多原因都可以构成脑瘫，80%以上的脑瘫病例可以找出较为明确的病因。按脑损伤时期，脑瘫儿童的病因可分为产前因素（如妊娠期感染）、产时因素（如围产期窒息）、产后因素（如高胆红素血症、小儿脑炎）。按病因性质，脑瘫儿童的病因可分为遗传的因素、物理的（如头部外伤所致颅内出血）因素、生物的（如感染）因素、化学的（如缺血、毒素）因素。这里重点介绍儿童脑瘫的产前、产时及产后等因素。

1. 产前因素

（1）遗传因素。若同辈或上辈的母系及父系家族中有脑瘫、智力障碍、精神障碍、家族性先天畸形等遗传病史，则小儿脑瘫的发病率高于普通婴儿。此外，近亲结婚出生的儿童中脑瘫的发生率相对较高。

（2）妊娠期感染。妊娠期感染是诱发胎儿神经发育异常的重要原因，包括宫内感染和病毒感染。宫内感染包括羊膜腔感染、绒膜羊膜炎、脐带炎、胎儿感染等；其中，绒膜羊膜炎是宫内感染致小儿脑瘫的主要病因。病毒感染包括发生于孕早期的风疹病毒、巨细胞病毒、单纯疱疹病毒、弓形虫感染等，均可能引发胎儿的脑发育畸形，进而引发小儿脑瘫。

（3）母体因素。母体因素包括母亲妊娠早期用药史、高龄妊娠、习惯性流产、糖尿病合并妊娠、巨大儿、妊娠前3个月时病毒感染、X 射线照射、吸烟、酗酒、孕期营养不良以及母亲暴露在不利健康的环境中等，均可能成为胎儿脑瘫的高危因素。此外，多胎妊娠时造成的早产和低体重胎儿出生率的增加也使得脑瘫的发生率增高。

2. 产时因素

（1）早产、出生体重异常。大量的流行病学调查显示，早产和低出生体重是造成小儿脑瘫的高危因素。随着医学的发展，胎龄不足32 周的早产儿存活率的提高，使得小儿脑瘫的发生率明显增加，早产儿脑瘫发生率的可能性是足月儿的25～30倍。此外，低出生体重（出生体重小于1500克）一直被认为是脑瘫的另一个重要危险因素，但出生体重过高也会增加脑瘫的危险性。最近研究表明，患脑瘫的危险性随着出生体重偏离同胎龄标准体重的程度而增加。

（2）围产期窒息。围产期窒息指由于产前、产时或产后各种病因，导致出生后1分钟内无自主呼吸或未建立规律呼吸。多项研究表明，由围产期窒息造成的脑瘫占8%～10%。围产期内羊水堵塞、胎粪吸入、脐带绕颈等都可能导致窒息，窒息后常使脑组织缺血缺氧，脑细胞水肿坏死，进而引发小儿脑瘫。

3. 产后因素

（1）高胆红素血症。患高胆红素血症时，胆红素通过血脑屏障，损害中枢神经系统的某些神经核，导致脑瘫。脑瘫的基本病理变化为大脑皮层神经细胞坏死、软化、纤维化、萎缩、脑沟增宽、脑白质丧失、神经细胞数量减少、神经髓鞘化延迟等而导致的大脑传导功能失常。

（2）失血、颅内感染。失血、颅内感染等原因引起的新生儿休克、颅脑损伤及癫痫抽搐等，是引起脑瘫的主要病因。此外，缺氧缺血性脑病是构成新生儿脑损伤的主要原因，可表现为有明显的窒息史或出生后12小时内有异常神经系统症状，如意识障碍、嗜睡或昏迷、肌张力减弱、原始反射异常等。病变有脑水肿、脑组织坏死、缺氧性颅内出血等。

（四）脑瘫儿童的鉴定与评估

脑瘫的早期筛查与诊断，有利于早期治疗和早期干预。

1. 早期筛查

通过对小儿早期行为的观察可以初步筛查脑瘫，一般患儿在出生后6～9个月内表现出来的脑症状常有以下几种：①易激惹，持续哭闹或过分安静，哭声微弱，哺乳吞咽困难、易吐，体重增加缓慢；②肌张力低下，自发运动少；③身体发硬，姿势异常，动作不协调；④反应迟钝，不认人，不会哭；⑤痉挛发作；⑥大运动发育滞后，出现手握拳、斜视等。

2. 诊断标准

随着对脑瘫研究的深入，小儿脑瘫的诊断方法越来越多，各有特点，虽至今尚未形成统一的诊断标准，但对任何一例脑瘫儿童的诊断中均须符合小儿脑瘫定义中的诊断条件具体内容如下所述，包括：①发育性。脑瘫是脑组织在生长发育过程中受到的损伤。从受孕到出生后4周，由任何原因造成的脑损伤都是对发育中脑组织的损伤。②非进行性。脑瘫的病变是非进行性的，症状是非进行性的，病情以不再向前发展为特点，据此诊断时应排除进行性疾病所导致的运动障碍和暂时性的运动发育迟缓。③永久性。脑瘫是永久存在的中枢性运动功能障碍性疾病，大脑畸形一般不会得以改善。

二、脑瘫儿童心理特征

运动障碍及姿势异常是脑瘫儿童最主要的障碍。此外，小儿脑瘫还可伴有不同程度的感觉障碍、智力障碍、语言障碍以及情绪行为障碍等问题。

（一）感觉障碍

由于未成熟大脑的缺损或者损害部位不同，脑瘫儿童还可伴有不同程度的听觉、视觉等感觉障碍。

1. 听觉障碍

不同类型的脑瘫儿童可能伴有不同程度的听觉障碍，其中新生儿重症黄疸所致手足徐动型和共济失调型脑瘫儿童有较高的听力损害发生率，其听觉障碍程度从高音到低音障碍不一。学者徐玲等（2003）报道，74%的脑瘫儿童脑干听觉诱发电位结果异常；而湖南省儿童医院对就诊儿童的回顾性调查显示，进行听觉诱发电位检查发现22.09%的儿童伴有听觉障碍。脑瘫儿童的听觉障碍多属感音性耳聋，可合并外周和中枢性听觉障碍，并可有脑干功能的损害。其主要表现为：严重听力减退或丧失；对声音的节奏、话语的辨别有一定的困难，但对熟悉家庭成员的声音分辨一般都无困难。

2. 视觉障碍

脑瘫儿童视觉障碍的发生率为 28.2%～47%，其视觉障碍特征主要集中在：斜视，发生率最高，包括内斜、外斜、麻痹性斜视、废用性斜视、共同性斜视；屈光不正，包括近视和远视，且近视居多；视神经萎缩；视网膜发育不全；视神经发育不全；黄斑发育不良；白内障；眼球震颤；等等。这些特征在行为上具体表现为：视力下降、偏盲或全盲；视野缩小；对于各种物体、图片、符号的外观特点及位置的辨别有不同程度的困难。

3. 其他感觉障碍

约有10%的脑瘫儿童可能伴有触觉障碍，表现为触觉消失与实体觉消失，如伴有触觉障碍的脑瘫儿童仅用手的触摸是无法区别各种物体或物体的形状的。此外，多数脑瘫儿童关节觉迟钝，少数脑瘫儿童甚至缺乏关节觉。痉挛型脑瘫儿童存在明显的深感觉障碍，而浅感觉基本正常。

（二）智力障碍

许多学者研究发现，各种类型的脑瘫并发症以智力障碍最多见，发生率为47%～81%。与其他并发症相比比例最高，湖南省儿童医院的研究结果显示智力障碍伴随出现率为 72.09%。智力障碍在混合型脑瘫中多见，痉挛型少见，手足徐动型和共济失调型更少。有严重运动功能障碍的儿童，由于其全身运动功能极度受累，不能控制舌、吞咽以及手的运动，虽智力正常也不能很好地完成这些动作。此外，伴有癫痫发作的脑瘫儿童多患有智力障碍。

（三）语言障碍

我国学者侯梅等（2003）研究报道，73.1%的脑瘫儿童存在语言障碍。一般来讲，痉挛型、手足徐动型和共济失调型三类脑瘫患儿语言障碍发生率较高。语言障碍主要包括语言发育迟缓和运动性构音障碍等，最开始的表现为吸吮困难及吞咽咀嚼困难。随着年龄的增长，有的脑瘫儿童几乎不能发出任何声音，而有的脑瘫儿童只是发音略有障碍，在交流与理解方面没有明显障碍，具体表现为发音不清或严重失语。

脑瘫儿童由于围产期广泛性脑损伤，一方面直接损害语言脑区，另一方面常合并视觉听觉等感觉系统异常、智力异常、口运动异常及行为异常等。这些出生时已存在的神经心理学问题使语言的输入、输出和中枢处理过程受损，限制了正常模式的语言发育，而家庭和社会对儿童的失望及不适当的补偿更促成了语言障碍的发生。

（四）肢体的姿势与运动功能障碍

脑瘫儿童都存在运动功能障碍和异常的姿势反射，且脑瘫程度越重，运动发育迟缓项目和运动方式异常项目越多。如果脑瘫儿童长期运用不正确的运动模式去活动，会出现许多问题。例如，髂腰肌紧张变短，双髋关节屈曲，双下肢后伸困难，臂大肌无力，膝关节屈曲，伸直困难等。

（五）情绪行为障碍

脑瘫儿童由于躯体姿势异常和运动障碍，社会活动受限制，加上社会歧视与偏见，常易出现情绪消沉、情绪波动变化大、情感脆弱、善感易怒、悲观等情绪障碍；此外，还有注意力涣散、兴奋多动、自我强迫行为等行为障碍。且随着年龄的增长，脑瘫儿童情绪行为障碍的发生率增高，消极气质也明显增强。

为了使脑瘫儿童身心都能获得充分的康复和发展，医疗机构、康复机构及学校等部门都应重视对脑瘫儿童的心理康复，在进行运动康复的同时尽可能地关注其心理健康问题，促进脑瘫儿童积极心态的形成。

三、脑瘫儿童教育干预

脑瘫儿童的早期干预，旨在通过医疗、教育、社会等康复手段，实现儿童身体、心理、社会适应等方面最大限度的恢复和补偿。对小儿脑瘫的康复与干预应坚持医教结合、全方位的综合干预，由医生、教师、物理治疗师、作业治疗师、专业顾问及其他与患儿和其家人一起工作的人员共同合作完成。

（一）医学治疗与康复

脑瘫儿童一旦被确诊，就需要对其进行治疗与康复。目前，虽然脑瘫不能根治，但可以通过多种手段改善脑瘫儿童的功能障碍，充分发挥其潜能。常用的医疗康复方法主要有以下几种。

1. 外科手术

通过采用矫形手术来改善、消除脑瘫儿童的功能障碍，如肌腱延长术、神经肌支切断术、脊神经切断术等。

2. 药物

这主要以促进脑代谢的活脑素为代表，如胞磷胆碱、神经生长素等脑神经细胞营养药，以利于脑瘫儿童神经机能的恢复。对痉挛型可用巴氯芬、肉毒杆菌毒素等降低肌张力，对手足徐动型可配合使用苯海索、左旋多巴等多巴胺类药物，对髓鞘发育不良的瘫痪可给予糖皮质激素配合治疗。

3. 应用矫形器等辅助器具

采用特殊装置或人工方法帮助脑瘫儿童改善肢体功能或替代已受损的功能，常用的辅助器具包括重锤式髋关节训练器、长短下肢矫形器、拐杖、轮椅等。

4. 中医

中医疗法对脑瘫康复有一定的疗效，如推拿、穴位按摩、穴位针灸、经络导平疗法、头针治疗等。中医按摩可减低痉挛肌肉的张力，扩大四肢关节活动范围；针灸可采取头针扎在运动区、语言区，以改善该区功能。

（二）运动疗法

运动疗法是通过主动运动、被动运动来改善运动障碍的治疗方法的总称，主要内容包括关节活动度训练、增强肌张力训练、姿势矫正训练和神经生理学疗法等。

1. 布巴斯疗法

布巴斯疗法是当前世界各国治疗脑瘫及一切肢体不自由者的主要方法，它是由英国学者布巴斯（Berta Bobath）确立的治疗方法，主要采用抑制异常姿势、促进正常姿势的方法治疗脑瘫。此法又称通过反射抑制和促通而实现的神经发育治疗法。治疗手法包括以下几种。

（1）反射性抑制手法（抑制伸展姿势、抑制屈曲姿势手法）。前者适用于头背屈、全身呈非对称性紧张性颈反射（ATNR）、角弓反张脑瘫儿童，后者适用于头前屈、脊柱弯曲、屈膝呈屈曲状态的脑瘫儿童。

（2）关键点调节。关键点调节是指训练师在患儿身上的特定部位进行调节，使痉挛减轻，同时可促进正常姿势和运动的手法。

（3）促进姿势反射的手法。脑瘫儿童无须过度用力，训练师引导出脑瘫儿童最大潜力，形成机能活动的运动姿势，并学习体会这种机能活动运动姿势的经验，达到治疗目的。

（4）促通性手法。促使患儿正常姿势和运动模式的发展，阻断异常信号的传入和强化正常信号的传入，使患儿动作趋于正常化。

（5）叩击法。叩击法是提高脑瘫儿童一定部位肌肉的肌紧张，在四肢躯干上有规律地或任意地叩击后出现肌紧张，抑制不自主动作，保持脑瘫儿童正常姿势的促进手法。

2．沃伊塔疗法

沃伊塔疗法是由德国学者沃伊塔（Václav Vojta）经过多年的临床实践创建的，是一种集诊断、治疗、预防于一体的运动疗法。这种方法是通过对身体一定部位的压迫刺激来诱导产生全身的、协调化的反射性移动运动，促进与改善脑瘫儿童的运动机能，最终达到反射运动变为主动运动，因此也称其为诱导疗法。此法有自成一体的沃伊塔姿势反射，治疗师用手指按压脑瘫患儿身体某特定部位，使患儿产生反射性翻身和匍匐爬行两种基本动作模式。通过反射性匍匐爬行和反射性翻身诱发脑瘫儿童的运动能力、用身体各部位支持身体的能力、抬起身体的能力及移动能力，同时促进脑瘫儿童肌肉收缩方向的转换等，进而改善脑瘫儿童的异常姿势、运动模式，促进正常姿势运动模式的发育。每天操作4次，每次10～15分钟。

3．路德疗法

路德疗法是以运动发育和神经生理基础相结合为依据，通过对皮肤施加不同的刺激，对运动系统产生促进或抑制性影响，以诱发有目的的动作。该疗法由美国治疗师路德（Margaret Rood）提出。路德疗法常用的刺激技巧主要是软毛刷擦刷法、叩击法和抑制法。

（1）软毛刷擦刷法：快速擦法（3～5次/秒，持续 30秒），可提高肌张力，用于治疗肌张力低下的脑性瘫痪；慢速擦法（1次/秒，持续30秒），降低肌张力，用于治疗痉挛性脑性瘫痪。

（2）叩击法：轻叩，使肌肉松弛，用于治疗痉挛性脑性瘫痪；重叩，使肌肉收缩，用于治疗肌力低下型脑性瘫痪。

（3）抑制法：对关节、肌腱、肌群实施压、叩、拉、抚摸、按摩等方法，用于治疗痉挛性脑性瘫痪。

（三）物理疗法

物理疗法是研究应用物理因子作用于脑瘫儿童，以提高健康水平、保健、预防和治疗疾病，促进病后肌体康复等的干预方法。所应用的物理因子包括人工、自然两类：人工物理因子如光、电、磁、声、温热、寒冷等；自然物理因子如矿泉水、气候、日光、空气、海水等。

上田法，为日本小儿整形外科医生所创建的一种小儿脑瘫的疗法，根据相反神经兴奋与抑制的网络理论而创设，属物理治疗范畴，主要应用于痉挛型脑瘫儿童。通过手法操作可以降低患者的肌张力，缓解肌痉挛，达到防止肌肉挛缩、预防关节变形，抑制异常姿势的发生与发展，促进正常姿势发育。目前，在临床上常与其他疗法结合应用，可起到相互加强疗效的作用。上田法手法比较简单，容易掌握，脑瘫儿童家长应该学会，以便开展家庭疗育，会收到较好的效果。

（四）职业疗法

职业疗法是通过选择特定的作业活动，有针对性地对脑瘫儿童进行治疗和干预，从而达到恢复或者提高其生活和学习技能的目的。在实践过程中，职业疗法主要包括器官功能的评估、认知能力训练、生活技能训练、支持环境的创设等。它和运动疗法理论原则基本相同，不同之处主要在于它将器官功能的训练与具体的职业活动或作业活动结合起来，如利用剪纸活动来训练精细运动和手眼协调。

1．日常生活活动训练

例如，穿着衣物、使用餐具进食、个人卫生、洗浴、如厕等。训练脑瘫儿童用新的活动方式、方法或应用辅助器具帮助和使用合适的家用设施，以完成日常活动。

2. 游戏疗法

通过有选择地做游戏，对脑瘫儿童进行教育和训练，促进其运动智能和社会与心理能力的发展。

3. 感知训练

对周围及中枢神经系统损害患者进行触觉、实体觉、运动觉、感觉运动觉的训练。

（五）引导式教育

引导式教育是一种集体的、游戏式的综合康复方法，旨在使运动机能失调的儿童学习融入社会的教育体系。它在较轻松而愉快的环境下通过教育学习的主动形式，利用认识、感觉交流的方式，对脑瘫儿童日常生活给予各种刺激，逐渐形成功能性动作与运动，并促进脑瘫儿童建立正确的社交、沟通能力等，比较注重人格和性格的培养。引导式教育过程中需特殊的辅助器械，如木条床、坐凳、梯背架、垫子、手掌板、彩色木棒、地梯、平行杠等。

有研究者认为，引导式教育是脑瘫儿童最佳的教育训练方法，在康复训练中有以下主要作用。

（1）引导式教育让脑瘫儿童在训练学习之初就明确地知道自己的训练目的和训练目标。

（2）引导式教育可以让脑瘫儿童在学习某种知识、技能以及在与同伴进行游戏的同时，达到训练运动功能的目的，使他们感受到学习的快乐和兴趣。

（3）引导式教育发展了儿童的性格，纠正了儿童不良的行为和情感问题，使其感到虽然自己有残疾，但也能和普通的孩子一样成为一个各方面“健全”的人。

（4）引导式教育让脑瘫儿童在家庭化的环境和氛围中进行学习和训练，使他们心情愉悦，没有额外的压力感。

（5）引导式教育培养了儿童良好的生活习惯，让他们通过普通的一日活动，时刻接受训练和学习，最终学会如何照料自己。

本章小结

存在多种障碍类型儿童，其心理与教育问题值得深入关注。情绪障碍儿童成因复杂，涉及生理、家庭、学校和社会环境等因素，表现出认知、行为和社会适应等多方面问题，需早期干预并综合多种方法。注意缺陷多动障碍儿童常见注意力不集中等症状，成因多样，通过训练和行为治疗可改善。脑瘫儿童运动和姿势异常，伴有多种障碍，需医教结合综合康复。了解这些障碍类型儿童的特点与干预方法，有助于为其提供适宜教育支持，促进其发展与社会融合，对教育工作意义重大。

思考与练习

1. 情绪障碍儿童的成因有哪些？请举例说明家庭因素对这类儿童的影响。
2. 简述注意缺陷多动障碍儿童的主要类型及其特征。
3. 阐述脑瘫儿童的教育干预方法，并分析如何在家庭和学校中共同实施这些方法，以促进脑瘫儿童的全面发展。

拓展视频

多重障碍儿童

第十三章 超常儿童心理与教育

学习目标

1. 知识目标：了解超常儿童的含义与分类、成因及鉴别，掌握超常儿童的核心症状。
2. 技能目标：能够正确评估超常儿童，能够根据超常儿童的特点开展有效的教育活动，包括制订个性化教育计划和实施差异教学。
3. 情感目标：尊重、理解超常儿童，增加同理心和责任感，激发教育热情，并促进自我反思和成长。

知识框架

- 超常儿童心理与教育
  - 超常儿童概述
    - 超常儿童的含义与分类
    - 超常儿童的成因
    - 超常儿童的鉴别
  - 超常儿童心理特征
    - 超常儿童的注意特点
    - 超常儿童的认知特点
    - 超常儿童的个性特点
  - 超常儿童教育干预
    - 超常儿童的教育原则
    - 超常儿童的教育措施

案例导入

小明，男，10岁，就读于我国某知名小学五年级。从小，小明就表现出与众不同的聪明才智，尤其是在数学和逻辑思维方面。在同龄人中，他的数学成绩一直名列前茅，经常参加各类数学竞赛并获奖。然而，随着年龄的增长，小明在班级中的表现逐渐变得与众不同，开始出现一些教育问题。学习方面，小明对数学有极高的天赋，但在语文、英语等科目上却表现平平。他认为这些科目没有挑战性，学习兴趣不高。此外，小明在做作业时常常表现出急躁情绪，喜欢走捷径，对基础知识掌握不够扎实。交往方面，小明在班级中的人际关系较为紧张。他性格孤僻，不太愿意与他人交往，容易产生隔阂。在与同学相处时，他常常表现出高傲和自负，不愿接受他人的意见。这导致他在班级中的朋友很少，人际关系逐渐恶化。情绪方面，小明情绪波动较大，容易受到外界环境的影响。在学习、生活等方面遇到挫折时，他容易产生焦虑、沮丧等负面情绪。同时，小明在家庭中与父母的关系也较为紧张，经常发生争吵。

问题与思考：案例中的小明表现出哪些特征？如果你是一名教师，你该怎么做才能帮助像小明这样的学生顺利成长呢？

第一节　超常儿童概述

在特殊教育的对象中，除了障碍儿童，还包括超常儿童，他们也需要人们的特别关注。什么样的儿童才能称为超常儿童？超常儿童的类型、成因是怎样的？如何鉴别他们？对这些问题进行深入探讨，有利于对他们进行科学的教育。

一、超常儿童的含义与分类

（一）超常儿童的含义

超常儿童在各国的称谓不同，在英语文献中被称为“天才儿童”或“天才”和“特殊才能儿童”；在日本，被称为“英才儿童”；在我国，被称为“超常儿童”或“资赋优异儿童”。已有的研究成果展示了学者们从不同的角度对于“超常”的理解。

首先，从智力的角度来看“超常”。20世纪初，美国心理学家推孟（Lewis Terman）首先用智力测验来鉴定天才儿童，把智商达到或高于140的儿童定位为天才儿童。其后，美国心理学家吉尔福特（J. P. Guilford）从涵盖的特殊能力的观点分析智力，并以此提出了著名的“智力结构模式”。

其次，从创造力的角度来看“超常”。学者们对于创造力的界定观点不一，通常创造力被界定为对一种情境产生新的、不同的和不可预期的反应。而人们的创造力可以展现在不同的情境中。

再次，从特殊才能的角度来看“超常”。美国教育心理学家加涅（Robert Mills Gagne）在他的才能导向的超常教育理念中，对“天才”和“特殊才能”进行了说明。他认为，“天才”是具有至少一种人类与生俱来而未经训练的自然能力，并且位于同龄同伴的前15%的人。他还认为，“特殊才能”是指在人类任何领域的系统性发展能力和知识方面有杰出表现，并且位于该领域有成就的同龄同伴的前15%的人。“特殊才能”的持续出现是个体与生俱来的“天才”，以及一系列有系统的学习、训练和练习，再加上个体自身的动机、人格特征、外在环境和机会等因素交互影响所致，所以“特殊才能”必须以优秀的天赋能力为基础。一个人如果没有与生俱来的“天才”，就不可能成为一个特殊才能者，反之则不一定如此。

最后，从多元的角度来看“超常”。20世纪70年代，美国教育心理学家伦祖利（Joseph S. Renzulli）提出了“三环”天才儿童的概念，认为天才儿童是由中上等以上的智力、较高的创造力和强烈的动机与责任感相促进而构成的统一体。美国心理学家斯滕伯格（Robert J. Sternberg）等提出了“五角内隐理论”，认为天才的必要标准有五个，即卓越标准、稀有性标准、可证明性标准、生产率标准、价值标准，并对这五个标准进行了界定，提出了测定的方法。哈佛大学心理学家加德纳认为人类具有多元智能，因此天才的智能应是不同领域内多方面的智能，而不是单方面的。他认为，在不同的文化和社会中存在八种或更多特定的智能，这八种潜在的天资包括逻辑数理智能、言语语言智能、音乐节奏智能、身体动觉智能、视觉空间智能、交往交流智能、自知自省智能和自然观察智能。同时，脑部研究也显示可能存在发展这些不同智能的区域。加德纳认为，天才是指那些在某一特定任务或领域内表现出不同寻常的潜能的人。美国联邦公法103–382《改善美国学校法》对超常儿童有过这样的定义：超常儿童是指那些在某些领域明显表现出高成就的儿童或青少年（儿童或青年），这些领域包括智力、创造力、艺术能力、领导能力和其他某一特定的学术领域的能力。他们需要在普通的学校服务和活动之外，再获得能充分发展其能力的其他服务和活动。中国超常儿童研究中心的专家们认为，超常儿童是智力和才能高度发展，优异智力、创造力及良好的个性特征相互作用构成的统一体。

（二）超常儿童的分类

近半个世纪以来，许多心理学和特殊教育的专家对超常儿童进行了广泛的、长期的追踪研究。这些研究结果中，超常儿童的概念有狭义和广义之分，认为可以根据儿童的潜能、成就与行为特征将超常儿童划分为下列六种不同的类型。

1. 智力型

智力型超常儿童的主要特点是智商高，无论是采用斯坦福-比奈智力量表、韦克斯勒儿童智力量表、瑞文标准推理测验，还是其他有较高效度和信度的智力测量量表，都能得到超出常人的高智商。

2. 学术型

学术型超常儿童学业成绩特别突出，他们的显著特点是一门或几门功课特别优秀，超过了同年龄或同年级儿童的学业水平。他们有的特别擅长数学运算，有的擅长阅读或语言。这类超常儿童往往在考试中名列前茅，在数学竞赛、物理竞赛、辩论赛这类学科性的竞赛中常夺得奖牌。一些研究认为，这类超常儿童虽不一定像智力型超常儿童那样有很高的智商，但他们的智力水平也普遍偏高。学术型超常儿童有较好的符号思维能力、理解力和逻辑推理能力，所以，凭借这种信息加工能力，多数能在学术研究上做出突出的贡献。由于智力和成绩都可以通过测试认定，故智力型和学术型的超常儿童最容易得到社会的认可，在很长一段时期内，他们构成超常儿童的主体，只是最近三四十年，才把下列四种类型的儿童也列入超常儿童的范畴。

3. 创造型

创造型超常儿童的特点是创造性强，能不拘一格地进行发明创造。这类超常儿童的思维具有流畅、灵活、新颖等特征，善于从不同的角度来考虑问题和解决问题。创造型超常儿童对新情境的审视、预测能力较强，能开拓新的思维空间。美国学者托兰斯（Paul Torrance）及他的助手对创造型超常儿童进行了长达15年的追踪研究，认为凡是曾被测定为具有高创造性思维能力的儿童与青少年，十多年后在学习和工作方面多有突出的成就。他们的研究还发现，创造型超常儿童不一定有很高的智商和最高的学业成绩（也有高于平均值的较高智商和良好的成绩），但他们的思维方式带有明显的批判性，不受传统思想的束缚。男、女创造型超常儿童与传统思维方式的相关系数分别是0.59和0.46，因此，有许多学者认为，高智商、高成绩和具有不同寻常的创造性被认为是超常儿童的显著特征。

4. 领导型

领导型超常儿童具有很强的组织能力、分析判断能力、讲演能力、决策能力、感召力和自我控制能力等领导者的素质和潜能。在20世纪50年代之前，这类儿童没有被列入超常儿童的范畴。后来，随着社会的变迁和研究的深入，人们才逐渐看到，这些有远大的志向、明确的团体活动目标、能运用自己的力量去影响和指导同伴的儿童也应被列入超常儿童的范畴。现代社会，无论是政治、经济领域还是科学技术领域，都需要这种具有领导素质的人才。

5. 艺术型

艺术型超常儿童擅长美术、音乐、戏剧，有很高的艺术天资和素养。为了及早地评估和鉴别这类超常儿童，20世纪70年代前后，设计出了一批艺术能力测试量表，如西肖尔音乐资质测试量表、阿里弗内斯音乐资质测试量表等。测量结果表明，这类超常儿童有超出常人的视觉观察能力、声音辨别能力、空间想象能力和表演能力。

6. 运动型

运动型超常儿童不仅有很高的运动记忆和形象思维能力，而且反应灵活，具有很好的动作协调和模仿能力，运动型的超常儿童擅长舞蹈、杂技表演、体育运动。托兰斯认为，这类儿童多具有创造性的运动转换能力，能把音乐、诗歌中蕴涵的意境用运动和体态的形式创造性地表现出来。良好的教育和训练，可以把他们造就成为艺术家、歌手、电影明星、杂技演员、运动员之类的杰出人才。

由此可见，不同类型的超常儿童，有不同的特殊天资和潜能。人的才能是多方面的，社会对人才的需要也是多方面的。

二、超常儿童的成因

虽然人们尚未能够预测或说明超常儿童产生的原因，但从已有的研究文献中可以发现，遗传、出生前后的照顾以及幼年时的环境等因素与超常儿童的产生和发展有关。关于智力的遗传，英国学者高尔顿（Francis Galton）以研究著名人物的家谱为依据得出结论：非凡的能力起源于遗传。高尔顿以后，许多研究者对不同亲属关系的个体进行标准智力测验，然后计算它们的相关性，得出的结论是：遗传关系愈接近，则智力愈相似；但同时，即使遗传接近，其生长环境不同，智力的相似性还是会降低。近几年的研究表明，天才儿童的脑部形状和功能与智力处于正常发展水平的儿童不同。还有的研究发现，人群中个体的智商差异大约有一半是由于基因差异引起的。

同时，出生前后的照顾以及家庭环境和超常儿童有着密切的关系。要使儿童有良好的发展，出生后头两年的环境刺激是特别重要的，遗传和环境的交互作用是发展和培育超常儿童的关键。神经科学家对于人脑的长期研究显示，儿童与生俱来具有惊人的学习潜能，但必须及早给予适当的经验刺激，才会有良好的发展。

三、超常儿童的鉴别

（一）鉴别超常儿童的原则

我国的研究者们参考了国外鉴别超常儿童的经验，在辩证唯物主义的指导下，经过多年的实践摸索，逐渐形成了以下几条鉴别超常儿童的原则。

（1）在动态的比较研究中鉴别。

（2）采用多指标、多途径、多种方法鉴别。

（3）把发展的质和量相结合考察。

（4）兼顾智力和非智力因素进行鉴别。

（5）鉴别应服务于教育，通过教育进一步鉴别。

（二）鉴别超常儿童的步骤

我国鉴别超常儿童所采用的步骤如下。

（1）与儿童见面，由家长填写调查表，包括儿童的发展史、超常的主要表现、家庭简况、家长对儿童的教育情况等。

（2）初试，包括对有关主科知识和能力的考查及一般智力测查。

（3）复试，用我国超常儿童研究中心编制的《鉴别超常儿童认知能力测验》进行鉴定。对于具有特殊才能的儿童，则要将他们的作品送给有关专家评定。

（4）向原学校或幼儿园老师进行问卷调查，了解其个性、品质及表现。

（5）进行体格检查，了解儿童的健康情况。

（6）综合分析材料，初步确定超常儿童，并对他们进行追踪研究或吸收他们参加超常儿童实验班，同时进一步对他们进行考察。

超常儿童的鉴别，有利于超常儿童的发现和培养，使他们能够健康地发展和成长。根据研究，家长和教师可通过以下几个途径来初步发现超常儿童，首先是观察，通过儿童的各种活动（学习和游戏等），观察他们的言行表现；其次是注意儿童的教育过程，通过教育干预过程，从孩子的接受能力和学习能力等方面了解情况，以发现哪些儿童具有特殊才能倾向；再次是通过孩子的作品展览或竞赛发现；最后是通过以上几个步骤的初步筛选后，再运用各种心理测验鉴别发现，以得到比较客观正确的结果。

我国学者根据国内外关于学龄前超常儿童表现的特点概括出《超常幼儿早期发展特点核查表》，可以作为筛查超常儿童的参考。每个儿童，只要符合超常儿童核查表（表13-1）中的一至两项或两项以上特征，就可能是某方面的超常儿童。

表13-1　超常儿童核查表

序号	核查内容
1	好奇心强，喜欢打破砂锅问到底，喜欢拆装玩具或用具，了解其中的奥秘
2	记忆力好，给他讲的故事、念的诗歌或读过的东西，不费力就能记住，有的甚至过目不忘
3	注意力集中，对感兴趣的事（绘画、阅读或制作等）能专心致志，并能集中注意较长时间
4	感知觉敏锐，对周围的事物敏感，能发现别人没有注意的现象，或很小的时候就能对形状、色彩、音阶等具有精确辨别能力
5	语言发展早，不少超常儿童很小就喜欢识字、阅读，表现为口头语言与书面语言同步发展
6	想象力丰富，自编故事、歌谣、绘画，或利用玩具和用具进行制作、建造、编织等，表现出突出的想象力
7	理解力强，喜欢比较事物的异同，或对事物进行概括和分类，并喜欢运用类比和推理
8	喜欢动脑，能把两个看上去关系不大的东西或事件联系在一起，并能提出新奇的想法
9	兴趣广泛浓厚，一个阶段一旦对某件事（如下棋、认数、识字、绘画等）发生了兴趣，往往容易入迷
10	好胜心强，有坚持性。无论学习或游戏都不甘落后，一旦要学或做什么事，非学会或做好决不罢休

20世纪70年代以来，对传统的智力量表有了重新评价。许多研究者先后指出，智力量表只能测到完成学校作业所需的能力，它不能测量儿童可测智能的所有方面，因而不是鉴别所有超常儿童的完善工具。并且智力量表不能提供不同类型的特殊能力的足够信息，智商测验还带有文化偏见等。因为目前还没有对各种超常儿童都适用的鉴别工具，所以智力量表仅用于最初的筛选，倾向于使用综合的多种鉴别方法对超常儿童进行鉴别，其中包括标准化智力测验、创造力测验、成就测验或学习成绩评定、行为核对、人格测验、作品分析评定及书面谈话、向教师及家长做问卷调查等方法。

第二节　超常儿童心理特征

一、超常儿童的注意特点

1. 注意的稳定性好

超常儿童的注意具有较好的稳定性，能在一段时间内保持高度的集中。这种集中是广义的集中，是指超常儿童的注意能较长时间地保持在同一活动上。广义的注意稳定性并不意味着注意总是指向同一对象，而是指当注意的对象和活动发生变化时，注意的总方向和总任务不变。例如，儿童在完成作业的过程中，可能要看教科书、要写字或演算。虽然他所接触的课文、所写的字句或数字在变化，但是他的注意仍集中于完成作业这一项总任务上。

超常儿童注意的集中能力更强，不容易受到无关刺激的干扰。这可以从巴甫洛夫高级神经活动的负诱导学说中得到说明，即大脑皮层上某一部分兴奋，其邻近部分就抑制，兴奋的程度越大，抑制的程度也就越大。超常儿童的注意比其他儿童更为集中，大脑皮层上相关部分兴奋性高，他们的注意具有高度的紧张性。因此，更难受其他刺激的干扰。

2. 注意的广度大

超常儿童的注意特征突出表现在注意广度大，且能高度集中。他们在同一时间内意识到并能清楚地把握的对象的数量高于普通儿童。比如，他们中有的阅读速度非常快，“一目十行”就是一个形象的比喻。

3. 注意的分配有效

从理论上讲，大脑在同一时间内信息加工的能量是有限的，集中注意要求全部心理活动的参与，有很高的紧张性。因此，在一般情况下，注意不能同时指向两个不同方向，即注意分配与注意集中两者之间是相互矛盾的。然而，在一定条件下，或者是通过一定的训练，注意分配不仅是可能的，而且是有效的。超常儿童在注意分配方面比普通儿童更有效。超常儿童的神经生理水平具有更高的可塑性，有较强的神经适应能力（能有效地抑制不利刺激的进入），有较强的定向和选择功能。因此，与一般智力水平的儿童相比，他们的注意力特别容易集中和进行有效的分配。

4. 注意的转移能力强

超常儿童与普通儿童相比，其大脑皮层神经系统工作的强度更大，兴奋和抑制更为集中，均衡性更好，灵活性更强。因此，超常儿童的注意转移能力强。思维敏捷、反应灵活，这些特点是与超常儿童的神经系统紧密联系的。

二、超常儿童的认知特点

1. 感知觉

超常儿童区别于普通儿童最大的特点就是其从小显露出的强大的认知能力。认知是一个范围很广的概念，涉及知识的获得、加工、组织和应用等各项复杂的心理活动。

感知觉是人类认识过程的最初阶段，人们依靠感知觉来收集信息，积累经验。感知觉主要包括视觉、听觉、触觉、味觉、本体感觉以及空间和时间知觉等。对很多超常儿童的追踪研究表明，超常儿童在早期成长过程中便表现出敏锐的感知觉能力，观察能力较强，条理较清晰，善于区分事物的微小差异。例如：有些2岁多的儿童就已经能分清上下、前后、左右的方位；有些儿童3岁时就能掌握两千多个汉字，并能区别形近字和同音字。敏锐的感知觉，促使超常儿童观察能力较快、较好地发展，使他们能更有效地接收外界环境的刺激，促进智能发展。

2. 记忆

（1）瞬时记忆力强。超常儿童的瞬时记忆力强。在同样时间内，超常儿童记住事物的数量高于同龄普通儿童。以识记实物为例，在很短的时间内，普通儿童识记10～11个实物，超常儿童却能识记20个以上，或者在比其他儿童少一半的时间里识记相当数量的材料。

（2）记忆的品质好。超常儿童记忆的品质（广度、速度等）都在同龄普通儿童的均值之上，有的记忆水平优于比其大三四岁的普通儿童。超常儿童不但记忆内容多，而且记忆速度快、效率高。例如，一个3岁零10个月就入小学的超常儿童瞬间能记住12位数字，超过了比他大两三岁的同班3个优等生。

（3）记忆策略有效。超常儿童记忆能力好，他们掌握了有效的记忆策略，能按组块或事物的内在逻辑联系进行记忆。幼儿阶段，智能超常儿童有以下一些行为表现：有精确、长久的记忆力；记忆容量大于普通儿童，记同样一段内容所用时间少于普通儿童。这与他们对事物理解得更深、更快有关系。

（4）记忆的系统性强。在记忆时，超常儿童会将记忆材料进行重新组织加工，寻找材料之间的内在联系，使记忆信息有条有理、顺理成章。研究表明，普通儿童在识记时利用意义联系的场合平均只有28%，他们识记材料时多数只是利用低级的外部联系。而超常儿童利用材料意义联系的场合明显比普通儿童多。记忆的系统性表现在生理上，就是暂时神经联系的系统化，即在已有的暂时神经联系的基础上，形成新的暂时神经联系，并把新的暂时神经联系纳入已有的暂时神经联系的系统之中。这样，记忆的系统性自然就具备了。

3. 语言

目前还没有出现专门针对超常儿童语言发展与特点的研究。综合已有文献发现。超常儿童由于对新事物敏感，善于模仿，大多数在语言发展上较普通儿童要早、要好，语言清楚，语句完整，具有以表达的丰富性、精确性、流畅性等为特征的语言行为。同时，不少超常儿童很小就喜欢识字、阅读，表现为口头语言与书面语言同步发展。

4. 思维

超常儿童思维敏捷、思维速度快，能对问题做出正确而迅速的反应；思维深刻，能透过事物的现象而深入到问题的本质，揭露事物内部的联系和规律性，并能预见事物的发展趋势、进程和结果；思维广，具有独创性。超常儿童在思考问题时，能从各种角度，多个侧面揭露事物的联系，他们思维的信息量大，流畅性高，灵活性高，变通性好，并善于独立创造性地思考问题。

三、超常儿童的个性特点

1. 兴趣广泛，求知欲旺盛

超常儿童从小就好奇好问，爱追根究底。特别是很小就表现出探求知识和学习的浓厚兴趣。

有些儿童两三岁时就不满足于看看图画、听听故事，而是要家长逐句念图画书，他们边听边看，随之认识了不少字。许多超常儿童对认字很感兴趣，把认字当游戏，四五岁就能自己大量地阅读，如饥似渴地看书。这种广泛的阅读兴趣，在已进入高中或大学的超常儿童中仍还继续保持着。

有些儿童较早表现出认数的特别兴趣，2岁多就能对算术棋认读和计算。七八岁时就不满足于学校所学内容，在家长辅导下自学小学高年级和初中数学。

有些儿童很小就对大自然产生浓厚兴趣，爱观察了解动物、昆虫的生活习性，收集花叶制作标本，并开始用实验来探索事物发展变化的奥秘。

2. 自信心、进取心强，勤奋，有坚持性

超常儿童一般进取心都比较强，且十分自信，喜欢与别人相比，别人会的自己也要会。尤其突出的是他们有一股倔劲，想要学什么或干什么，就一定要学会、干好。他们一旦对某事发生兴趣，就会在一段时间里执着于这件事。他们为达到目的，坚持勤奋学习，即使遇到困难，他们也善于排除各种干扰，坚持学习和锻炼，表现出了坚毅顽强的个性品质。

超常儿童所表现出的这些特点在每个超常儿童身上发展是不平衡的。可能某一种或某几种特点发展特别突出，并以独特的方式与其他特点结合在一起，形成各自的特色。有的儿童视觉、听觉的辨别力非常敏锐，言语感受能力很强；有的儿童形象记忆和形象思维占优势，想象非常丰富；有的儿童抽象逻辑思维发展优异，概括能力很强，善于推理。因此，超常儿童的表现是千差万别的。

超常儿童的心理结构除智能外，还包括个性品质方面。同是超常儿童，有些日后成就很大，

有些则不突出。这种差别不在智力，而是取决于个性品质的不同。自信、有进取心、有最后完成任务的坚持精神才能获得成功，否则就会限制才能的发挥。

追踪研究超常儿童的发展变化情况，可以看出，他们的发展过程是不平衡的。多数是跳跃式前进，他们提前进入小学，又在初中、高中跳级，破格考入大学少年班。有些是波浪式前进，在学前期发展非常突出，之后放松了要求，发展速度放慢，经过及时采取措施又能明显地取得进步。也有少数超常儿童发展迟缓，他们或是由于受到社会以及家庭的压力，致使学习积极性受到挫折，或是只注意学习而忽视良好思想品德的形成，甚至误入歧途。

第三节　超常儿童教育干预

超常儿童教育工作者要充分考虑不同类型超常儿童的实际情况和各种不同的需要，有针对性地给予教育、帮助和训练，使他们能得到可持续的健康发展，成为一个德才兼备的杰出人才。

一、超常儿童的教育原则

以前很长一段时间，超常儿童的教育多偏重于智力训练、学历教育，而当今的超常儿童教育不仅要强调智力训练，还要进行人格教育，使超常儿童成为有较高的自然认知和社会认知水平的、德才兼备的人才。与普通教育相比，在超常儿童教育中需要特别强调以下一些原则。

1. 保持超常儿童的学习兴趣、创新意识

一般来讲，超常儿童都有浓厚的学习兴趣和创新意识，但是否能长期保持下去，这有待于教师的引导。在超常儿童教育中，教育工作者要从学习目标的增设、学习内容的更新、奖励方法的改变等方面，防止某些超常儿童学习兴趣和创新意识的减退。

2. 提供更好的学习条件，满足他们对知识的渴求和自我实现的需要

超常儿童由于学习能力强，渴望学习更多的知识和保持较快的学习速度。超常儿童教育中各种项目的安排都要尽可能地满足他们渴求知识的愿望，让他们充分地施展自己的才能和满足自我实现的需要。

3. 提高超常儿童的动机水平

随着超常儿童年龄的增长和经验的丰富，教育者要注意不断地提高他们的动机水平，将近景动机和远景动机有机地结合起来，提高超常儿童学习和工作的责任感，树立为社会的进步和发展、为科学献身的奋斗目标，培养抗拒环境中消极因素干扰的能力，只有这样，才能保证超常儿童能用自己的才学为社会的进步和发展做出积极的贡献。

4. 培养超常儿童的自学能力、独立工作能力

从终身学习的观点看来，学习是个体一生的任务，学校学习只是人生中的一个阶段。对超常儿童来讲，要想在这样一个信息爆炸、知识快速更新的情况下，保持自己的超乎常人的学习与工作能力，取得卓越的成就，更主要的是要有自学能力和独立工作能力。

5. 加强心理辅导，克服发展中的不平衡性

如前所述，超常儿童的发展过程中，可能出现各种不同类型、不同性质的不平衡性，如人格发展中认知、情感和意志行为发展的不平衡性，自然认知和社会认知发展的不平衡性，学习过程中各门功课学习成就的不平衡性。另外，因成功所引起的过多的优越感，因性别差异所引起的遐想，因不断地拼搏引起的烦躁，都可能造成身心发展的不平衡。这些都需要教师密切注意并给予

及时的心理疏导和帮助。

二、超常儿童的教育措施

（一）早期评估与鉴定，了解儿童的禀赋特征和发展方向

资质优异是这类儿童的共同特征，但如前所述，各人资质优异的范围、能力与特长、个性特征并不相同。有的儿童擅长语言，有的儿童擅长数学运算，还有的儿童擅长动作模仿与艺术。因此，早期的评估与鉴定，抓住儿童发展的关键期进行启迪和指导是非常重要的一环。

（二）改革招生、考试制度，采取合理的教育管理，允许提前上学、升级和跳级

大多数超常儿童有超人的学习能力，只有增加学习内容、加快学习节奏，才能满足他们的教育需要。因此，在招生、考试、升级、跳级这些教育环节上要采用灵活机动的办法，防止按部就班，耽误了超常儿童的成长。

（三）根据儿童的实际水平，选择最佳的教育模式

国外目前存在的超常儿童的教育模式，大致可以分为以下七种：①加强班。在普通班由普通教师给超常儿童提供增补性的教育项目，这是目前采用得最多的教育形式。至于充实和增补哪些内容，采用哪种形式，要根据超常儿童的情况和教师的水平而定。②辅导教师项目。这种教学模式是将超常儿童安排在普通班学习，但另请经过专业训练的辅导教师对他们进行特殊的辅导和帮助。③资源教室。这种教学形式是让超常儿童部分时间离开普通教室，到有专门设备的资源教室接受专门的特殊教师或顾问的指导和帮助，但超常儿童大部分时间还是在普通班上课。④社区辅导项目。这是指定期地到校外请学有专长的专家、学者到学校来给超常儿童作专题报告，使他们能尽早地进入社会，了解某一学科的发展，增加学习兴趣，扩大眼界。⑤独立学习项目。为超常儿童提供独立学习探索、实验和调查的机会，把他们较早地引入研究领域，培养他们独立学习和工作的能力。⑥特殊班。把学习程度大致相同的超常儿童编成单独的特殊班，以便接受系统的指导和训练。⑦特殊教育学校。让超常儿童进入到专为特殊儿童设立的特殊教育学校，接受超常儿童的教育与训练。

我国超常儿童教育的模式，基本上有以下三种：①个别加速教育，“个别选拔，个别培养”。该模式的学制灵活，可选修、免修（考试合格），可插班、跳级和提前毕业等。②初高中相衔接的集体“实验班”教育，始于1985年，实行初中二年、高中二年的学制和严格的淘汰制，“有出有进”。③中学的大学少年班“预备班”教育，也始于1985年，为超常儿童提供较好的学习环境和条件，保证其超常发展和超前学习，预备班的儿童、青少年可参加全国统考自愿报考各大学的少年班。

究竟哪一种教育模式是最佳模式？围绕这个问题，国内外都有一些研究，但未形成统一的意见。实际上，教育教学效果也不全是由教育模式和方法决定的，它取决于多方面的因素，尤其是教师的水平和教学条件。无论何种模式都要依据超常儿童的特点和水平，基于能提供的教育条件来选择，结合各自的长处和优势，为超常儿童服务。

（四）更新教育观念，采用多种教学方法

超常儿童的教学是一种信息量大的高难度教学。因此，教育者更要加强学习，不断更新教育思想，大胆地采用多种教学方法。首先，从传统的教师中心转向学生中心，根据学生的禀赋、特长、兴趣、爱好以及实际水平来安排教学，制订个别教育计划。教育者要清醒地知道，即使是

快班的儿童，也不能拔苗助长，切忌让学生超负荷地学习。其次，强调对学生独立思考、独立操作等独立学习能力的培养。当代许多有关教育心理学的研究认为，好的教学不仅要学会“想什么”，更重要的是要懂得“怎样去想”。在当今这种科学技术迅速发展、知识更新极快、信息爆炸的时代，更需要有一个良好的认知结构。因此，思维方法的训练在超常儿童的教育教学中显得更为重要。最后，坚持开放型教学，提倡师生间双向交流和与社会联系。例如，上面提到的请校外专家到校给学生进行专题讲座和鼓励学生深入社会、联系实际，都是一些有效的开放型教学形式。此外，在超常儿童的教学中可多采用讨论式、启发式教学法，推行高难度教学法。

（五）发展超常儿童的创造性思维和灵活解决问题的能力

由于超常儿童具有较高水平的思维与创造能力，善于解决一些高难度的问题，可以考虑较早地将他们引进研究领域，接触研究课题，掌握研究的原理和方法，这也是培养超常儿童高水平的思维与创造能力的有效途径。

拓展阅读

怎样的教育安置对超常儿童的发展有利?

评价一种教育方式的好与坏，需要从多方面考虑。超常儿童的教育方式有两种：一是“抽离计划”，即大部分时间在普通班就读，每周一天或几天参加某种知识拓展班；二是“加速计划”，包括提早入学、跳级或缩短学制。在我国，主要对超常儿童进行缩短学制的教育。虽然超常班教授的也是国家的标准课程，但所教授的速度是加快的，所教内容的深度是扩展的。应该说，普通班和超常班的安置方式对超常儿童的发展有各自的利弊。施建农等对超常儿童在普通班与超常班的学习进行了分析，并提出了各自的优缺点。在普通班就读的优点是：能凸显出超常儿童卓越的认知与学业能力，使他们的学业自我概念提高。鉴于学业自我概念与学业成绩之间的交互作用，学业自我概念的提高更易促进较高的成绩水平。其缺点是：他们所学的知识缺乏挑战性，因为普通班中与超常儿童能力相当的儿童很少，致使超常儿童没有与相近能力的儿童相互学习的机会；教师没有就如何教育超常儿童受过专业的训练，常常只能照顾到班上的大多数学生而无法顾及少数超常学生。在超常班就读的优点是：能基于超常儿童卓越的认知能力，对其所学的知识进行纵深扩展，缩短在校就读的时间，使之尽早成才，而且其学习有专职教师提供指导。其缺点是：由于每一个超常儿童都非常优秀，他们的压力过大，导致自我概念降低，从而导致学业成绩的下降，学习热情和成就动机降低。在普通班中，超常儿童的能力是超乎寻常的；而在超常班中，超常是一种常见的能力，因为大家都有此能力。社会比较理论表明，这种转变会导致自我概念降低。就目前的超常教育而言，进入超常班的学生只有一小部分，大部分分布在各个普通班中。如何安置超常儿童，如何对超常儿童进行适当的教育，已成为超常教育必须解决的问题。

本章小结

本章围绕超常儿童展开全面探究。超常儿童有着突出天赋，智力、创造力、专项才能远超同龄人，学习新知识迅速、记忆力超群，常常在数理、艺术、文学领域崭露头角。鉴别超常儿童需多维度考量，可结合智力测试、学业成果、日常表现等精准锁定。这类儿童认知发展超常，却在情绪、社交方面面临困扰，高敏感特质易催生压力与焦虑，融入集体艰难。家庭应给予宽松环境、充足资源；学校则需定制个性化教学，丰富课程体系，匹配其学习节奏。总之，超常儿童是宝贵资源，需家庭、学校乃至全社会悉心培育，搭建专属成长阶梯，挖掘潜能，助其成长为各领域精英，将来回馈社会，带动全方位进步。

思考与练习

1. 超常儿童在认知方面展现出远超同龄人的天赋，如何为其设计既具挑战性又能避免拔苗助长的教育活动？
2. 超常儿童往往具有强烈的好奇心和求知欲，在教育过程中怎样引导他们将广泛的兴趣聚焦并深入探究特定领域知识？
3. 考虑到超常儿童心理较为敏感，在社交互动教育中，如何帮助他们理解并适应与普通儿童的差异，建立良好同伴关系？

拓展视频

超常儿童的特征

参考文献

[1] 刘春玲，江琴娣．特殊教育概论［M］．2版．上海：华东师范大学出版社，2015.

[2] 雷江华，方俊明．特殊教育学［M］．北京：北京大学出版社，2011.

[3] 方俊明．特殊教育学［M］．北京：人民教育出版社，2005.

[4] 哈拉汉，考夫曼，普伦．特殊教育导论：第11版［M］．肖非，等，译．北京：中国人民大学出版社，2010.

[5] 马锦华，张西方．学前特殊儿童教育与实践［M］．郑州：郑州大学出版社，2022.

[6] 雷江华．学前特殊儿童教育［M］．2版．武汉：华中师范大学出版社，2019.

[7] 王萍．学前特殊儿童教育［M］．2版．北京：清华大学出版社，2023.

[8] 朱宗顺．特殊教育史［M］．北京：北京大学出版，2011.

[9] 方俊明，雷江华．特殊儿童心理学［M］．2版．北京：北京大学出版社，2015.

[10] 邓猛．视觉障碍儿童的发展与教育［M］．北京：北京大学出版社，2011.

[11] 贺荟中．听觉障碍儿童的发展与教育［M］．北京：北京大学出版社，2018.

[12] 刘春玲，马红英．智力障碍儿童的发展与教育［M］．北京：北京大学出版社，2019.

[13] 雷秀雅．自闭症儿童教育心理学的理论与技术［M］．2版．北京：清华大学出版社，2020.

[14] 李闻戈．情绪与行为障碍儿童的发展与教育［M］．北京：北京大学出版社，2012.

[15] 刘翔平．学习障碍儿童的心理与教育［M］．北京：中国轻工业出版社，2010.

[16] 苏雪云，张旭．超常儿童的发展与教育［M］．2版．北京：北京大学出版社，2016.

[17] 曲春燕．儿童言语语言障碍与治疗［M］．北京：北京出版社，2018.

[18] 李芳，李丹．特殊儿童应用行为分析［M］．2版．北京：北京大学出版社，2018.

[19] 王和平．特殊儿童的感觉统合训练［M］．2版．北京：北京大学出版社，2019.

[20] 于丹．结构化教学的应用［M］．北京：华夏出版社，2021.

[21] 雷江华．特殊儿童沟通与交往［M］．上海：华东师范大学出版社，2017.

[22] 韦小满，蔡雅娟．特殊儿童心理评估［M］．2版．北京：华夏出版社，2016.

[23] 王辉．特殊儿童教育评估［M］．南京：南京师范大学出版社，2015.

[24] 王淑荣，邢同渊．特殊儿童早期干预［M］．北京：中国轻工业出版社，2014.

[25] 张文京，严小琴．特殊儿童个别化教育：理论、计划、实施［M］．3版．重庆：重庆大学出版社，2021.

[26] 周念丽．特殊儿童的游戏治疗［M］．北京：北京大学出版社，2011.

[27] 孙霞．特殊儿童的美术治疗［M］．北京：北京大学出版社，2011.

[28] 胡世红．特殊儿童的音乐治疗［M］．北京：北京大学出版社，2011.

[29] 邓猛，张玲，王东升．特殊教育导论［M］．北京：中国人民大学出版社，2024.

[30] 邓猛．融合教育实践指南［M］．北京：北京大学出版社，2016.